SCHRIFTEN ZUR WISSENSCHAFTLICHEN WELTAUFFASSUNG

HERAUSGEGEBEN VON

PHILIPP FRANK   UND   MORITZ SCHLICK
O. Ö. PROFESSOR AN DER UNIVERSITÄT PRAG   O. Ö. PROFESSOR AN DER UNIVERSITÄT WIEN

BAND 3

WAHRSCHEINLICHKEIT STATISTIK UND WAHRHEIT

VON

RICHARD von MISES
PROFESSOR AN DER UNIVERSITÄT BERLIN

SPRINGER-VERLAG WIEN GMBH 1928

ISBN 978-3-662-35402-5 ISBN 978-3-662-36230-3 (eBook)
DOI 10.1007/978-3-662-36230-3

ALLE RECHTE, INSBESONDERE DAS DER ÜBERSETZUNG
IN FREMDE SPRACHEN, VORBEHALTEN
COPYRIGHT 1928 BY SPRINGER-VERLAG WIEN
URSPRÜNGLICH ERSCHIENEN BEI JULIUS SPRINGER, VIENNA 1928
SOFTCOVER REPRINT OF THE HARDCOVER 1ST EDITION 1928

Vorwort

Das vorliegende Buch, das beim Leser keine besonderen mathematischen Kenntnisse voraussetzt, stellt die Grundlagen der Wahrscheinlichkeitsrechnung als der exakt-naturwissenschaftlichen Theorie der Massenerscheinungen und Wiederholungsvorgänge dar. In den leitenden Gedanken findet sich wieder, was ich seit etwa fünfzehn Jahren in akademischen Vorlesungen zu entwickeln pflege und in verschiedenen Abhandlungen, die im Anhang des Buches genau angeführt sind, zum großen Teil bereits veröffentlicht habe. Die äußere Gestaltung des Textes folgt dabei der Ausarbeitung eines Vortrags, der von mir unter dem Titel, den auch das Buch trägt, erstmals im Januar 1914 in Straßburg, dann im Dezember 1922 in Berlin vor einem weiteren Zuhörerkreis gehalten wurde. Angesichts des stark vergrößerten Umfangs mag der Leser in der vorliegenden Fassung eine Folge von sechs Vorträgen sehen, entsprechend den durch größere Überschriften gekennzeichneten Abschnitten des Buches. Die kleineren Zwischenüberschriften heben, an Stelle von Marginalien, einzelne Schlagworte zur Erhöhung der Übersichtlichkeit hervor, beabsichtigen aber nicht, eine weitere logische Untergliederung des Stoffes anzudeuten.

Gerne bin ich der Aufforderung meines Freundes Philipp Frank gefolgt, mein Buch in der von ihm mit M. Schlick herausgegebenen Sammlung von „Schriften zur wissenschaftlichen Weltauffassung" erscheinen zu lassen. Denn jede Theorie, die der Naturforscher für irgend eine Gruppe beobachtbarer Erscheinungen gibt, bildet das größere oder kleinere Stück eines wissenschaftlichen Weltbildes. Allein ein verbreiteter Sprachgebrauch leiht Worten wie „Weltauffassung" oder „Weltanschauung" eine über das rein Wissenschaftliche, über den Rahmen nüchterner Erkenntnis hinausreichende, metaphysische Bedeutung. Es liegt mir daran, für meine Person jeden Anspruch in dieser Richtung abzulehnen. Auch wo ich Fragen berühre, die vielfach von Philosophen behandelt zu werden pflegen, kann ich keinen anderen Standpunkt einnehmen als den des Naturwissenschaftlers und mir niemals eine andere Aufgabe stellen als die, eine möglichst einfache systematische Beschreibung sinnlich wahrnehmbarer Tatbestände zu suchen. Nicht irgendwelche Spekulationen, nicht Meinungen und nicht „Verstandesformen", sondern in letzter Linie nur beobachtbare Tatsachen sind der Gegenstand der Wahrscheinlichkeitsrechnung wie jedes anderen Zweiges der Naturwissenschaft.

Und wenn das vorliegende Buch auch kaum eine mathematische Formel enthält und äußerlich sehr wenig Ähnlichkeit mit einem mathematischen oder physikalischen Lehrbuch aufweist, so fühlt sich der Verfasser doch — unter Mathematik im älteren Sinne die Gesamtheit der exakten Wissenschaften verstehend — durchaus und ausschließlich als Mathematiker. Denen, die dies für einen zu engen Standpunkt halten, kann er nur mit den Worten Leonardos erwidern: „Wer die höchste Weisheit der Mathematik tadelt, nährt sich von Verwirrung und wird niemals Schweigen auferlegen den Widersprüchen der sophistischen Wissenschaften, durch die man nur ein ewiges Geschrei erlernt."

Berlin, im Juni 1928

R. v. Mises

Inhaltsübersicht

Seite

Einleitung: Das Wort und der Begriff 2
Worterklärungen 2 — Synthetische Definition 4 — Terminologie 5 — Der Arbeitsbegriff der Mechanik 6 — Wert rationeller Begriffsbildung 8

I. Abschnitt: Definition der Wahrscheinlichkeit 9
Beschränkung des Stoffes 9 — Unbegrenzte Wiederholbarkeit 11 — Das Kollektiv 12 — Erster Schritt zur Definition 13 — Zwei verschiedene Würfelpaare 14 — Der Grenzwert der relativen Häufigkeit 15 — Die Erfahrungsgrundlage bei Glücksspielen 17 — Lebens- und Sterbenswahrscheinlichkeit 18 — Wahrscheinlichkeit in der Gastheorie 20 — Historische Bemerkung 21 — Die Regellosigkeit innerhalb des Kollektivs 23 — Das Prinzip vom ausgeschlossenen Spielsystem 25 — Beispiel für Regellosigkeit 27 — Zusammenfassung der Definition 28

II. Abschnitt: Elemente der Wahrscheinlichkeitsrechnung 29
Die Aufgabe der Wahrscheinlichkeitsrechnung 30 — Die Verteilung innerhalb eines Kollektivs 32 — Stetige Verteilung 34 — Zurückführung auf vier Grundaufgaben 37 — 1. Die Auswahl 38 — 2. Die Mischung 39 — Ungenaue Fassung der Additionsregel 40 — Fall der Gleichverteilung 41 — Zusammenfassung und Ergänzung der Mischungsregel 43 — 3. Die Teilung 44 — Die Wahrscheinlichkeit nach der Teilung 46 — Sogenannte Wahrscheinlichkeit von Ursachen 48 — 4. Die Verbindung 49 — Voneinander unabhängige Kollektivs 50 — Ableitung der Produktregel 52 — Feststellung der Unabhängigkeit 54 — Verbindung abhängiger Kollektivs 55 — Beispiel für nicht verbindbare Kollektivs 57

III. Abschnitt: Kritik der Grundlagen 58
Der Umfang der praktischen Anwendbarkeit 58 — Die Rolle der Philosophen 60 — Die klassische Wahrscheinlichkeitsdefinition 61 — Die gleichmöglichen Fälle ... 63

— ... sind nicht immer vorhanden 64 — Eine geometrische Analogie 66 — Die Erkenntnis der Gleichmöglichkeit 67 — Die Wahrscheinlichkeit a priori 68 — Sonderstellung der Gleichmöglichkeit? 70 — Der subjektive Wahrscheinlichkeitsbegriff 72 — Die Spielraumtheorie 74 — Betrandsche Paradoxie 75 — Die angebliche Brücke zwischen Häufigkeits- und Gleichmöglichkeitsdefinition 77

IV. Abschnitt: Die Gesetze der großen Zahlen 78
Die beiden verschiedenen Aussagen von Poisson 79 — Der Standpunkt der Gleichmöglichkeitsdefinition 81 — Arithmetische Darstellung 82 — Nachträgliche Häufigkeitsdefinition 84 — Der Inhalt des Poissonschen Theorems 85 — Ein Gegenbeispiel 86 — Unzulänglichkeiten 88 — Richtige Ableitung 89 — Zusammenfassung 91 — Eine zweite „Brücke" 92 — Das Bayessche Problem 93 — Die Wahrscheinlichkeit der „Ursachen" 95 — Das Bayessche Theorem 96 — Das Verhältnis des Bayesschen zum Poissonschen Theorem 98

V. Abschnitt: Anwendungen in der Statistik und Fehlertheorie 100
Abgrenzung zwischen Glücks- und Geschicklichkeitsspielen 101 — Marbes „Gleichförmigkeit in der Welt" 103 — Erledigung des Marbeschen Problems 105 — Knäuelungstheorie und Gesetz der Serie 106 — Verkettete Vorgänge 108 — Die allgemeine Aufgabe der Statistik 110 — Der Gedanke der Lexisschen Dispersionstheorie 112 — Streuung und Mittelwert 113 — Vergleich der tatsächlichen und der zu erwartenden Streuung 114 — Geschlechtsverhältnis der Neugeborenen 116 — Todesfallsstatistik mit übernormaler Streuung 118 — Solidarität der Fälle 119 — Wesentliche Schwankungskomponente 120 — Selbstmordstatistik 122 — Soziale und biologische Statistik, Vererbungslehre 124 — Statistik in der Technik 126 — Ein Beispiel medizinischer Statistik 127 — Richtigstellung 128 — Beschreibende Statistik 130 — Grundlagen der Fehlertheorie 132 — Das Galtonsche Brett 133 — Die Glockenkurve 135 — Das Laplacesche Gesetz 136 — Die Anwendungsgebiete der Fehlertheorie 137

VI. Abschnitt: Probleme der physikalischen Statistik 138
Der zweite Hauptsatz der Thermodynamik 139 — Der Determinismus und Wahrscheinlichkeit 140 — Zufallsmechanismen 142 — Die zufallsartigen Schwankungen 143 — Kleine Ursachen, große Wirkungen 145 — Kinetische Gastheorie 147 — Größenordnung der „Unwahrscheinlichkeit" 150 — Kritik der Gastheorie 152 —

Brownsche Bewegung 154 — Der zeitliche Ablauf 155.— Wahrscheinlichkeits-Nachwirkung 156 — Die Verweilzeit und ihre Voraussage 157 — Versuchsreihe von Svedberg 160 — Radioaktive Strahlung 162 — Die Voraussage der Zeitabstände 164 — Versuchsreihe von Marsden und Baralt 165 — Neuere Entwicklung der Atomphysik 167 — Statistik und Kausalgesetz 170 — Das Schema der „kausalen" Erklärung 171 — Die Schranke der Newtonschen Mechanik 173 — Die Einfachheit als Kriterium der Kausalität 175 — Der Verzicht auf die Kausalitäts-Vorstellung 177 — Zusammenfassung 179

Anmerkungen und Zusätze 181

Wenn ich in aller Kürze in den Sinn der Gegenüberstellung einführen soll, die ich in dem Titel dieses Buches zum Ausdruck gebracht habe, so darf ich vielleicht die scherzhafte Äußerung eines Engländers zitieren, der einmal gesagt hat, es gäbe drei Arten von Lügen: erstens die Notlüge, die entschuldbar sei, zweitens die gemeine Lüge, für die keine Entschuldigung gelten könne, und drittens die Statistik. Es besagt ungefähr dasselbe, wenn wir gesprächsweise bemerken, mit Zahlen lasse sich „alles beweisen" oder, in Abänderung eines bekannten Goethewortes, mit Zahlen lasse sich „trefflich streiten, mit Zahlen ein System bereiten". Dem allen liegt die Auffassung zugrunde, daß Schlüsse, die auf statistischen Überlegungen oder auf Wahrscheinlichkeitsrechnung aufgebaut werden, zumindest sehr unsicher, wenn nicht geradezu unbrauchbar sind. Ich will gewiß nicht bestreiten, daß vieles Unsinnige und Unhaltbare unter dem Deckmantel der Statistik auftritt. Aber es ist das Ziel, das ich meinen Ausführungen stecke, hier zu zeigen, daß man sehr wohl, von statistischen Feststellungen ausgehend, über einen geläuterten und entsprechend präzisierten Wahrscheinlichkeitsbegriff, zu Erkenntnissen und Behauptungen gelangen kann, die es an „Wahrheitsgehalt" und Zuverlässigkeit sowie an praktischer Brauchbarkeit mit den Ergebnissen jedes Zweiges der exakten Naturwissenschaft aufnehmen können. Ich muß dazu freilich bitten, mir auf einem langen und gewiß nicht mühelosen Wege zu folgen, der uns über manche, zunächst vielleicht überflüssig scheinende, vorbereitende Gedankengänge zu unserm Ziele führen wird.

„Unsere ganze Philosophie ist Berichtigung des Sprachgebrauchs", sagt einmal Lichtenberg; wieviel Streit und wieviel

Irrtümer wären in der Geschichte der Wissenschaften vermieden worden, wenn man diesen Ausspruch immer richtig beherzigt hätte! Wir wollen es jedenfalls an Sorgfalt nicht fehlen lassen, wenn wir zunächst dem Worte Wahrscheinlichkeit nachgehen, um allmählich durch eine ganze Reihe von Überlegungen hindurch zu einem geeigneten wissenschaftlichen Begriff der Wahrscheinlichkeit aufzusteigen. Daß hierin, in der Aufsuchung einer vernünftigen Fassung des Wahrscheinlichkeitsbegriffes, der Schlüsselpunkt für die Aufklärung des Verhältnisses zwischen Statistik und Wahrheit liegt, habe ich schon angedeutet und es wird sich in der Folge, wie ich denke, ganz klar herausstellen.

Das Wort und der Begriff

Wir verwenden im gewöhnlichen Sprachgebrauch ohne Schwierigkeit und in mannigfaltiger Weise den Ausdruck „wahrscheinlich". Wir sagen, es sei wahrscheinlich, daß es morgen regnen wird, daß heute an einem fernen Orte Schnee fällt oder daß es an einem bestimmten Tage des Vorjahres kälter gewesen ist als heute. Wir sprechen von der größeren oder geringeren Wahrscheinlichkeit, wohl auch von der Unwahrscheinlichkeit der Schuld eines Angeklagten oder der Richtigkeit einer Zeugenaussage. Wir drücken uns genauer aus, es sei wahrscheinlicher, bei dieser Verlosung den Haupttreffer zu gewinnen als bei jener auch nur den kleinsten Gewinn zu erzielen. In allen diesen Fällen geraten wir auch nicht in Verlegenheit, wenn man uns nach dem Sinne dieser Wahrscheinlichkeitsaussagen fragt, nämlich solange nicht, als sich der Fragende mit einer Umschreibung des Gesagten zufrieden gibt. Es steht uns dann eine ganze Reihe von Ausdrücken zur Verfügung, mit denen wir uns helfen, wir sprechen von Vermutung, von ungenauem, unvollständigem oder unsicherem Wissen, von Zufall, von stärkeren oder schwächeren Gründen des Fürwahrhaltens u. s. f.

Worterklärungen

Aber die Schwierigkeiten werden sofort recht groß, wenn man eine genauere Erklärung oder gar eine Definition von dem, was „Wahrscheinlichkeit" heißt, geben soll. Jemand könnte auf

Worterklärungen

den Gedanken verfallen, in einem deutschen Wörterbuch nachzusehen, was eigentlich das Wort „wahrscheinlich" bedeutet. Im dreizehnten Bande von Jakob und Wilhelm Grimm finden wir spaltenlange Auskunft. Es heißt da zur Worterklärung: Probabilis, in alter Zeit „der Wahrheit gleich" oder „der Wahrheit ähnlich", dann „mit einem Schein der Wahrheit", erst seit der Mitte des 17. Jahrhunderts „wahrscheinlich"; im Englischen heute noch verylike neben probable. Es folgen eine ganze Reihe von Belegstellen, in denen der Gebrauch des Wortes, meist der bei Philosophen, erklärt wird. Ich gebe nur einiges wieder: „Weil die Wahrscheinlichkeit etwas ist, so zwischen dem Wahren und Falschen gleichsam mitten inne ist", sagt Thomasius 1688. „Wahrscheinlich heißt die Einsicht, wovon das Gegenteil nicht gänzlich widersprechend oder unmöglich ist", so lehrt Reimarus in seiner Vernunftlehre. Und der große Kant: „Wahrscheinlich heißt dasjenige, was für wahr gehalten, mehr als die Hälfte der Gewißheit auf seiner Seite hat." Vielleicht hat darnach jemand noch den Wunsch, zu hören, was die heutige Philosophie als Frucht ihrer jahrhundertelangen Entwicklung zu der Sache zu sagen weiß. Ich führe daher hier wörtlich an, was ich in Robert Eislers Wörterbuch der philosophischen Begriffe von 1910 gefunden habe: „Wahrscheinlichkeit ist (subjektiv) ein Grad der Gewißheit, beruhend auf starken oder überwiegenden Motiven zum Urteilen, so aber, daß diesen Motiven immerhin noch andere gegenüberstehen, die berücksichtigt werden wollen oder sollen; objektiv wahrscheinlich ist das, was, auf eine Reihe von (objektiven) Gründen gestützt, das Denken als wahr anzunehmen, zu erwarten sich mit gewisser Zuversicht berechtigt weiß. Je nach der Art und Menge der Gründe oder Instanzen, auf die sich das Wahrscheinlichkeitsurteil und der Wahrscheinlichkeitsschluß stützt, gibt es verschiedene Grade der Wahrscheinlichkeit."

Nun, über Wert oder Unwert dieser und ähnlicher „philosophischer" Erklärungen läßt sich nicht streiten. Sie bestehen stets darin, daß ein Wort durch andere, meist durch sehr viele andere, ersetzt wird. Wem die letzteren geläufiger sind als das erste, mag in der Gleichsetzung eine Erklärung sehen, ein anderer wird es jedenfalls nicht können. Wenn jemand besser versteht, was es heißt, „mehr als die Hälfte der Gewißheit auf

seiner Seite haben", als was „wahrscheinlich" bedeutet, so ist
das seine ganz persönliche Angelegenheit. Eine Berichtigung
des Sprachgebrauchs finden wir in allen diesen Worterklärungen
nicht.

Synthetische Definition

Was aber muß man anstellen, um über das offenbar unzulängliche Wörterbuchniveau hinauszukommen? Die Art der Begriffsbildung, die sich innerhalb der exakten Wissenschaften in den letzten Jahrhunderten entwickelt hat, weist uns klar und sicher den Weg, der zum Erfolg führt, wenn anders das, was in der Mathematik und der Physik unserer Zeit erreicht worden ist, als ein Erfolg angesehen wird. Nur um die geläufigen, unexakten Denkgewohnheiten nicht allzu unvermittelt in andere Bahnen zu zwingen, will ich als Vorbereitung auf die genauen Formulierungen, die später durchgeführt werden sollen, ein Beispiel fortgeschrittener Auffassung des Prozesses der Begriffsbildung aus einem geisteswissenschaftlichen Gebiete, das dem Bereich der allgemeinen Bildung nahesteht, anführen. In seinem geistvollen Buch über den proletarischen Sozialismus sucht Werner Sombart nach einer brauchbaren Definition für den Gegenstand seiner Untersuchung. Nachdem er unter den verschiedenen, dem Sprachgebrauch entsprechenden Deutungen Umschau gehalten, fährt er fort: „Bleibt also nur die Möglichkeit, den Sozialismus als Idee zu fassen, einen vernünftigen Begriff zu bilden, d. h. einen Sachverhalt zu bezeichnen, in dem wesentliche Charakterzüge (Merkmale) zu einer lebendigen Einheit sinnvoll zusammengefügt sind, einen Begriff, dessen ‚Richtigkeit' wir allein aus seiner Fruchtbarkeit als schöpferische Idee im Leben ebenso sehr wie als wissenschaftliche Hilfskonstruktion zu ermessen vermögen." In der Tat enthalten diese Worte fast alles, was das Wesen wissenschaftlicher Begriffsbildung kennzeichnet. Ich lege besonderen Nachdruck auf folgende zwei Merkmale, die ich nochmals hervorhebe: Erstens der Inhalt des Begriffes wird nicht von irgend einer Wortbedeutung abgezogen, ist also auch nicht von einem mehr oder weniger verbreiteten Sprachgebrauch abhängig, sondern er wird künstlich aufgebaut und abgegrenzt und erhält dann eine geeignete Wortbezeichnung wie ein Schildchen aufgesetzt. Und zweitens der Wert der Begriffsbildung wird nicht daran gemessen, ob Deckung mit irgend welchen geläufigen Vorstellungskreisen erreicht ist, sondern ausschließlich darnach, was sie als Werkzeug weiterer wissenschaftlicher Untersuchungen für die Wissenschaft und dadurch mittelbar für das Leben leistet. Unter Verwendung einer von Kant eingeführten Bezeichnung könnte ich auch sagen: Es ist nicht unsere Absicht, eine **analytische** Definition der Wahrscheinlichkeit zu geben, sondern eine **synthetische**, wobei wir die grundsätzliche Möglichkeit analytischer Definitionen dahingestellt sein lassen können.

Terminologie

Zu der erstangeführten Eigenschaft der synthetischen Definition noch eine Bemerkung: Wer in dem eben erörterten Sinn einen neuen wissenschaftlichen Begriff schafft, wird sicher die Neigung empfinden, ihm einen neuen Namen zu geben, d. h. ein Wort zu suchen, das nicht durch eine andere, womöglich nahe benachbarte Verwendung schon belegt ist. Auf diese Weise sind, da man aus verständlichen Gründen neue Worte in der eigenen Sprache nur schwer bilden kann, in großer Zahl Lehn- und Fremdwörter als Fachausdrücke in die Wissenschaft gelangt, und die an sich nicht unberechtigten Bestrebungen der Sprachreiniger können nur schädlich wirken, wenn sie diesem Tatbestand nicht Rechnung tragen sondern durch unbedachte Verdeutschungen den Prozeß der Begriffsbildung gewissermaßen rückgängig machen. Es wäre außerordentlich nützlich, wenn man für den wissenschaftlichen Wahrscheinlichkeitsbegriff, den wir im folgenden entwickeln werden, ein sonst ungebräuchliches Wort, wie etwa „Probabilität", setzen würde. Allein dies entspricht einmal nicht dem bisherigen Gebrauch und unentbehrlich sind schließlich die Fremdworte in der Fachsprache nicht, wie man an vielen Ausdrücken der Mechanik: Kraft, Masse, Arbeit usw. erkennt; wobei ich freilich die Andeutung nicht unterdrücken kann, daß manchem, auch unter den Fachleuten, die sich berufsmäßig mit Mechanik beschäftigen, das Verständnis für diese Begriffe weit besser aufgehen würde, wenn sie durch lateinische Termini statt durch Worte der Umgangssprache bezeichnet wären. Schließlich sind auch die Forscher nur Menschen, die den größten Teil ihres Lebens hindurch die Sprache in der gewöhnlichen Weise handhaben und allen Schwierigkeiten der Sprachverwirrung ausgesetzt sind, der sie sich manchmal nur allzu willig hingeben.

Der Arbeitsbegriff der Mechanik

Bevor ich mich jetzt der Erklärung unseres „Probabilitätsbegriffes" zuwende, will ich noch kurz die in mancher Hinsicht ähnlichen Verhältnisse ins Gedächtnis zurückrufen, die beispielsweise bei dem bekannten Arbeitsbegriff der Mechanik vorliegen. Jeder von uns gebraucht das Wort „Arbeit" in vielfältigstem Sinne. Wenn ich schon einzelne ferner stehende Bedeutungen, wie die in der Verbindung „Kapital und Arbeit" oder „Arbeit an sich selbst" und ähnliche, ganz außer Betracht lasse, bleibt noch genug übrig, was mit der Arbeit, wie sie die exakte Wissenschaft definiert, nichts oder nur sehr wenig zu tun hat. Die Definition lautet bekanntlich in ihrer einfachsten Form: Arbeit ist das Produkt aus Kraft und Weg; genauer: das skalare Produkt von Kraft- und Verschiebungsvektor; noch richtiger: das Linienintegral der Kraft. Auf menschliche Verrichtungen angewandt, stimmt das sehr gut — es genügt für den Nicht-Mathematiker, die erste Form der Definition zu betrachten —, sobald man an das Heben eines Gewichtes, das Drehen einer Kurbel, das Treten eines Fußhebels denkt. Aber wie wenig wird die Definition schon den Fällen halbmechanischer Tätigkeit, beispielsweise dem Schreiben auf der Schreibmaschine, dem Spielen eines Musikinstruments, gerecht; man wird kaum behaupten können, daß hier noch die Produkte aus Kraft und Weg der Finger ein wesentliches Maß der Leistung ergeben. Gar nicht zu reden von der Arbeit, die der Verfasser eines Buches, ein Künstler, ein Arzt leistet. Auch ein erhebliches Gewicht mit gestrecktem Arm in Ruhe halten, ist eine schwere Arbeit, obgleich hier das Produkt aus Kraft und Weg den Wert Null hat; und es ist zumindest sehr zu bezweifeln, ob bei Bewegungen, wie sie in Spiel und Sport auftreten, die nach der Theorie berechnete Arbeitsgröße ein auch nur annähernd brauchbares Maß für die Größe der körperlichen Anstrengung bilden würde. Kein Vernünftiger nimmt heute Anstoß an diesen Verhältnissen, da man sich längst daran gewöhnt hat, bei solchen Dingen Sprachgebrauch und wissenschaftliche

Terminologie auseinanderzuhalten. Wer von „Arbeit" im Sinne der Mechanik spricht, schaltet schon automatisch die nicht dazu passenden Assoziationen aus, die das Wort sonst mit sich bringt. Daß dem nicht immer so war, sondern sich diese Klärung erst langsam als Frucht einer langen Entwicklung ergeben hat, lehrt uns zum Beispiel der Streit der Cartesianer und Leibnizianer um den Begriff der lebendigen Kraft. Ob die „Wirkung einer Kraft" durch das Produkt Masse mal Geschwindigkeit oder das Produkt Masse mal halbes Geschwindigkeitsquadrat gemessen wird, ist keine entscheidbare Frage, sondern Sache willkürlicher Namengebung. Beide Produkte haben ihre Bedeutung in der Mechanik — wenn man in dem zweiten den Faktor ½ fortließe, wäre es auch nicht anders — und welches von ihnen man „lebendige Kraft" nennen will, ist gleichgültig. „Es kommt nicht darauf an, was sonst mit dem Wort ‚Kraft' bezeichnet wird," sagt Robert Meyer einmal, „sondern darauf, was wir mit diesem Worte bezeichnen wollen." Sicherlich wird man bei der Wahl des Namens für einen wissenschaftlichen Begriff gewisse Rücksichten der sprachlichen Zweckmäßigkeit und des guten Geschmacks walten lassen. Aber wesentlich ist nur, daß mit den Definitionen ein nützliches Ziel erreicht wird. Als ein solches sehen wir an das Ziel der Wissenschaft überhaupt: Ordnung und Übersicht in die Vielfältigkeit der beobachteten Erscheinungen zu bringen, den Ablauf von Erscheinungsreihen vorauszusagen und den Weg zu zeigen, auf dem man bestimmte erwünschte Vorgänge herbeiführen kann. In jeder dieser Richtungen bewährt sich der wissenschaftlich-physikalische Arbeitsbegriff. Eine außerordentlich großzügige Übersicht über eine umfassende Gruppe physischer Vorgänge hat er uns in dem Gesetz von der Erhaltung der Arbeit vermittelt. Dasselbe Gesetz gewährt die Möglichkeit der Vorausberechnung mannigfacher Naturvorgänge und lehrt den Maschinenbauer und Elektrotechniker die Abmessungen seiner Maschinenanlagen zu bestimmen. Niemand wird heute an dem großen theoretischen und praktischen Erfolg zweifeln, den die auf exakten Begriffsbildungen sich aufbauende Mechanik erzielt hat. Nur ein Einwand, der gelegentlich gegen die Brauchbarkeit und den praktischen Nutzen der „Rationalisierung" der Begriffsbildung erhoben wurde, sei hier noch kurz besprochen.

Wert rationeller Begriffsbildung

Man kann sagen: Ja, es ist leicht, aus exakt abgegrenzten, künstlichen Begriffen eine Theorie widerspruchslos aufzubauen; aber wenn man dann die Theorie auf die Wirklichkeit anwenden will, so hat man es doch nur mit unscharfen Vorgängen zu tun, in denen allein die unbestimmteren, „natürlich gewachsenen" Begriffsbildungen Bedeutung haben. Daran ist gewiß etwas Richtiges, ja, es spricht sich hier ein tiefliegender Mangel aller theoretischen Betrachtung der Wirklichkeit aus. Die Vorgänge, die wir beobachten, die wir erleben, sind stets ungleich verwickelter, als selbst die eingehendsten und schwierigsten Theorien sie wiedergeben. In dem ganzen umfassenden Tatsachenbestand, den eine Naturerscheinung aufweist, den Zug, den die Theorie vielleicht als einzigen darstellt, auch nur zu sehen, ist schon eine große Kunst und nur dem wissenschaftlich Geschulten überhaupt möglich. Aber es wäre verkehrt, oder liegt wenigstens ganz außerhalb der Linie der bisherigen Wissenschaftsentwicklung, wollte man, wie es eine moderne Philosophenschule, die von Bergson, verlangt, um der Komplexität der Wirklichkeit gerecht zu werden, auf scharfe Begriffe verzichten und zu den verschwommenen Vorstellungen zurückgreifen, die man anschauliche nennt, die in Wahrheit aber nur durch einen unklaren und unsicheren Sprachgebrauch bestimmt werden.

Wenn ich zum Beispiel hier mit der Kreide eine „Gerade" an die Tafel zeichne, was ist das für ein außerordentlich zusammengesetztes Ding gegenüber dem, was man in der Geometrie als „Gerade" zu definieren pflegt! Vor allem ist es keine Linie, sondern hat eine endliche Breite, ja eigentlich ist es ein dreidimensionaler Kreidekörper, mehr noch: eine Anhäufung vieler kleiner körperlicher Kreidestückchen u. s. f. Wer nicht von Kindheit an in der Schule den Lehrer zeichnen sah, wird nicht ohneweiters verstehen, was dieser Kreidekörper mit der Geraden zu tun hat, die die kürzeste Verbindung zweier Punkte heißt. Und doch wissen wir, daß die exakten, idealisierten Begriffe der reinen Geometrie unentbehrlich sind, wenn wir uns in unserer Umgebung zurecht finden wollen. Wir brauchen die exakten Begriffsbildungen, weil sie einfach, d. h. von unseren Verstandeskräften leichter zu bewältigen sind. Man hat schon versucht, eine Geometrie aufzubauen, in der es statt „unendlich dünner" Linien nur Streifen von endlicher Breite gibt, aber man ist damit nicht weit gekommen, weil eine solche Betrachtungsweise doch nur schwieriger ist als die gewöhnliche. Wir müssen ohneweiters zugeben, daß alle theoretischen Konstruktionen, deren man sich in den verschiedenen Teilen der Physik, einschließlich der Geometrie, bedient, nur unzulängliche Hilfsmittel für die gedankliche Nachbildung der empirisch erkannten Tatsachen sind. Allein, daß es einen anderen Weg des wissenschaftlichen Fortschrittes gibt als den, mit dem einfachsten und daher exakten theoretischen Gerüst zu beginnen und es durch allmähliche Hinzufügung ergänzender Bestandteile auszubauen, glaube ich nicht. Jedenfalls will ich für die Klasse von Erscheinungen, die die Wahrscheinlichkeitstheorie behandelt, für diesen Ausschnitt aus der Gesamtheit der physischen Vorgänge kein anderes Ziel anstreben als das, das in der Geometrie, in der Mechanik und in vielen sonstigen Teilen der Physik bereits erreicht, in anderen ebenfalls angestrebt ist: eine auf möglichst einfachen, exakten Begriffsbildungen aufgebaute „rationelle" Theorie zu liefern, die bei aller Unvollkommenheit gegenüber der Totalität des wirklichen Geschehens doch einzelne seiner wesentlichen Züge befriedigend wiedergibt.

Definition der Wahrscheinlichkeit

Nach all den Vorbereitungen wollen wir uns jetzt der Aufgabe zuwenden, den Wahrscheinlichkeitsbegriff selbst näher zu umschreiben. Aus dem bisher Gesagten geht schon hervor, daß es vor allem nötig sein wird, aus dem Gebiet, das durch die vulgäre Wortbedeutung „wahrscheinlich" gedeckt wird, alles auszuscheiden, was nicht durch die hier zu entwickelnde Theorie berührt werden soll.

Beschränkung des Stoffes

Mit der Frage, ob und wie wahrscheinlich es ist, daß Deutschland noch einmal Krieg mit der Republik Liberia führen wird, hat unsere Wahrscheinlichkeitstheorie nicht das mindeste zu tun. Auch wenn man von der Wahrscheinlichkeit spricht, die für eine bestimmte Lesart einer Stelle in Tacitus' Annalen besteht befindet man sich ganz außerhalb des Bereiches unserer Untersuchung. Nicht ausdrücklich erwähnen muß ich wohl, daß uns die sogenannte „innere Wahrscheinlichkeit" eines Kunstwerkes hier nichts angeht und der schöne Goethesche Dialog „Über Wahrheit und Wahrscheinlichkeit der Kunstwerke" nur durch einen sehr nebensächlichen sprachlichen Gleichklang mit unserem Thema verknüpft ist. Die Fragen nach der objektiven Richtigkeit der biblischen Erzählungen, für die ein hervorragender russischer Mathematiker, A. Markoff, ganz erfüllt von den Gedankengängen der liberalen Aufklärungszeit, ausdrücklich die Autorität der Wahrscheinlichkeitsrechnung in Anspruch nimmt, scheiden wir ebenfalls aus und mit ihnen fast alle Fragen der „sciences morales", über die der große Laplace in seinem „essai philosophique" so anziehend zu sprechen weiß. Es ist im übrigen für den übertriebenen Rationalismus des 18. Jahrhunderts kennzeichnend, daß er den Geltungsbereich der exakten Wissenschaften ins Ungemessene auszudehnen suchte; in diesen Fehler wollen wir nicht verfallen.

Ungefähr an der Grenze dessen, was wir noch in unsere Betrachtungen einbeziehen, liegen die oft und viel behandelten Fragen über die Wahrscheinlichkeit von Zeugenaussagen und gerichtlichen Urteilen, die Poisson zum Titelproblem seines berühmten Werkes gemacht hat. Mitten in den Kern trifft man aber mit der Frage nach der Wahrscheinlichkeit eines Gewinnes innerhalb eines bestimmten, wohldefinierten, reinen Glücksspiels. Ob es lohnend ist, darauf zu wetten, daß beim Spiel mit zwei Würfeln in 24 Wiederholungen mindestens einmal Doppelsechs erscheint, ob ein solches Ereignis mit „Wahrscheinlichkeit" zu erwarten ist, ja sogar mit „wie großer" Wahrscheinlichkeit, das zu beantworten, fühlen wir uns berufen. Daneben gibt es Aufgaben von größerer sozialer Bedeutung, die wir in gleicher Weise zu den unseren rechnen, so alle Fragestellungen, die mit dem Versicherungswesen zusammenhängen, die Wahrscheinlichkeit von Todes- oder Krankheitsfällen unter ganz genauen, wohlumgrenzten Voraussetzungen, die Wahrscheinlichkeit dafür, daß ein Versicherungsunternehmen mit einer Prämie von bestimmter Höhe auskommt u. s. f. Ein drittes Gebiet, neben dem der Glückspiele und der sozialen Massenerscheinungen, in dem wir mit unserem Wahrscheinlichkeitsbegriff erfolgreich arbeiten werden, bilden gewisse mechanische und physikalische Erscheinungen, als deren Typus ich etwa das Herumschwirren der Moleküle in einem geschlossenen Gasbehälter oder die unter dem Mikroskope beobachtbaren Bewegungen der Teilchen eines kolloidalen Körpers nenne. Man bezeichnet bekanntlich als Kolloide jene Ansammlungen fein verteilter, in einem Medium suspendierter Teilchen, die sich dem freien Auge oder dem flüchtigen Beobachter als eine gleichförmige, deformable Masse darstellen.

Unbegrenzte Wiederholbarkeit

Was ist das Gemeinsame an den zuletzt aufgeführten Fällen, was kennzeichnet sie im Gegensatz zu den anderen Anwendungen des Wortes „Wahrscheinlichkeit", die wir aus unserer Betrachtung ausgeschieden wissen wollen? Man kann über ein gemeinsames Merkmal, dem wir entscheidende Bedeutung beilegen, nicht im Zweifel sein: Es handelt sich beim Glückspiel, bei den Versicherungsproblemen, bei den Gasmolekeln um Vorgänge, die sich in großer Zahl wiederholen, um Massenerscheinungen oder Wiederholungsvorgänge. Der Wurf mit einem Paar guter Würfel ist praktisch fast unbegrenzt wiederholbar; man denkt kaum daran, daß die Würfel oder der Becher sich allmählich abnutzen und zugrundegehen könnten. Haben wir eine Versicherungsfrage zu untersuchen, so steht uns vor Augen das große Heer der Versicherungsnehmer, die häufige Wiederholung des einzelnen Falles, der von der versichernden Gesellschaft registriert wird. Auch beim dritten Beispiel liegt das Massenhafte, die unermeßlich große Zahl der Moleküle schon unmittelbar in der Vorstellung. Anderseits erkennt man ebenso deutlich, daß das Merkmal der weitgehenden Wiederholbarkeit, der Massenhaftigkeit in all den Fällen fehlt, die ich vorher ausgeschlossen hatte: Die Lage, in einen Krieg mit Liberia zu geraten, wiederholt sich nicht unbegrenzt oft, Unsicherheiten in der Lesart eines Schriftstellers sind von Fall zu Fall zu verschieden, als daß man hier von Massenerscheinungen sprechen könnte, und die Frage über die Zuverlässigkeit der biblischen Berichte ist eine geradezu einzigartige, die man unmöglich als ein Glied in einer Kette sich wiederholender gleicher Fragestellungen auffassen kann.

So stellen wir also einmal fest: Mit dem rationellen Wahrscheinlichkeitsbegriff, der die ausschließliche Grundlage der Wahrscheinlichkeitsrechnung bildet, wollen wir nur solche Fälle erfassen, in denen es sich um einen vielfältig **wiederholbaren Vorgang**, um eine in großen Mengen auftretende Erscheinung, physikalisch gesprochen um eine **praktisch unbegrenzte Folge von gleichartigen Beobachtungen** handelt.

Das Kollektiv

Ein schönes Beispiel für einen Massenvorgang, auf den die Wahrscheinlichkeitslehre Anwendung findet, bildet die Vererbung bestimmter Eigenschaften, etwa der Blütenfarbe, bei der Aufzucht einer großen Menge gleichartiger Pflanzen aus einem gegebenen Samenbestand. Wir können hier deutlich sehen, worauf es ankommt, wenn man von einem Wiederholungsvorgang spricht. Man hat zunächst einen Einzelvorgang vor sich, d. i. hier die Aufzucht eines Pflanzenindividuums und die Beobachtung seiner Blütenfarbe, sodann die Zusammenfassung sehr vieler solcher Vorgänge zu einer Gesamtheit. Die Einzelvorgänge unterscheiden sich untereinander durch das „Merkmal", das den eigentlichen Gegenstand der Beobachtung bildet, in unserem Beispiel: die Farbe der Blüte. Dadurch, daß wir die Gesamtheit aller Pflanzen auf dieses eine Merkmal hin untersuchen, entsteht die Zusammenfassung zu einem Sammelbegriff. Beim Würfelspiel bildet den Einzelvorgang das einmalige Ausspielen der Würfel aus dem Becher und die darauf folgende Beobachtung der geworfenen Augenzahlen. Spielt man mit einer Münze „Kopf oder Adler", so ist jeder Wurf ein Einzelvorgang und das Merkmal ist eben das auf der Oberseite erscheinende Münzenbild, der Kopf oder der Adler. Im Problem der Ablebensversicherung ist als Einzelvorgang der Lebensablauf des Versicherten anzusehen, als das zu beobachtende Merkmal etwa das Alter, in dem er aus dem Leben scheidet, allgemeiner der Zeitpunkt, in dem der Versicherungsfall eintritt. Wenn wir von einer Sterbenswahrscheinlichkeit sprechen, so kann sich das — nach der hier zu begründenden exakten Auffassung des Wahrscheinlichkeitsbegriffes — immer nur auf eine bestimmte Gesamtheit von Personen beziehen, z. B. auf die Gesamtheit der „41jährigen versicherten männlichen Personen in Deutschland, die in nicht gefährlichen Berufen stehen". Von der Sterbenswahrscheinlichkeit eines bestimmten Individuums, und mag von ihm noch so viel bekannt sein, können wir nicht nur nichts aussagen, sondern dieser Ausdruck hat für uns überhaupt keinerlei Sinn. Darin liegt eine der tiefgreifendsten Folgerungen aus unserer Auffassung des Wahrscheinlichkeitsbegriffes, auf die ich noch ausführlicher zurückkommen werde.

Es ist jetzt an der Zeit, einen Ausdruck einzuführen, der uns für die weiteren Auseinandersetzungen sehr nützlich sein wird. Wir wollen eine Gesamtheit von Vorgängen oder Erscheinungen, die sich im einzelnen durch irgend ein beobachtbares Merkmal, eine Zahl, eine Farbe od. dgl. unterscheiden, kurz ein Kollektiv nennen, wobei ich mir noch vorbehalte, gewisse nähere Präzisierungen dazu nachzutragen. Ein Kollektiv bilden also die von einem Vererbungsforscher gezüchteten Erbsenpflanzen mit ihrer Unterscheidung in rot- und weißblühende. Ein Kollektiv ist die Folge von Würfen aus einem Becher mit der jedesmal sichtbar werdenden Augenzahl, die Gesamtheit der Gasmolekel, an deren jedem eine bestimmte Geschwindigkeit beobachtet wird, endlich die Masse der Versicherten, deren Sterbealter der Registrierung unterworfen wurde. Grundlegend für unsere Auffassung des Wahrscheinlichkeitsbegriffes ist der Satz: Zuerst muß ein Kollektiv da sein, dann erst kann von Wahrscheinlichkeit gesprochen werden. Die Definition, die wir geben werden, kennt überhaupt nur die „Wahrscheinlichkeit eines Merkmals innerhalb eines gegebenen Kollektivs."

Erster Schritt zur Definition

Zu dieser Definition in ihrer rohesten Form zu gelangen, ist nach dem bisher Gesagten nicht mehr schwer. Gehen wir etwa von dem Fall des Spieles mit zwei Würfeln aus. Als Merkmal eines Wurfes betrachten wir die Augenzahl, die auf den beiden Würfeloberseiten sichtbar wird. Was werden wir die Wahrscheinlichkeit der Augenzahl 12, also der Doppelsechs, nennen? Wenn eine große Zahl von Spielen ausgeführt ist — sagen wir etwa, es seien zweihundert Würfe geschehen —, wird eine verhältnismäßig kleine Zahl, vielleicht fünf, die Zahl der erschienenen Doppelsechser sein.

Den Quotienten 5 : 200 = $1/_{40}$ bezeichnet man dann üblicherweise als die Häufigkeit, deutlicher als die „relative Häufigkeit" des Erscheinens der Doppelsechs innerhalb der ersten 200 Spiele. Setzt man das Würfeln fort, etwa bis zu 400, dann 600 Spielen und stellt nach jedem dieser Abschnitte die relative Häufigkeit der Doppelsechs fest, indem man die Anzahl der im ganzen Spielverlauf erschienenen Doppelsechs durch 400 bzw. 600 dividiert, so wird man Quotienten erhalten, die von dem zuerst gefundenen Wert $1/_{40}$ mehr oder weniger abweichen. Wenn bei beliebig langer Fortsetzung des Spielens, bei 2000, 4000 und mehr Würfen immer noch erhebliche Abweichungen aufträten, kämen wir gar nicht dazu, von einer bestimmten Wahrscheinlichkeit der Doppelsechs zu sprechen. Es ist eine für die Wahrscheinlichkeit grundlegende Erfahrungstatsache, die beim Würfelspiel sich ebenso bestätigt, wie bei den anderen früher angeführten Beispielen von Massenerscheinungen, daß die relative Häufigkeiten der verschiedenen Merkmale sich **weniger und weniger ändern, wenn man die Zahl der Beobachtungen mehr und mehr vergrößert.** Setzen wir fest, daß wir die Quotienten von vornherein nur mit einer begrenzten Genauigkeit, z. B. auf drei Dezimalstellen, berechnen, dann wird je nach den Verhältnissen, von irgend einer Zahl von Spielen an, die relative Häufigkeit der Doppelsechs überhaupt dieselbe bleiben. Diesen „Grenzwert" (was dies genauer heißt, werden wir noch besprechen) der relativen Häufigkeit, der notwendig ein echter Bruch, d. h. eine Zahl kleiner als 1, sein muß, nennen wir die **Wahrscheinlichkeit für das Auftreten der Doppelsechs innerhalb des Gesamtspiels mit den beiden Würfeln.** Wie groß dieser Bruch ist, ist dabei ganz gleichgültig.

Zwei verschiedene Würfelpaare

Ich habe hier zwei Paare von Würfeln, die äußerlich ganz ähnlich, für Vorführungszwecke besonders hergerichtet sind. Bei dem einen Paar findet man durch fortgesetztes Würfeln, daß die relative Häufigkeit der Doppelsechs sich bei großer Spielzahl ungefähr dem Wert 0,028 oder $1/_{36}$ nähert, bei dem andern Paar ist sie nahezu viermal so groß. Daß man das eine Würfelpaar ein „richtiges", das andere „falsch" nennt, kommt jetzt nicht in Frage, unsere Wahrscheinlichkeitsdefinition ist in beiden Fällen anwendbar. So kümmert sich auch der Arzt, der eine Krankheit diagnostiziert, nicht darum, ob der Kranke ein Ehrenmann ist oder nicht. Ich kann den Versuch des fortgesetzten Würfelns hier nicht ganz durchführen, da er geraume Zeit in Anspruch nimmt. Aber wenn ich nur einigemal mit diesem Würfelpaar werfe, so sehen Sie schon, daß fast jedesmal wenigstens eine Sechs fällt. Bei dem anderen Paar ist das nicht der Fall. In der Tat läßt sich feststellen, daß die Häufigkeit einer Sechs bei diesen Würfeln fast genau $1/6$, bei jenen nahezu $1/3$ ist. Wenn Sie den Wahrscheinlichkeitsbegriff, wie wir ihn brauchen, klar erfassen wollen, müssen Sie sich nur immer wieder dieser beiden Würfelpaare erinnern. Für jedes von ihnen gibt es eine bestimmte Wahrscheinlichkeit der Doppelsechs, aber die beiden Wahrscheinlichkeiten sind weit voneinander verschieden.

Der Grenzwert der relativen Häufigkeit

Das Wort „Grenzwert", das wir vorhin verwendet haben, ist ein Terminus der höheren Mathematik. Wir brauchen jedoch nicht viel davon zu wissen, in welcher Weise er von den Mathematikern definiert wird, da für uns nur etwas in Betracht kommt, was jeder Laie verstehen kann. Wir wollen die relative Häufigkeit eines Merkmales, also den Quotienten aus der Anzahl seines Auftretens durch die Gesamtzahl aller Beobachtungen, wie ich schon sagte, mit einer bestimmten Zahl von Dezimalen rechnen, ohne uns darum zu kümmern, wie die späteren Stellen ausfallen, ob sie Nullen sind oder andere Ziffern enthalten. Verfolgen wir in dieser Weise einen Wiederholungsvorgang, z. B. das Spiel „Kopf oder Adler" mit einer Münze, genügend lange und rechnen wir von Zeit zu Zeit die relative Häufigkeit der Kopfergebnisse mit der festgesetzten Genauigkeit, so kann es eintreten, daß von irgend einem Zeitpunkt ab die Häufigkeitszahl sich nicht mehr ändert. Nimmt man nur eine Dezimale, so wird man in der Regel verhältnismäßig bald, vielleicht schon nach 500 Würfen, finden, daß keine Veränderung eintritt daß die relative Häufigkeit, auf eine Stelle genau, etwa 0,5 bet. ägt. Rechnet man zwei Stellen, so muß man wohl schon weiter gehen. Man wird vielleicht nach je 500 Würfen wieder den Quotienten bilden, somit die relative

Häufigkeit des „Kopfes" für die ersten 1000, 1500, 2000 .... Würfe ermitteln und möglicherweise finden, daß dann von 8000 ab an der zweiten Dezimalstelle immer „0" steht, also die relative Häufigkeit 0,50 beträgt. Natürlich kann man so einen Versuch nicht ins Endlose ausdehnen. Wenn zwei Personen geschickt zusammenarbeiten, können sie es auf etwa 1000 Beobachtungen in der Stunde bringen. Nehmen wir nun an, man habe zehn Stunden auf die Sache gewandt und bemerkt, daß in den beiden letzten Stunden die relative Häufigkeit bei 0,50 — ungeachtet der weiteren Stellen — stehen geblieben ist. Ein feinerer Beobachter wird nebenbei die dritte Stelle des Quotienten ausrechnen und vielleicht finden, daß diese in der allerletzten Stunde zwar noch Änderungen gezeigt hat, aber keine großen. Ein solches Versuchsergebnis führt den naturwissenschaftlich Denkenden auf die Vermutung, daß, wenn man das Spiel unter gleich bleibenden Umständen weiter und weiter fortsetzt, auch die dritte, dann die vierte und schließlich jede folgende Dezimale der relativen Häufigkeit einen festen Wert annimmt. Den Tatbestand, der dieser Vermutung entspricht, bezeichnen wir kurz mit den Worten: Die relative Häufigkeit des Merkmales „Kopf" strebt einem Grenzwert zu. Die früher gegebene Erklärung des Kollektivs ergänzen wir jetzt durch folgende Fassung: Ein Kollektiv ist eine Massenerscheinung oder ein Wiederholungsvorgang, kurz eine lange Folge von Einzelbeobachtungen, bei der die Vermutung berechtigt erscheint, daß die relative Häufigkeit des Auftretens jedes einzelnen Beobachtungsmerkmales einem bestimmten Grenzwert zustrebt. Diesen Grenzwert nennen wir die „Wahrscheinlichkeit für das Auftreten des Merkmales innerhalb des Kollektivs." Dabei ist es natürlich nicht notwendig, immer den ganzen schwerfälligen Ausdruck zu wiederholen; gelegentlich erlauben wir uns schon, einfach „Wahrscheinlichkeit eines Kopfwurfes" zu sagen. Das Wesentliche ist, daß dies wirklich nur eine Abkürzung bedeutet und daß das Kollektiv, auf das sich die Wahrscheinlichkeitsaussage bezieht, genau definiert sein muß. Man sieht jetzt wohl ein, daß von einer Wahrscheinlichkeit des Ausganges einer Schlacht in unserem Sinne nicht die Rede sein kann. Hier liegt kein Kollektiv vor und unsere Art zu definieren versagt, genau so, wie wenn man dem Physiker die Aufgabe stellen wollte, die „Arbeit", die ein Schauspieler beim Vortrag seiner Rolle leistet, nach mechanischem Maß zu messen.

Die Erfahrungsgrundlage bei Glücksspielen

Wir müssen dann noch überlegen, wie der entscheidende Versuch der Wahrscheinlichkeitsermittlung sich in den anderen vorhin angeführten Fällen, bei der Lebensversicherung, bei den Gasmolekeln gestaltet. Vorerst aber noch eine kurze Bemerkung zu den Glücksspielen. Man könnte fragen: Woher nehmen wir eigentlich die Sicherheit dafür, daß ein in der Praxis ausgeführtes Glücksspiel sich hinsichtlich der relativen Häufigkeiten der verschiedenen Ausgangsmöglichkeiten so verhält, wie eben angegeben wurde? Besitzen wir wirklich eine ausreichende Stütze für eine so weitgehende Vermutung über den tatsächlichen Ablauf einer Versuchsreihe, von der wir doch nur einen bescheidenen Anfang in jedem Fall erproben können? Nun, so gering ist das Material nicht, das unsere Unterlage bildet. Da sind vor allem die großen Spielbanken in Monte Carlo und anderwärts, die in millionenfacher Wiederholung dasselbe Spiel immer wieder ausführen. Sie befinden sich sehr wohl dabei, nachdem sie ihre Gewinstaussichten auf Grund der Annahme fester Grenzwerte der relativen Häufigkeiten vorausberechnet haben. Daß gelegentlich die Bank „gesprengt" wird, spricht durchaus nicht gegen die Voraussetzung. Einen Gegenbeweis gäbe es erst, wenn der seit Gründung der Bank erzielte Gesamtgewinn erheblich sinken oder gar in Verlust umschlagen würde, wenn also die Bank in Zukunft annähernd so viel oder noch mehr verlöre, als sie seit Bestand gewonnen hat. Daß dies einmal eintreten könnte, wird kein Einsichtiger vermuten. Ganz ähnlich wie bei den Spielbanken steht es bei den Lotterieunternehmungen, die lange Jahre hindurch von einzelnen Staaten betrieben wurden und stets die beste Übereinstimmung mit der Annahme stabiler Werte der relativen Häufigkeiten ergeben haben. Dies alles berechtigt uns zu der Auffassung, wonach es wirklich realisierbare Spielvorgänge gibt, für die unsere Vermutung zutrifft, daß die relativen Häufigkeiten der verschiedenen Merkmale Grenzwerten zustreben. Und nur Vorgänge dieser Art wollen wir in unseren weiteren Ausführungen in Betracht ziehen.

Lebens- und Sterbenswahrscheinlichkeit

Die „Sterbenswahrscheinlichkeit", mit der die Versicherungsgesellschaften rechnen, wird nach einem Verfahren ermittelt, das sich in keinem wesentlichen Punkte von demjenigen unterscheidet, das wir zur Definition der Wahrscheinlichkeit im Falle des Würfelspieles benutzt haben. Vor allem gilt es, hier für jeden Anwendungsfall ein bestimmtes Kollektiv genau abzugrenzen. Ein Beispiel liefert uns die Herstellung der „deutschen Sterblichkeitstafeln aus den Erfahrungen von 23 Versicherungsgesellschaften", die lange Zeit hindurch in allgemeiner Verwendung standen. Ungefähr 900 000 Einzelbeobachtungen an Personen, die bei einer der 23 Gesellschaften auf Todesfall versichert waren, wurden durchgeführt, ehe die Tafeln mit der Angabe der Sterblichkeit aufgestellt werden konnten. Dabei umfaßte eine Beobachtung jedesmal den ganzen Zeitraum vom Eintritt einer Person in die Versicherung bis zu ihrem Austritt. Eines der betrachteten Kollektivs war folgendermaßen festgelegt: Gesamtheit der Männer, die auf Grund vollständiger ärztlicher Untersuchung mit normaler Prämie vor Erreichung des Alters von 40 Jahren versichert wurden. Das dabei zu beobachtende Merkmal war: Eintritt oder Nichteintritt des Todes innerhalb des 41. Lebensjahres. Fälle, in denen aus irgend einem Grunde, z. B. wegen Aufgebens der Versicherung, das Merkmal nicht eindeutig festgestellt werden konnte, wurden ausgeschieden. Die Zahl der Fälle in dieser Kategorie, die bis zu Ende beobachtet werden konnten, betrug 85 020; in 940 Fällen wurde der Todeseintritt festgestellt. Die relative Häufigkeit betrug also $940 : 85020 = 0{,}01106$. Diese Zahl gilt — vorbehaltlich gewisser Berichtigungen, die hier beiseite gelassen werden dürfen — als die Sterbenswahrscheinlichkeit im 41. Lebensjahre für die betrachtete Kategorie von Personen, d. h. in unserer Ausdrucksweise als Sterbenswahrscheinlichkeit innerhalb des vorher genau abgegrenzten Kollektivs. Daß man die Zahl von 85 000 Beobachtungen für ausreichend hielt, um die berechnete relative Häufigkeit schon als Wahrscheinlichkeit, d. h. als den bleibenden, für einen beliebig großen Kreis von Fällen sich nicht mehr ändernden Grenzwert, gelten zu lassen, ist bis zu einem gewissen Grade Willkür. Niemand wird meinen, daß mehr als die ersten drei Dezimalstellen, also 0,011, stabil bleiben werden.

Jedermann würde auch sehr zufrieden sein, wenn es möglich wäre, die Berechnung auf eine noch umfassendere Grundlage zu stellen; naheliegende praktische Bedenken stehen dem entgegen. Auch daß die einmal festgestellte Zahl nicht für ewige Zeiten gilt, ist selbstverständlich. So geht es auch mit anderen physikalischen Maßzahlen. Man bestimmt die Größe der Erdschwere an irgend einem Orte und rechnet mit dem gemessenen Wert solange, bis man durch neue Messung eine etwaige Änderung festgestellt hat; in gleicher Weise verhält man sich gegenüber örtlichen Veränderungen. In diesem Sinne begnügt man sich auch im Versicherungswesen mit dem, was eben erreichbar ist, und benutzt, solange man keinen besser begründeten Wert besitzt, die Zahl 0,011 so, als ob sie der gesuchte Grenzwert wäre. Das heißt, man rechnet damit, daß innerhalb der Gesamtheit aller künftigen Versicherungsnehmer der betrachteten Kategorie gerade 11 von Tausend im 41. Lebensjahre sterben.

Über den angegebenen Rahmen hinaus hat aber die Zahl 0,011 keinerlei Bedeutung. Völlig sinnlos wäre es, zu sagen, der jetzt 40jährige Herr N. N. habe 11 v. T. Wahrscheinlichkeit, innerhalb eines Jahres zu sterben. Denn bildet man beispielsweise ein Kollektiv aus Frauen und Männern zusammen, so erhält man nach Ausweis der Sterblichkeitstafeln einen etwas kleineren Quotienten für das Alter von 40 Jahren. Herr N. N. gehört aber mit demselben Recht zu der Gesamtheit der Frauen und Männer wie zu der der Männer allein und zu vielen anderen, leicht angebbaren Gesamtheiten. Meint man vielleicht, einen umso „richtigeren" Wert zu bekommen, je mehr man von den Eigenschaften des Individuums berücksichtigt, d. h. je enger man das Kollektiv abgrenzt, als dessen Glied man jenes betrachtet, so gelangt man zu keinem Ende; schließlich bleibt, durch alle seine Eigenschaften eindeutig bestimmt, das eine Individuum als einziges Glied seiner Klasse übrig. Heute pflegen z. B. die Versicherungsgesellschaften die sogenannte Selektion durch den Versicherungsabschluß zu berücksichtigen, nämlich den Umstand, daß Personen, die sich früh versichern, einen anderen Ablauf ihrer Lebensdauer aufweisen, als in späterem Alter Versicherte. Die Selektions-Sterbetafeln beruhen auf einer solchen Abgrenzung des Kollektivs, bei der jedesmal eine bestimmte Dauer des Versicherungsvertrages im Zeitpunkte des Todeseintrittes vorausgesetzt wird. Es ist klar, daß man in dieser oder ähnlicher Richtung auch noch weitergehen kann, aber wenn man alle Eigenschaften des Individuums in die Definition des Kollektivs aufnehmen wollte, so bestünde es eben aus dem einen Element allein, d. h. ein Kollektiv wäre dann überhaupt nicht mehr vorhanden.

Wahrscheinlichkeit in der Gastheorie

Bei der Beschäftigung mit den Gasmolekeln oder einem ähnlichen Problem der physikalischen Statistik liegen die Verhältnisse nur scheinbar anders. Das Kollektiv besteht hier etwa aus der Gesamtheit der zwischen Zylinderwand und Kolben eingeschlossenen, sich hin und her bewegenden Moleküle. Als Merkmal eines einzelnen sehen wir beispielsweise die drei rechtwinkligen Komponenten seiner Geschwindigkeit oder den Geschwindigkeitsvektor an. Nun ist es allerdings richtig, daß niemand noch den Versuch gemacht hat, alle Geschwindigkeitsvektoren der Molekel tatsächlich zu messen, zu registrieren und darnach auszurechnen, mit welcher relativen Häufigkeit jeder einzelne Wert auftritt. Der Physiker macht vielmehr eine Annahme über die Größe der relativen Häufigkeit oder, besser gesagt, über ihren (supponierten) Grenzwert und er prüft erst an gewissen Folgerungen, die sich aus dieser Annahme ergeben, ob sie zutrifft. Man sieht, daß der Fall nicht so wesentlich anders liegt als die früheren, wenn auch hier das Experiment zur Feststellung der Wahrscheinlichkeitsgröße nicht unmittelbar ausführbar ist. Die Hauptsache bleibt, daß auch jetzt die Existenz eines Grenzwertes der relativen Häufigkeit, eines bei weiterer Vergrößerung der Gasmenge nicht mehr veränderlichen Endwertes, die Grundlage aller Überlegungen bildet. Will man das Verhältnis zu dem früher besprochenen Fall der durch tatsächliche Zählung erhobenen Sterbenswahrscheinlichkeit mittels einer Analogie sich verständlicher machen, so denke man an folgendes: Der Geometer kann sich mit einem rechtwinkligen Dreieck beschäftigen, z. B. nach dem Pythagoräischen Lehrsatz seine Hypothenuse ausrechnen, nachdem er vorher durch Messung am Objekt festgestellt hat, daß der betreffende Winkel wirklich hinreichend genau 90^0 beträgt; aber er kann in einer anderen

Lage, ohne die Messung des Winkels vorzunehmen, zunächst voraussetzen, daß das Dreieck rechtwinklig sei, dann seine Folgerungen ziehen und deren Übereinstimmung mit der Beobachtung prüfen. In dieser Lage befindet sich der Physiker, wenn er statistische Begriffsbildungen auf Moleküle oder ähnliche Gebilde anwendet. Man pflegt in der Physik zu sagen (wobei ich von der neuesten Entwicklung in dieser Frage absehe), die Geschwindigkeit eines Molekels usw. sei eine „prinzipiell" meßbare Größe, wenn sie auch nicht gerade mit den üblichen Meßwerkzeugen gemessen werden kann. So können wir hier erklären, die relative Häufigkeit und ihr Grenzwert, die Wahrscheinlichkeit, werde auch innerhalb der physikalisch definierten Kollektivs „prinzipiell" in der gleichen Weise beobachtet und gemessen wie in den früher besprochenen Fällen der Glückspiele und der sozialen oder biologischen Statistik.

Historische Bemerkung

Das, was ich bis hierher zur Begründung des Wahrscheinlichkeitsbegriffes ausgeführt habe, widerspricht wohl im großen ganzen dem, was in den älteren Lehrbüchern der Wahrscheinlichkeitsrechnung als formelle „Definition" der Wahrscheinlichkeit an die Spitze gestellt wird. Es steht aber durchaus in Übereinstimmung mit allen Vorstellungen, die man seit den ältesten Zeiten in der Wahrscheinlichkeitsrechnung tatsächlich benutzt. Ganz besonders deutlich kommt dies in der Darstellung zum Ausdruck, mit der Poisson sein berühmtes, von mir schon einmal erwähntes Lehrbuch über die „Wahrscheinlichkeit der gerichtlichen Urteile" einleitet. Er beschreibt, wie auf den verschiedensten Gebieten der menschlichen Erfahrung sich die Erscheinung zeigt, die wir als die Unveränderlichkeit der relativen Häufigkeiten bei großer Wiederholungszahl der Einzelbeobachtungen kennen gelernt haben. Poisson bedient sich dabei einer Terminologie, die ich bisher vermieden habe, weil ich Verwechslung mit einem anderen Gedankengang verhüten wollte, der übrigens auch von Poisson in die Wahrscheinlichkeitstheorie eingeführt oder doch von ihm wesentlich gefördert wurde. Er bezeichnet nämlich den Tatbestand der Stabilität der relativen Häufigkeiten innerhalb genügend umfangreicher Versuchsreihen als „Gesetz der großen Zahlen" und sieht in dem Bestehen dieses Gesetzes die eigentliche Grundlage für die Möglichkeit der Wahrscheinlichkeitsrechnung. In der Durchführung seiner Untersuchungen geht er dann allerdings von der durch Laplace eingeführten formalen Definition der Wahrscheinlichkeit aus, über die wir noch zu sprechen haben werden, und leitet schließlich aus dieser mit den Methoden der Analysis einen mathematischen Satz ab, den er nun auch wieder das „Gesetz der großen Zahlen" nennt. Wir werden später sehen, daß der von Poisson abgeleitete mathematische Satz tatsächlich etwas ganz anderes aussagt als das, was als allgemeine Erfahrungsgrundlage in die Anfänge der Theorie eingeht. Diese doppelte Verwendung der gleichen Bezeichnung, die schon sehr schwere Verwirrung gestiftet hat, wird uns in der Folge noch beschäftigen. Ich werde dann auch genau die Worte anführen, mit denen Poisson die Konstanz der relativen Häufigkeiten bei großen Versuchszahlen als die unumstößliche Grundlage aller Wahrscheinlichkeitsbetrachtungen festgelegt hat.

Jetzt sei nur noch bemerkt, daß die von mir hier vertretene Auffassung, die bei Begründung des Wahrscheinlichkeitsbegriffes die Erscheinungsreihe, die Beobachtungsfolge, in den Vordergrund stellt und die Wahrscheinlichkeit auf eine relative Häufigkeit innerhalb dieser Folge zurückführt, nicht völlig neu ist. Sie wurde in mehr dialektischer Form ohne unmittelbare Absicht auf einen Aufbau der Wahrscheinlichkeitsrechnung von dem Engländer John Venn in einem Buche „Logic of chance" 1866 ausführlich dargelegt. Die moderne Entwicklung der sogenannten Kollektivmaßlehre durch Theodor Fechner und Heinrich Bruns steht der „Häufigkeitstheorie" der Wahrscheinlichkeit nahe. Am deutlichsten hat sich in dieser Richtung Georg Helm, einer der Mitbegründer des Energieprinzips, ausgesprochen, in einer 1902 erschienenen Abhandlung „Die Wahrscheinlichkeitslehre als Theorie der Kollektivbegriffe". Alle diese und viele weitere, der Kürze halber unerwähnt gelassene Ansätze haben jedoch bisher zu einer vollständigen Wahrscheinlichkeitstheorie nicht geführt und nicht führen können, weil sie ein entscheidendes Merkmal des Kollektivbegriffes nicht erfaßt haben, zu dessen Besprechung wir uns jetzt wenden.

Die Regellosigkeit innerhalb des Kollektivs

Nicht alles, was wir über ein Kollektiv zu sagen haben, über eine Folge von Einzelbeobachtungen, eine Massenerscheinung oder einen Wiederholungsvorgang, der den Gegenstand einer Wahrscheinlichkeitsuntersuchung bilden kann, nicht alles ist in der einen Forderung eingeschlossen, daß die relativen Häufigkeiten der verschiedenen Merkmale feste Grenzwerte haben müssen. Man kann leicht Fälle angeben, in denen Grenzwerte der relativen Häufigkeiten ohneweiters feststellbar sind, in denen es aber wenig Sinn hätte, von Wahrscheinlichkeiten zu sprechen. Gehen wir etwa eine ausgedehnte Landstraße entlang, an der alle hundert Meter ein kleiner, alle tausend Meter ein größerer Markstein aufgestellt ist, so wird sicher, wenn wir nur ein genügend langes Stück des Weges ins Auge fassen, fast genau ein Zehntel der durchlaufenen Marken das Merkmal „groß" aufweisen. Genau $1/10$ ist die relative Häufigkeit nur, wenn Anfangs- und Endpunkt der betrachteten Strecke zu den nächsten Kilometersteinen gleich gelegen sind. Aber je weiter wir wandern, desto kleiner wird, wie man ohneweiters einsieht, die äußerste Abweichung zwischen der relativen Häufigkeit und der Zahl 0,1; mit anderen Worten: ihr Grenzwert ist sicher 0,1. Man könnte gewiß auch hier den Ausdruck anwenden, die „Wahrscheinlichkeit" dafür, einen großen Markstein in der fortlaufenden Reihe anzutreffen, sei 0,1. Es erscheint aber doch zweckmäßiger, aus Gründen, die wir gleich erkennen werden, das Besondere, das den jetzt betrachteten Fall gegenüber den früheren kennzeichnet, nicht unbeachtet zu lassen und die Definition des Begriffes „Kollektiv" so einzuschränken, daß der neue Fall ausgeschlossen bleibt. Wenn wir als die Folge der Einzelbeobachtungen die fortlaufenden Feststellungen, ob ein Markstein, der beim Zurücklegen des Weges angetroffen wird, ein „großer" oder ein „kleiner" ist, ansehen, so unterscheidet sich diese Beobachtungsfolge von der Aufeinanderfolge der Augenzahlen bei einem Würfelspiel dadurch, daß sich leicht ihre Gesetzmäßigkeit angeben läßt. Genau jede zehnte Beobachtung führt auf das Merkmal „groß", jede andere auf „klein". Ist man gerade an einem großen Stein vorübergegangen, so fragt man gar nicht, ob der nächste etwa auch wieder ein großer sein kann. Hat man aber mit zwei Würfeln Doppelsechs geworfen, so folgt daraus nichts über das etwaige Ergebnis des nächsten Wurfes und ebensowenig weiß eine Versicherungsgesellschaft, wenn ein Versicherungsnehmer im 41. Lebensjahre gestorben ist, wie es sich mit dem in der Liste zunächst stehenden verhalten wird, mag die Liste nach welchem Gesichtspunkte immer angelegt sein. Es ist ein rein **erfahrungsmäßiger** Unterschied, der zwischen der einen und der andern Art von Beobachtungsfolgen zutage tritt. Wir wollen nun grundsätzlich daran festhalten, daß nur solche Folgen, die die Eigenschaft der Gesetzlosigkeit oder „**Regellosigkeit**" aufweisen, zu den Kollektivs gerechnet werden sollen. Es fragt sich nur, wie man diese Eigenschaft hinreichend präzise erfassen kann, um die Definition nicht allzu unbestimmt zu lassen.

Eine geeignete Formulierung für die „Regellosigkeit" einer Folge zu finden, ist nach dem Gesagten nicht schwer. Der wesentliche Unterschied zwischen der Folge der Augenzahlen beim Würfelspiel und der regelmäßigen Beobachtungsfolge der Marksteine am Wege ist offenbar der, daß wir im letzten Fall leicht ein Auswahlverfahren angeben können, durch das die Häufigkeitszahlen verändert werden. Fangen wir z. B. bei einem großen Stein an und beachten nur jeden zweiten Stein, dem wir begegnen, so zeigt sich sofort, daß die relative Häufigkeit der großen Steine nicht mehr ein Zehntel, sondern ein Fünftel beträgt (weil keiner von den großen, aber jeder zweite von den kleinen Steinen ausgelassen wird). Wenn wir aber beim Würfelspiel versuchen, nur jeden zweiten Wurf gelten zu lassen oder irgend ein anderes, noch so verwickeltes Auswahlverfahren zu benutzen, so zeigt sich doch immer, daß die Häufigkeit der Doppelsechs, sobald nur lange genug gespielt wird, keine andere wird. Diese Unmöglichkeit, die Gewinstaussichten beim Spiel durch ein Auswahlsystem zu beeinflussen, die **Unmöglichkeit des Spielsystems**, ist die charakteristische und ausschlaggebende Eigenschaft derjenigen Beobachtungsfolgen- oder Massenerscheinungen, die den eigentlichen Gegenstand der Wahrscheinlichkeitsrechnung bilden. Wir verlangen von einem Kollektiv, auf das die Wahrscheinlichkeitsrechnung anwendbar sein soll, die Erfüllung zweier Forderungen: Erstens muß die relative Häufigkeit, mit der ein bestimmtes Merkmal in der Folge auftritt, einen Grenzwert besitzen; und zweitens: dieser Grenzwert muß unverändert bleiben, wenn man aus der Gesamtfolge irgend eine Teilfolge willkürlich heraushebt und nur diese betrachtet. Selbstverständlich muß die Teilfolge unbeschränkt fortsetzbar sein wie die ursprüngliche Folge selbst, also etwa so, daß man jedes zweite oder jedes zehnte Glied der Gesamtheit beibehält oder jedes, dessen Nummer eine Quadratzahl oder eine Primzahl ist usf. Im übrigen ist der Phantasie bei der Herstellung der Auswahl jede Freiheit gelassen. Man muß nur über die Zugehörigkeit oder Nicht-Zugehörigkeit eines Spieles zur Teilfolge unabhängig von dem Ergebnis dieses Spieles entscheiden, also durch eine Verfügung über die Nummer oder die Stellenzahl des Spieles, die man trifft, ehe man den Spielausgang kennt. Wir nennen daher eine Auswahl, wie sie hier gemeint ist, kurz eine Stellenauswahl .und verlangen also, daß die Grenzwerte der relativen Häufigkeiten innerhalb eines Kollektivs gegen Stellenauswahl unempfindlich sein sollen.

Das Prinzip vom ausgeschlossenen Spielsystem

Es erhebt sich nun die Frage, ähnlich wie früher: Woher wissen wir eigentlich, daß es Kollektivs gibt, die dieser neuen, weit gesteckten Forderung genügen? Auch hier können wir uns nur auf ein — allerdings sehr reiches — Beobachtungsmaterial stützen. Jedem, der einmal in Monte Carlo war oder eine Beschreibung der Verhältnisse in einer Spielbank gelesen hat, ist wohl bekannt, welch verwickelte „todsichere" Systeme von gewissen Spielnarren ausgeheckt und erprobt worden sind, auch immer wieder von neuem erprobt werden. Daß sie nicht zum gewünschten Ziele führen, nämlich zu einer Verbesserung der Spielchancen, also zu einer Veränderung der relativen Häufigkeiten, mit der die einzelnen Spielausgänge innerhalb der systematisch ausgewählten Spielfolge auftreten, das ist die traurige Erfahrung, die über kurz oder lang alle die von ihren Ideen besessenen Systemspieler machen müssen. Auf diese Erfahrungen stützen wir uns bei unserer Definition der Wahrscheinlichkeit.

Es drängt sich hier ein Vergleich auf, dessen kurzer Besprechung ich nicht aus dem Weg gehen will. Die fanatischen Erfinder und Erprober der Spielsysteme in Monte Carlo und anderwärts weisen eine unverkennbare Ähnlichkeit mit einer andern Klasse von „Erfindern" auf, deren Tätigkeit wir heute nur mit einem gewissen Mitleid zu betrachten gewohnt sind, mit den seit Jahrhunderten bekannten, niemals aussterbenden Konstrukteuren eines „Perpetuum mobile". Es lohnt, diese Analogie, die nicht nur eine menschlich-psychologische ist, ein wenig weiter zu verfolgen. Warum lächelt heute der Gebildete über jeden, der ein Perpetuum mobile zu konstruieren versucht? Nun, wird er sagen, weil wir von dem Prinzip der Erhaltung der Energie her wissen, daß eine solche Konstruktion unmöglich ist. Was aber ist das Energieprinzip anderes als ein sehr stark verallgemeinerter, vielfältig verankerter Erfahrungssatz, der in letzter Linie durch das Fehlschlagen der unzähligen Versuche, ein Perpetuum mobile zu bauen, begründet wurde? Man pflegt heute oft in der theoretischen Physik das Energieprinzip mit seinen verschiedenen Auswirkungen geradezu als das „Prinzip vom ausgeschlossenen Perpetuum mobile" zu bezeichnen. Davon, daß das Energieprinzip sich irgendwie „beweisen" lasse, kann keine Rede sein; die außerordentliche Evidenz, die es für uns besitzt, verdankt es nur der ungeheuren Fülle von Erfahrungsmaterial, das, abgesehen von den heute nur historisch wichtigen Perpetuum-mobile-Versuchen, eigentlich in der Gesamtheit aller in der Technik gebräuchlichen Energieumformungen besteht. Wenn wir nun aus den Erfahrungen der Spielbanken ein „Prinzip vom ausgeschlossenen Spielsystem" abstrahieren und in die Grundlagen der Wahrscheinlichkeitsrechnung aufnehmen, verfahren wir ganz ähnlich, wie es die Physik im Falle des Energieprinzipes tut. Auch hier gilt, daß außer jenen zumeist laienhaften Versuchen der Glücksritter vor allem die Erfahrungen der Versicherungsgesellschaften und ähnlicher Unternehmungen das Prinzip stützen: Wenn es eine Möglichkeit gäbe, die relative Häufigkeit, mit der der Versicherungsfall eintritt, im großen abzuändern dadurch, daß man etwa jeden zehnten Versicherungsnehmer oder dergleichen ausscheidet, so wäre die ganze finanzielle Basis des Unternehmens in Frage gestellt. Was das Energieprinzip für das elektrische Kraftwerk, das bedeutet unser Satz vom ausgeschlossenen Spielsystem für das Versicherungswesen: die unumstößliche Grundlage aller Berechnungen und aller Maßnahmen. Wie von jedem weittragenden Naturgesetz können wir von diesen beiden Sätzen sagen: Es sind Einschränkungen, die wir auf Grund der Erfahrung unserer Erwartung über den künftigen Ablauf von Naturvorgängen auferlegen. Aus der Tatsache, daß die Voraussagen sich als richtig erweisen, dürfen wir den Schluß ziehen, daß es jedenfalls solche Massenerscheinungen oder Wiederholungsvorgänge gibt, auf die das Prinzip vom ausgeschlossenen Spielsystem anwendbar ist, und nur auf diese allein werden sich alle unsere weiteren Ausführungen zur Wahrscheinlichkeitsrechnung beziehen.

Beispiel für Regellosigkeit

Um Ihnen noch anschaulicher zu machen, wie ein Kollektiv in seiner „Regellosigkeit" aussieht, will ich Ihnen hier einen kleinen Versuch vorführen. Daß es wieder ein Experiment aus dem Gebiete der Glücksspiele ist, liegt nur daran, daß alle anderen Möglichkeiten der Anwendung unserer Theorie zu umfangreiche und zeitraubende Einrichtungen erfordern. Ich ziehe also aus einem Säckchen, das 90 runde Täfelchen mit den Nummern 1 bis 90 enthält, blindlings ein Stück und notiere, ob eine gerade oder eine ungerade Zahl erschienen ist. Für eine gerade Zahl will ich eine Null anschreiben, für eine ungerade eine Eins; ich ziehe 100 mal und setze die Ergebnisse der Reihe nach in zehn Zeilen nebeneinander:

```
1 1 0 0 0 1 1 0 1
0 0 1 1 0 0 1 1 1 1
0 1 0 1 0 0 1 0 0 0
0 1 0 0 1 0 0 1 1 1
0 0 1 1 0 0 0 0 1 1
0 1 1 1 1 0 1 0 1 0
1 0 1 1 1 1 0 0 1 1
0 0 1 1 0 1 1 1 0 1
0 0 1 1 0 0 1 1 0 1
0 1 1 0 0 0 1 0 0 0
```

Unter den 100 Versuchen sind hier 51 Einser aufgetreten, d. h. die relative Häufigkeit der Eins beträgt $^{51}/_{100}$. Beachtet man nur jeden zweiten Versuch, also nur die in der ersten, dritten, fünften .... Spalte stehenden Zeichen, so findet man unter den 50 Versuchen 24 Einser, also die relative Häufigkeit $^{48}/_{100}$. Zählt man nur die Zeichen in der ersten, dritten, fünften .... Zeile, so erhält man die Häufigkeit $^{50}/_{100}$ für die Eins. Berücksichtigt man nur diejenigen 26 Versuche, deren Nummer eine Primzahl ist, also den 1., 2., 3., 5., 7., 11., 13., 17., 19., 23., 29., 31., 37., 41., 43., 47., 53., 59., 61., 67., 71., 73., 79., 83., 89. und 97., so findet man genau 13 Einser, also wieder die Häufigkeit $^{50}/_{100}$. Schließlich betrachten wir noch diejenigen 51 Versuche, denen eine Eins vorausgegangen ist — denn ein Systemspieler könnte auch auf den Gedanken kommen, auf Null zu setzen, unmittelbar nachdem sich eine Eins gezeigt hat — und finden jetzt, daß hier 27 Einser stehen, also eine relative Häufigkeit gleich $^{27}/_{51}$ oder $^{53}/_{100}$. Der Versuch zeigt uns, daß bei den verschiedenartigen Auswahlen, die wir angewendet haben, die Einser stets mit der ungefähr gleichen Häufigkeit von etwa $\frac{1}{2}$ auftreten. Sie werden selbst das Gefühl haben, daß man bei einer ausgedehnteren Versuchsreihe, die ich aus Zeitmangel hier nicht ausführen kann, die Erscheinung der „Regellosigkeit" noch in weit vollkommenerer Weise würde nachweisen können. Natürlich läßt sich, wenn die 100 Versuchsergebnisse einmal aufgezeichnet vorliegen, hinterher ohneweiters eine Stellenauswahl angeben, bei der nur Einser oder nur Nullen auftreten, oder die Einser in irgend einer beliebigen, zwischen 0 und 1 gelegenen Häufigkeit. Auch kann es leicht sein, daß bei einer anderen Gruppe von 100 Versuchen eine der hier von uns vorgenommenen Stellenauswahlen ein ganz abweichendes Ergebnis liefert. Das Prinzip der Regellosigkeit besagt ja nur, daß, wenn man die Versuche genügend weit fortführt und das einmal festgelegte Auswahlverfahren beibehält, schließlich doch wieder die relative Häufigkeit 0,50 mehr oder weniger genau herauskommt.

Zusammenfassung der Definition

Auf Einzelheiten mathematischer Natur, auf Überlegungen, die nötig sind, um die Definitionen und Formulierungen in mathematischer Hinsicht zu sichern, brauche ich hier nicht einzugehen. Wer sich dafür interessiert, sei auf meine erste Veröffentlichung im vierten Bande der Mathematischen Zeitschrift von 1918 verwiesen oder auf das demnächst als erster Band meiner „Vorlesungen über angewandte Mathematik" erscheinende Lehrbuch der

Wahrscheinlichkeitsrechnung, das die Theorie in vereinfachter und mehrfach verbesserter Gestalt darstellt. Jetzt sei mir nur gestattet, in aller Kürze noch einmal die wenigen Sätze zusammenzufassen, die wir als Grundlage für alles folgende gewonnen haben und in denen wir die für uns allein maßgebende Definition der Wahrscheinlichkeit erblicken. Es sind diese:

1. Von Wahrscheinlichkeit kann erst gesprochen werden, wenn ein wohlbestimmtes, genau umgrenztes Kollektiv vorliegt.

2. Kollektiv ist eine Massenerscheinung oder ein Wiederholungsvorgang, bei Erfüllung von zwei Forderungen, nämlich: es müssen die relativen Häufigkeiten der einzelnen Merkmale bestimmte Grenzwerte besitzen und diese müssen ungeändert bleiben, wenn man durch willkürliche Stellenauswahl einen Teil der Elemente aus der Gesamtheit heraushebt.

3. Das Erfülltsein der letzteren Forderung bezeichnen wir auch als das Prinzip der Regellosigkeit oder Prinzip vom ausgeschlossenen Spielsystem.

4. Den gegen Stellenauswahl unempfindlichen Grenzwert der relativen Häufigkeit, mit der ein bestimmtes Merkmal auftritt, nennen wir die „Wahrscheinlichkeit für das Auftreten dieses Merkmals innerhalb des betrachteten Kollektivs". Wenn dieser Zusatz zu dem Worte „Wahrscheinlichkeit" gelegentlich fortbleibt, so geschieht es nur der Kürze halber, er muß in Gedanken immer ergänzt werden.

Elemente der Wahrscheinlichkeitsrechnung

Ich habe schon früher gelegentlich erwähnt, daß die von mir hier entwickelte Auffassung des Wahrscheinlichkeitsbegriffes als Grenzwert einer beobachtbaren relativen Häufigkeit auch ihre Gegner hat. Später werde ich noch einmal auf die wichtigsten Einwände zu sprechen kommen, insbesondere auf die der Anhänger der „subjektiven" Auffassung der Wahrscheinlichkeit, die wohl der meinen am entschiedensten gegenübersteht. Zunächst aber will ich jetzt kurz andeuten, in welcher Weise die von mir gegebenen Grundlagen in der Welt der Tatsachen Anwendung finden, wie sie sich in praktischen Fragen auswirken, kurz, was überhaupt mit ihnen anzufangen ist. Denn die Anwendbarkeit einer Theorie auf die Wirklichkeit ist der einzige Prüfstein ihres Wertes. Da muß ich nun freilich mit einer Erklärung beginnen, die den unmittelbarsten Widerspruch bei den Vertretern jener Auffassung hervorrufen wird, die da meinen, es handle sich in der Wahrscheinlichkeitslehre um eine besondere Art von Logik, und die behaupten — dies ist keine Übertreibung — daß, während man in den übrigen Wissenschaften Schlüsse aus dem ziehe, was man weiß, hier aus dem Nichtwissen die wertvollsten Schlußfolgerungen zu gewinnen wären. „Absolutes Nichtwissen über die Bedingungen", heißt es nach Czuber, unter denen ein Würfel fällt, führt zu der Schlußfolgerung, daß jeder der sechs Würfelseiten die Wahrscheinlichkeit $1/_6$ zukomme. Nun, es scheint mir etwas rätselhaft, wie man bei absolutem Nichtwissen zwischen den beiden Würfelpaaren unterscheidet, die ich Ihnen vorhin vorgeführt habe, und von denen das eine jedenfalls einen sehr stark von $1/_6$ abweichenden Wahrscheinlichkeitswert für die Sechs oder Eins aufweist, wenigstens nach unserer Definition der Wahrscheinlichkeit. Doch nicht dies ist jetzt das Wesentliche, daß die Kenntnis der Wahrscheinlichkeit, Sechs zu werfen, nach meiner Auffassung ein Ergebnis der Beobachtung, der Messung ist (die nicht unter allen Umständen an dem individuell gegebenen Objekt vorgenommen werden muß), nach der andern Auffassung eine Erkenntnis „a priori". Es handelt sich uns jetzt vor allem darum, die allgemeine Aufgabe der Wahrscheinlichkeitsrechnung möglichst präzise zu umschreiben und diese kann man weder in empirischen Feststellungen noch in der Gewinnung aprioristischer Erkenntnisse suchen.

Die Aufgabe der Wahrscheinlichkeitsrechnung

Stellt man sich auf einen nüchternen, naturwissenschaftlichen Standpunkt, der auch in der Wahrscheinlichkeitslehre dieselben Denkgesetze, dieselben Schlußweisen, dieselben methodischen Grundsätze gelten läßt wie überall sonst, so scheint sich ganz zwangläufig und eindeutig das Folgende zu ergeben: Es gibt ersichtlich Kollektivs, die miteinander zusammenhängen, die einander nicht „fremd" sind, z. B. das Spiel mit dem ersten dieser beiden Würfel, das Spiel mit dem zweiten und drittens das Spiel mit beiden Würfeln. Durch die beiden ersten dieser Kollektivs ist das dritte bestimmt. Die Aufgabe der Wahrscheinlichkeitsrechnung, und zwar die einzige, die ihr in dem vorliegenden Falle zukommt, ist es nun, aus den Wahrscheinlichkeiten, die innerhalb der beiden erstgenannten Kollektivs bestehen, die Wahrscheinlichkeiten innerhalb des abgeleiteten, dritten Kollektivs zu berechnen. Als gegebene Größen gehen in die Rechnung ein: die sechs Wahrscheinlichkeiten, mit dem ersten Würfel eine Eins, eine Zwei, eine Drei ......, eine Sechs zu werfen, sowie die sechs analogen Werte für den zweiten Würfel; berechnet werden kann daraus z. B. die Wahrscheinlichkeit dafür, mit den beiden Würfeln zusammen die Summe 12 zu werfen. Es ist ganz genau so wie in der Geometrie, die uns lehrt, aus zwei Seiten eines Dreiecks und dem eingeschlossenen Winkel die Länge der dritten Seite zu rechnen. Woher wir die Daten der Aufgabe, die Längen der beiden Seiten und den Winkel kennen, darnach fragt der Geometer nicht oder er sieht wenigstens die Feststellung dieser Ausgangswerte seiner Rechnung nicht als eine Aufgabe der Geometrie an. Mit einer solchen Feststellung beschäftigt sich etwa der Landmesser, der Geodät, der bei seiner Arbeit manche geometrische Überlegung verwerten muß — auch dazu werden wir später in der Statistik die genaue Analogie kennen lernen. Die Geometrie im engeren Sinne lehrt nur, wie man aus gewissen als gegeben vorausgesetzten Größen andere, unbekannte bestimmen kann, und zwar gleichgültig, welche Werte die ersteren haben und unabhängig davon, wie diese Werte gefunden wurden. So liefert die richtig aufgefaßte Wahrscheinlichkeitsrechnung eine Formel für die Wahrscheinlichkeit des Erscheinens der Summe 12 oder der Doppelsechs, die in allen Fällen gültig sein muß, ob ich nun das eine oder andere Paar meiner Würfel benutze oder aus den vieren ein neues Paar kombiniere usf. Wie groß die je sechs Einzelwahrscheinlichkeiten für den ersten und den zweiten der benutzten Würfel sind und woher ich sie kenne, das ist für die Rechnung genau so gleichgültig, wie Werte und Herkunft der Daten in einer geometrischen Aufgabe.

Mit einem Schlage werden unzählige, mehr oder minder ernst gemeinte Einwendungen gegen die Wahrscheinlichkeitsrechnung hinfällig, sobald man als ihre ausschließliche Aufgabe erkennt, aus gegebenen Wahrscheinlichkeiten innerhalb gewisser Ausgangskollektivs die Wahrscheinlichkeiten innerhalb eines aus jenen abgeleiteten Kollektivs zu berechnen. Die Frage, mit der man einen Mathematiker zu hänseln pflegt: Können Sie berechnen, wie groß die Wahrscheinlichkeit ist, daß ich den nächsten Zug nicht versäume? ist in dem gleichen Sinne abzuweisen wie die Frage: Können Sie die Entfernung dieser beiden Bergspitzen von einander berechnen? Eine Entfernung kann man nur rechnen, wenn andere geeignete Entfernungen und Winkel gegeben sind, und eine Wahrscheinlichkeit nur, sobald man andere Wahrscheinlichkeiten, die jene bestimmen, kennt. Der allgemeinen Schulbildung, die seit langem schon gewisse Elemente der Geometrie umfaßt, verdanken wir es, daß der halbwegs Gebildete die praktische Aufgabe des Landvermessers und die theoretische Fragestellung des Geometers (Mathematikers) auseinanderhält; hinsichtlich der Wahrscheinlichkeitsrechnung und Statistik ist diese notwendige Aufklärung noch nicht durchgedrungen.

Wir müssen noch genauer überlegen, worin die hier mehrfach genannte „Ableitung" eines Kollektivs aus anderen besteht. Nur wenn dieser Begriff ganz konkret gefaßt wird, ist wirkliche Klarheit über die Aufgabe der Wahrscheinlichkeitsrechnung zu erreichen. Vorher aber will ich einen einfachen und naheliegenden Ausdruck einführen, der uns gestatten wird, unsere Sätze etwas übersichtlicher zu fassen. Es handelt sich dabei zunächst nur um eine sprachliche Abkürzung, dann um eine kleine Ausdehnung des bisher verwendeten Begriffs des Kollektivs.

Die Verteilung innerhalb eines Kollektivs

Die Glieder oder Elemente eines Kollektivs unterscheiden sich durch ihre Merkmale, die Zahlen sein können wie beim Würfelspiel, Farben wie beim Roulettespiel (Rouge et noir) oder irgend welche durch Beobachtung feststellbare Eigenschaften. Mindestens gibt es in einem Kollektiv zwei Merkmale, in diesem Falle nennen wir es eine „einfache Alternative". Innerhalb einer solchen haben wir zwei Wahrscheinlichkeiten, die natürlich die Summe 1 geben. Z. B.: Das Kopf- oder Adlerspiel mit einer Münze stellt eine Alternative dar mit den beiden Merkmalen „Kopf" und „Adler", von denen jedes — normale Verhältnisse vorausgesetzt — mit der Wahrscheinlichkeit $1/_2$ auftritt. Auch bei der Lebens- oder Sterbenswahrscheinlichkeit liegt eine einfache Alternative vor. Die beiden Merkmale sind: Eintritt des

Die Verteilung innerhalb eines Kollektivs 33

Todes zwischen dem 40. und 41. Geburtstag oder Überleben des letzteren Datums; die Wahrscheinlichkeit des ersten Merkmales ist in dem früher betrachteten Spezialfall 0,011, daher die des zweiten, die Überlebenswahrscheinlichkeit 0,989. Bei anderen Kollektivs ist die Zahl der Merkmale größer als zwei, beispielsweise beim Spiel mit einem Würfel. Hier bestehen sechs verschiedene Ergebnismöglichkeiten für einen Versuch, je nachdem, welche der sechs Würfelseiten obenauf fällt. Demgemäß gibt es sechs Wahrscheinlichkeiten und ihre Summe muß wieder 1 sein. Sind alle sechs Wahrscheinlichkeiten untereinander gleich, so hat jede den Wert $1/_6$ und wir nennen in diesem Falle den Würfel einen „richtigen". Aber gleichgültig, ob wir einen richtigen oder falschen Würfel vor uns haben, die sechs Zahlenwerte der Wahrscheinlichkeiten für seine sechs Seiten, diese sechs echten Brüche mit der Gesamtsumme 1, müssen bekannt sein, wenn wir das Kollektiv als ein gegebenes ansehen sollen. Es empfiehlt sich nun, für den Inbegriff der sechs Größen eine kurze Bezeichnung einzuführen. Wir wollen die Gesamtheit der Wahrscheinlichkeiten, die für das Auftreten der einzelnen Merkmale innerhalb eines bestimmten Kollektivs bestehen, die Verteilung dieses Kollektivs nennen. Die Wahl dieses Ausdrucks wird verständlich, wenn man an die Verteilung der Chancen oder der Gewinnaussichten bei einem Glückspiel denkt. Wenn etwa von sechs Spielern jeder auf eine Würfelseite setzt, so „verteilen" sich die Chancen auf die einzelnen Spieler so, daß der verhältnismäßige Anteil eines jeden gerade gleich der Wahrscheinlichkeit der betreffenden Würfelseite ist; bei einem richtigen Würfel sind die Chancen gleich „verteilt", bei einem falschen ungleich. Bei einer einfachen Alternative besteht die ganze Verteilung nur aus zwei Zahlen, die sich zur Summe 1 ergänzen. Man kann aber auch, um sich das Wort „Verteilung" anschaulich zu machen, daran denken, wie die verschiedenen Merkmale des Kollektivs sich in der unendlich ausgedehnten Masse der Elemente des Kollektivs „verteilen". Bilden die Zahlen $1/_5$, $3/_5$, $1/_5$ die Verteilung eines Kollektivs mit drei Merkmalen, ist also $1/_5$ die Wahrscheinlichkeit des ersten und dritten, $3/_5$ die des zweiten Merkmals, so heißt das ja nichts anderes, als daß in der genügend weit fortgeführten Beobachtungsfolge die Merkmale so „verteilt" sind, daß das erste und dritte je $1/_5$ aller Fälle umfaßt, das dritte die restlichen $3/_5$ usf.

Stetige Verteilung

Der so erklärte Verteilungsbegriff legt es nahe, unsere Betrachtungen auch auf Fälle auszudehnen, die bisher nicht in den Kreis der Überlegungen gezogen waren. Denken wir an einen Schützen, der gegen eine passend aufgestellte Scheibe fortgesetzt Schüsse abgibt. Wir haben hier einen Wiederholungsvorgang, den wir uns unbeschränkt fortsetzbar denken können. Wenn wir die Scheibe in der üblichen Weise in eine Anzahl von Kreisringen geteilt annehmen und jeden Kreisring, einschließlich des inneren Vollkreises und der Außenfläche um den größten Kreis herum, mit einer Nummer versehen, so kann als Merkmal eines Schusses die Nummer des getroffenen Bereiches gelten. So weit wäre das noch nichts Neues gegen früher; die Zahl der Merkmale oder der Wahrscheinlichkeiten, die zusammen die „Verteilung" bilden, wäre gleich der Anzahl der bezifferten Bereiche. Die beiden Voraussetzungen der Existenz der Grenzwerte und der Regellosigkeit sehen wir natürlich als erfüllt an, wenn wir überhaupt von Wahrscheinlichkeit sprechen.

Nun läßt sich aber das Experiment mit dem Schützen und der Scheibe noch etwas anders behandeln. Sobald ein Einschuß erfolgt ist, kann man seine Entfernung vom Mittelpunkt messen und diese Entfernung (statt der Nummer des Ringes) als das Merkmal des Schusses, als das einzelne Beobachtungsergebnis ansehen. Eine Entfernung ist in letzter Linie eine Anzahl von Maßeinheiten, z. B. von Zentimetern, und wenn wir uns wirklich darauf beschränken, nur in ganzen Zentimetern zu messen, so haben wir einen wenig gegen früher veränderten Fall vor uns. An die Stelle der Nummern des jeweils getroffenen Bereiches ist jetzt eine andere Nummer, nämlich die Zentimeterzahl des Abstandes vom Mittelpunkt getreten. Wenn etwa die äußerste noch in Frage kommende Entfernung 1 m beträgt, so haben wir 101 verschiedene Merkmale, nämlich die Zahlen 0 bis 100, ebensoviele Wahrscheinlichkeiten, und die „Verteilung" besteht aus 101 echten Brüchen mit der Summe 1. Aber man fühlt wohl, daß man dem Begriff der „Entfernung" nicht voll gerecht wird, wenn man ihn einfach durch eine Anzahl von Zentimetern ersetzt: Es gibt zwischen 0 und 1 m mehr verschiedene Entfernungen als 100 oder 101. Der Geometer sagt, die Entfernung ist eine stetige

Veränderliche, sie kann jeden Wert zwischen 0 und 100 annehmen, nicht nur die endliche Anzahl ganzzahliger Werte, sondern unendlich viele. So gelangt man zu der Vorstellung, daß man hier ein Kollektiv mit unendlich viel verschiedenen Merkmalen vor sich hat. In den klassischen Lehrbüchern spricht man in diesem Fall von einer „geometrischen" Wahrscheinlichkeit, im Gegensatz zur „arithmetischen" bei nur endlich vielen Merkmalen. Nun kann man gewiß nicht unendlich viel Zahlen angeben, wie es jetzt nötig wäre, wenn in dem früheren Sinn die Verteilung innerhalb der Kollektivs durch tatsächliche Aufführung der Wahrscheinlichkeiten aller Merkmale bestimmt werden sollte. Glücklicherweise ist aber die Schwierigkeit, die hier auftritt, eine von den Mathematikern längst gelöste. Wer nur das Allerelementarste von höherer Mathematik gelernt hat, weiß, wie man sich hier hilft.

Eine Analogie aus einem anderen Gebiet wird, wie ich denke, es jedermann verständlich machen, in welcher Weise man eine „Verteilung", die sich auf unendlich viel Merkmale, auf eine stetige Folge von Merkmalen erstreckt, beschreiben kann. Denken wir uns, daß wir ein bestimmtes Gewicht oder eine Masse, sagen wir 1 kg, über die Punkte einer Strecke von 1 m Länge zu verteilen haben. Solange nur endlich viel Massenpunkte in Frage kommen, ist die Verteilung durch Angabe endlich vieler Zahlen, nämlich der Brüche, die, in Kilogramm ausgedrückt, die einzelnen Gewichtsgrößen bezeichnen, bestimmt. Ist aber das Gewicht von 1 kg stetig über die Länge eines Meters verteilt oder, wie man auch sagt, die Strecke stetig mit Masse belegt, so etwa wie ein dünner gerader Stab von 1 m Länge, der im ganzen 1 kg wiegt, so kann man nicht mehr von einzelnen, Masse tragenden Punkten sprechen, versteht aber doch sofort, was unter „Verteilung" der Masse über die Stablänge gemeint ist. An einer Stelle, an der der Stab dicker ist, drängt sich mehr Masse auf das gleiche Längenstück zusammen, man sagt, hier sei die auf die Längeneinheit bezogene Massendichte größer. Ist der Stab überall gleich dick, so sprechen wir von „Gleichverteilung" der Masse, in jedem Fall ist durch Angabe der Dichte an jeder Stelle die Verteilung bestimmt. Es ist nicht schwer, diese Vorstellung auf die Wahrscheinlichkeitsverteilung in dem Beispiele des Scheibenschießens zu übertragen. Auf jedes Stück der Entfernung zwischen 0 und

100 cm entfällt eine bestimmte Wahrscheinlichkeit des Einschusses und die gesamte Verteilung ist durch Angabe der auf die Längeneinheit entfallenden Dichte an jeder Stelle bestimmt. Wir stehen gar nicht an, hier, wo es sich um ein stetig veränderliches Merkmal handelt, geradezu von der „Wahrscheinlichkeitsdichte" zu sprechen und zu erklären: Gibt es in einem Kollektiv nur endlich viele, diskret von einander zu unterscheidende Merkmale, so besteht die Verteilung aus der Gesamtheit der auf die einzelnen Merkmale entfallenden Wahrscheinlichkeitsgrößen; ist aber das Merkmal eine von Versuch zu Versuch stetig veränderliche Größe, z. B. eine Entfernung zweier Punkte, so wird die Verteilung durch die an jeder Stelle des Variablenbereiches auf die Längeneinheit entfallende „Wahrscheinlichkeitsdichte" festgelegt. Bei der Schußscheibe kann z. B., wenn man voraussetzt, daß blindlings geschossen wird, die Annahme berechtigt sein, daß ein weiter nach außen gelegenes Stück des Radius größere Wahrscheinlichkeit für sich hat, als ein gleich großes, mehr innen gelegenes, weil der zugehörige Kreisring bei gleicher Breite außen größer ist. Man käme so zu dem Ansatz, daß die Wahrscheinlichkeitsdichte proportional dem Radius oder einer Potenz des Radius zunimmt.

Wir werden uns später mit bestimmten Fragen, die sich an Kollektivs mit stetig veränderlichem Merkmal anknüpfen, noch zu beschäftigen haben und dabei auch zeigen, wie sich dieser Begriff auch auf mehrdimensionale Merkmalbereiche, Flächenstücke oder Raumteile statt Linien, ausdehnen läßt. Für jetzt sollte diese Einschaltung nur dazu dienen, Ihnen den Begriff der Verteilung innerhalb eines Kollektivs, möglichst in nicht zu enger Form, anschaulich zu machen. Wir können, wenn wir uns dieses Begriffes bedienen, etwas präziser aussprechen, worin die Aufgabe der Wahrscheinlichkeitsrechnung besteht:

Es lassen sich in ganz bestimmter, noch näher anzugebender Weise aus einem oder aus mehreren wohldefinierten Kollektivs neue Kollektivs ableiten; Aufgabe der Wahrscheinlichkeitsrechnung ist es, aus den als gegeben vorausgesetzten Verteilungen innerhalb der Ausgangskollektivs die Verteilung innerhalb der abgeleiteten Kollektivs zu berechnen.

Zurückführung auf vier Grundaufgaben

In dieser Formulierung bedarf nur ein Ausdruck noch näherer Erklärung, nämlich, in welcher Weise aus gegebenen Kollektivs neue „abgeleitet" werden können. Ich sagte schon, daß es darauf ankommt, dies ganz konkret und präzise anzugeben, sonst hat alles Bisherige keinen Wert. Ich füge jetzt hinzu: es gibt in letzter Linie **vier und nur vier Verfahren der Ableitung** eines Kollektivs aus anderen und alle Probleme, die in der Wahrscheinlichkeitsrechnung behandelt werden, sind auf eine Kombination dieser vier Grundverfahren zurückführbar. Natürlich sind in einer konkreten Aufgabe meist mehrere der Grundverfahren und jedes von ihnen wiederholt durchzuführen. Wir werden jetzt zunächst die vier Verfahren genau besprechen: Für jeden der vier Fälle müssen wir die Grundaufgabe lösen, das ist die Aufgabe, die neue Verteilung aus den Ausgangsverteilungen zu berechnen. Wenn ich nun noch sage, daß ich ohne Furcht, auf zu große Schwierigkeiten des Verständnisses zu stoßen, die vier verschiedenen Lösungen hier vorführen werde, daß namentlich die beiden ersten von ganz außerordentlicher Einfachheit sind, so vermute ich, daß bei Ihnen leicht ein peinlicher Verdacht entstehen wird. Der Verdacht nämlich, daß Sie über die eigentlichen mathematischen Schwierigkeiten, die doch irgendwo in der Wahrscheinlichkeitsrechnung stecken müssen — davon zeugt schon das formelreiche Äußere jedes Lehrbuches — hinweggetäuscht werden sollen. Allein das ist gewiß nicht meine Absicht. Indem ich alle Gedankenoperationen, durch die in der Wahrscheinlichkeitsrechnung Kollektivs miteinander verknüpft werden, auf vier verhältnismäßig einfache und leicht erklärbare Typen zurückführe, sage ich noch nichts darüber, wie enorm verwickelt die Häufung und Kombination der Grundaufgaben innerhalb eines einzelnen praktischen Problems liegen kann. Bedenken Sie nur, daß alle Algebra bis in ihre höchsten Spitzen hinauf nur aus Gedankengängen besteht, die in letzter Linie auf die vier sogenannten Grundrechnungsarten zurückführbar sind. Wer das Addieren, Subtrahieren, Multiplizieren und Dividieren versteht, besitzt grundsätzlich den Schlüssel zum Verständnis jeder algebraischen Untersuchung. Aber der Schlüssel muß — um im Bilde zu bleiben — dabei so vielfältig gehandhabt werden, daß ohne langwierige Vorbereitung und erhebliche Anstrengung doch nicht viel zu erreichen ist. Ganz ebenso liegen die Verhältnisse in der Wahrscheinlichkeitsrechnung. Ich denke nicht daran, daß ich hier durch einen Vortrag von wenigen Stunden Sie instandsetzen könnte, Probleme zu lösen, die von Bernoulli und Laplace an bis in die neueste Zeit Mathematiker ersten Ranges immer wieder beschäftigt haben. Andrerseits würde doch niemand von uns, auch wenn er jedem mathematischen Ehrgeiz und jeder mathematischen Tätigkeit noch so fern steht, gerne auf die Vertrautheit mit den vier Grundrechnungsarten verzichten wollen, und dies sowohl aus praktischen Gründen im Hinblick auf manche nützliche Anwendung des Rechnens im täglichen Leben, wie auch im Interesse der eigenen Geistesbildung. So hoffe ich denn, mit der kurzen Darstellung der vier Grundoperationen der Wahrscheinlichkeitsrechnung zweierlei zu erreichen: Ihnen die Lösung der einen oder anderen gelegentlich auftretenden einfachen Aufgabe zu ermöglichen, vor allem aber eine befriedigende Aufklärung über die jeden Gebildeten angehende Frage nach dem eigentlichen Sinn der Wahrscheinlichkeitsrechnung zu geben.

1. Die Auswahl

Die erste der vier Grundoperationen, durch die ein neues Kollektiv aus einem andern gebildet wird, bezeichnen wir als die Auswahl. Gegeben sei z. B. das Kollektiv, das aus sämtlichen Würfen mit einem bestimmten Würfel besteht, oder aus der Folge aller Spiele, die an einem bestimmten Roulettetisch stattfinden. Das neue Kollektiv habe zu Elementen etwa den ersten, vierten, siebenten ...... Wurf mit demselben Würfel oder das zweite, vierte, achte, sechzehnte ...... Spiel am Roulettetisch. Allgemein gesprochen: es wird eine Auswahl aus den Elementen der Folge gebildet. Das Merkmal der ausgewählten Elemente im neuen Kollektiv soll das gleiche bleiben, wie im ursprünglichen, also im Falle des Würfels die obenauf erscheinende Augenzahl, bei der Roulette die Farbe rot oder schwarz. Gefragt ist nach den Wahrscheinlichkeiten innerhalb des neuen Kollektivs, also z. B. nach der Wahrscheinlichkeit der Farbe rot innerhalb derjenigen Gesamtheit von Spielen, die, wenn man alle Spiele zählt, zu Ordnungsnummern eine Potenz von 2 haben. Nach dem, was früher ansführlich über die Eigenschaften eines Kollektivs gesagt wurde, insbesondere über die Regellosigkeit, kann kein Zweifel darüber bestehen, wie die Frage zu beantworten ist: Die Wahrscheinlichkeit bleibt beim Übergang vom alten Kollektiv zu dem durch das Verfahren der „Auswahl" gebildeten neuen unverändert. Alle sechs Wahrscheinlichkeiten der Augenzahlen eins bis sechs sind in der neuen Spielfolge die gleichen wie im Ausgangskollektiv. Genau dies war es ja, was bei der Definition der Regellosigkeit gefordert wurde. Die Sache ist hier so einfach, daß alle Erklärungen fast überflüssig erscheinen. Wir wollen gleichwohl das Ergebnis in einem Satze genau formulieren:

Man kann aus einem gegebenen Kollektiv in vielfacher Weise durch „Auswahl" ein neues ableiten; die Elemente des neuen Kollektivs sind eine durch Stellenauswahl gewonnene Teilfolge der Elemente des gegebenen, die Merkmale sind unverändert; die Verteilung im neuen Kollektiv ist gleich der im alten.

2. Die Mischung

Kaum weniger einfach, vielleicht noch geläufiger ist das zweite Verfahren, ein neues Kollektiv aus einem gegebenen zu bilden, die zweite Grundoperation, für die ich die Bezeichnung „Mischung" wähle. Zunächst ein Beispiel: Wenn wir als Ausgangskollektiv wieder das Spiel mit einem Würfel nehmen, bei dem also die Elemente aus den aufeinanderfolgenden Würfen, die Merkmale aus den sechs verschiedenen Augenzahlen bestehen, die bei einem Wurf sichtbar werden können, so mag jetzt die Frage gestellt werden: Wie groß ist die Wahrscheinlichkeit, eine gerade Zahl zu werfen? Man kennt die Antwort auf diese Frage. Da es unter den Zahlen 1 bis 6 die drei geraden Zahlen 2, 4 und 6 gibt, müssen die drei Wahrscheinlichkeiten für das Auftreten der Zwei, der Vier und der Sechs addiert werden; die Summe der drei Wahrscheinlichkeiten liefert dann die gesuchte Wahrscheinlichkeit für das Auftreten einer geraden Zahl. Daß diese Rechenregel richtig ist, sieht jedermann leicht ein, auch ist es nicht schwer, sie aus der Definition der Wahrscheinlichkeiten als der Grenzwerte von relativen Häufigkeiten herzuleiten. Der allgemeine Gedanke, der dem Verfahren zugrunde liegt, läßt sich ganz leicht herausschälen. Wir haben aus dem ursprünglichen Kollektiv ein neues gebildet, das dieselben Elemente umfaßt, nämlich alle einzelnen Würfe, in dem aber den Elementen andere Merkmale zugeschrieben werden. Während vorher das Merkmal eines Wurfes eine der Zahlen 1 bis 6 war, lautet das neue Merkmal „gerad" oder „ungerad". Dabei ist es wesentlich, daß mehrere alte Merkmale durch ein neues ersetzt wurden, und nicht etwa mehrere neue an Stelle eines alten treten. In dem letzteren Falle wäre eine Berechnung der neuen Wahrscheinlichkeiten aus den gegebenen nicht möglich. Mit der Bezeichnung „Mischung" soll zum Ausdruck gebracht werden, daß mehrere Merkmale des Ausgangskollektivs miteinander vermengt, vermischt werden oder daß eine Vermengung, Vermischung der Elemente, die gewisse Merkmale aufweisen, stattfindet.

Ungenaue Fassung der Additionsregel

In der älteren, Ihnen vielleicht aus dem Schulunterricht geläufigen Ausdrucksweise spricht man von einer Wahrscheinlichkeit des „Entweder-Oder" und formuliert einen Satz über die Berechnung unbekannter Wahrscheinlichkeiten aus gegebenen etwa so: Die Wahrscheinlichkeit, entweder Zwei oder Vier oder Sechs zu würfeln, ist gleich der Summe aus den drei Wahrscheinlichkeiten der einzelnen Möglichkeiten. Diese Fassung ist aber ungenau und sie bleibt auch noch ganz unzulänglich, wenn man selbst ausdrücklich hinzufügt, daß in dieser Weise nur Wahrscheinlichkeiten von einander ausschließenden Ereignissen zu addieren sind. Die Wahrscheinlichkeit dafür, zwischen dem 40. und 41. Geburtstag zu sterben, mag 0,011 betragen, die Wahrscheinlichkeit, zwischen dem 41. und 42. Geburtstag eine Ehe einzugehen, sei 0,009. Die beiden Möglichkeiten schließen einander aus, trotzdem wäre es sinnlos, zu behaupten, die Wahrscheinlichkeit dafür, entweder zu sterben oder im nächsten Jahre zu heiraten, sei für einen Vierzigjährigen gleich der Summe $0{,}011 + 0{,}009 = 0{,}020$. Die Aufklärung und zugleich die richtige Formulierung des Satzes über die bei der „Mischung" entstehende neue Verteilung findet man nur durch Zurückgehen auf den Begriff des Kollektivs. Der Unterschied zwischen einer richtigen und einer falschen Anwendung der Additionsregel liegt darin, daß immer nur Wahrscheinlichkeiten, die innerhalb eines und desselben Kollektivs für verschiedene Merkmale bestehen, addiert werden dürfen. Die Mischung besteht eben darin, daß Merkmale der Elemente eines Kollektivs vermischt werden. In dem eben erwähnten Beispiel handelt es sich aber um zwei ganz verschiedene Kollektivs. Das eine wird gebildet von der Gesamtheit der Vierzigjährigen, die nach dem Merkmale: Eintritt oder Nichteintritt des Todes vor Vollendung des 41. Lebensjahres eingeteilt werden. Das zweite Kollektiv hat zu Elementen die Einundvierzigjährigen und teilt sie ein nach dem Merkmal: Vollzug oder Nichtvollzug einer Eheschließung im Laufe des Jahres. Beide Kollektivs sind einfache Alternativen und die einzigen Möglichkeiten einer Mischung oder einer Addition von Wahrscheinlichkeiten wären die, ganz innerhalb des einen oder des anderen Kollektivs bleibend, die beiden Wahrscheinlichkeiten für Sterben und Überleben oder die für Eheschließung und Ledigbleiben zu addieren, wobei dann jedesmal 1 als Summe erschiene. Aber kreuzweise zu addieren ist man in keiner Weise berechtigt.

Ein anderes Beispiel, in dem die Unzulänglichkeit des üblichen Entweder-Oder-Satzes unmittelbar zutage tritt, ist folgendes. Ein guter Tennisspieler mag 80 v. H. Wahrscheinlichkeit für sich haben, in einem bestimmten Turnier, sagen wir in Berlin, zu siegen. Seine Aussichten, in einem Turnier, das am gleichen Tag in New-York beginnt, seien 70 v. H. Die Möglichkeiten, hier und dort zu siegen, schließen einander aus, aber für die Wahrscheinlichkeit, entweder hier oder dort zu siegen, die Summe 1,50 anzugeben, wäre völliger Unsinn. Die Aufklärung liegt, wie in dem früheren Beispiel, darin, daß es sich um zwei verschiedene Kollektivs handelt, die Addition aber nur für Wahrscheinlichkeiten innerhalb eines Kollektivs zulässig ist.

Fall der Gleichverteilung

Eine sehr spezielle Form der Mischung, die allgemein geläufig ist, wird oft an die Spitze der ganzen Wahrscheinlichkeitsrechnung gestellt, ja man meint vielfach, daß in ihr die Grundlage jeder rechnerischen Wahrscheinlichkeitsbestimmung zu suchen sei. In unserem ersten Beispiel, in dem nach der Wahrscheinlichkeit, eine gerade Zahl zu werfen, gefragt wurde, ist es natürlich gleichgültig, wie groß die drei Wahrscheinlichkeiten der Zwei, der Vier und der Sechs sind. Es kann ein „richtiger" Würfel in Betracht kommen, bei dem jede der sechs Seiten die Wahrscheinlichkeit $1/6$ besitzt, dann ist die Summe $1/6 + 1/6 + 1/6$ zu bilden, die $1/2$ gibt. Aber ebenso gut könnte es sich um den von uns schon früher benutzten „falschen" Würfel handeln, bei dem durch Versuche andere Werte für die drei Wahrscheinlichkeiten festgestellt wurden. Die Regel, daß die Wahrscheinlichkeit einer geraden Augenzahl gleich der Summe jener drei Größen ist, bleibt unverändert. Der besondere Fall nun, über den wir uns jetzt einen Augenblick unterhalten müssen, ist gerade der der „Gleichverteilung" oder des „richtigen" Würfels. Hier kann man, um zu dem richtigen Ergebnis zu gelangen, auch ein klein wenig anders schließen als wir es vorhin getan haben.

Man kann von der Überlegung ausgehen, es seien im ganzen sechs verschiedene Ergebnisse eines Wurfes möglich, nämlich die Augenzahlen 1 bis 6, jedes dieser sechs Ergebnisse sei gleich wahrscheinlich und — nun kommt die kleine Wendung, die wir dem Gedankengang geben — von den sechs Möglichkeiten seien drei dem ins Auge gefaßten Ereignis, nämlich dem Erscheinen einer geraden Zahl, „günstig". Demnach sei der Quotient $3 : 6 = 1/2$ die gesuchte Wahrscheinlichkeit für das Erscheinen einer geraden Zahl, d. i., wie man sich auszudrücken pflegt, der Quotient aus der Zahl der „dem Ereignis günstigen" Möglichkeiten durch die Gesamtzahl aller Möglichkeiten. Man sieht, daß hier in der Tat eine allgemeine Regel aufgestellt werden kann, die alle jene Fälle der Mischung umfaßt, in denen sämtliche Merkmale innerhalb des Ausgangskollektivs gleiche Wahrscheinlichkeit besitzen. Bezeichnen wir etwa die Zahl dieser Merkmale mit dem Buchstaben n, so daß die Wahrscheinlichkeit jedes einzelnen Merkmales $1/n$ ist, und ebenso die Zahl derjenigen unter diesen Merkmalen, die im abgeleiteten Kollektiv zu einem einzigen neuen Merkmal zusammengefaßt werden, mit dem Buchstaben m, so hat man nach der Additionsregel, um die Wahrscheinlichkeit des neuen Merkmals (innerhalb des neuen Kollektivs) zu erhalten, eine Summe aus m Summanden, deren jeder die Größe $1/n$ hat, zu bilden. Dafür kann man nun einfacher sagen, die gesuchte Wahrscheinlichkeit sei $m : n$, gleich dem Quotienten aus der Zahl der „günstigen" Merkmale durch die Gesamtzahl aller Merkmale. Wir werden später darauf zurückkommen, welche mißbräuchliche Anwendung man von dieser Rechenregel gemacht hat, um darauf eine Scheindefinition der Wahrscheinlichkeit zu stützen. Für jetzt kommt es nur darauf an, einzusehen, daß das Aufsuchen von Wahrscheinlichkeiten durch Abzählen gleichwahrscheinlicher, günstiger und ungünstiger Möglichkeiten nur einen sehr spezialisierten Fall der Ableitung eines neuen Kollektivs aus einem gegebenen durch Mischung darstellt.

Zusammenfassung und Ergänzung der Mischungsregel

Ich will wieder die Mischungsregel so, wie sie sich uns auf der Grundlage des Kollektivbegriffes soeben ergeben hat, kurz in einem Satz formulieren: Aus einem gegebenen Kollektiv, das Elemente mit mehr als zwei Merkmalen umfaßt, läßt sich in vielfacher Weise durch „Mischung" ein neues Kollektiv ableiten; seine Elemente sind die gleichen wie die des Ausgangskollektivs, die neuen Merkmale aber sind Vermengungen von Merkmalen des alten Kollektivs (z. B. die geraden oder ungeraden Zahlen zusammen, statt der Einzelzahlen); die Verteilung innerhalb des neuen Kollektivs ergibt sich aus der gegebenen, indem man die Wahrscheinlichkeiten aller alten Merkmale, die zu einem neuen zusammengefaßt sind, addiert.

Wie diese Additionsvorschrift in einfachen Fällen anzuwenden ist, haben wir an Beispielen schon gesehen. Ich will nur noch nebenbei erwähnen, daß sich die Regel sinngemäß ausdehnen läßt auf jene, früher schon erwähnten Kollektivs, in denen es nicht nur endlich viele Merkmale gibt, sondern, wie im Beispiel des Scheibenschiebens, unendlich viele. Die höhere Mathematik lehrt, daß an Stelle des Addierens einzelner Summanden in solchen Fällen eine ähnliche, freilich etwas schwerer zu erklärende Operation tritt, die man das Integrieren nennt. Ist in dem Ausgangskollektiv die Wahrscheinlichkeitsdichte für jeden Wert des Abstandes vom Mittelpunkt gegeben, so findet man als Resultat einer bestimmten Mischung die Wahrscheinlichkeit dafür, daß der Abstand zwischen 0,5 m und 1,0 m liegt, der

Schuß also in die äußere Hälfte der Scheibe fällt, das **Integral** über die gegebene Dichtefunktion, erstreckt vom Werte 0,5 bis zum Wert 1,0. Diese Andeutungen werden dem in die Begriffsbildungen und die Ausdrucksweise der Analysis Eingeweihten genügen, alle anderen Zuhörer mögen überzeugt sein, daß diese Dinge wohl für das tatsächliche Lösen einzelner Aufgaben der Wahrscheinlichkeitsrechnung nützlich, ja unentbehrlich sind, für das Verständnis der allgemeinen, von uns zu erörternden Fragen aber ohne besondere Bedeutung.

3. Die Teilung

Wir haben zwei von den vier Grundoperationen der Bildung neuer Kollektivs, die Auswahl und die Mischung, kennen gelernt und kommen jetzt zur dritten, die ich die „Teilung" nenne. Der Ausdruck wird bald verständlich werden, nebenbei soll er auch daran erinnern, daß wir es hier mit einer Division von Wahrscheinlichkeiten zu tun haben. Um die Einführung in den Begriff der „Teilung" möglichst zu erleichtern, verwende ich wieder das gleiche Ausgangskollektiv, das uns schon in den beiden früheren Fällen, der Auswahl und der Mischung, gedient hat. Es besteht aus den fortgesetzten Würfen mit einem Würfel als Elementen und den jeweils auf der Oberseite des Würfels erscheinenden Augenzahlen als Merkmalen. Gegeben sind wieder die sechs Wahrscheinlichkeiten (mit der Summe 1) für das Auftreten der Zahlen 1 bis 6, ohne daß etwa vorausgesetzt würde, jede dieser Wahrscheinlichkeiten habe den Wert $1/_6$. Die neue Frage, die jetzt gestellt wird und deren Beantwortung eben zur Operation der „Teilung" führt, lautet folgendermaßen: Wie groß ist die Wahrscheinlichkeit dafür, daß ein Wurf, von dem schon bekannt ist, daß sein Ergebnis eine gerade Zahl ist, die Augenzahl 2 aufweist ? Vielleicht macht diese Frage einen etwas gekünstelten Eindruck, dann kann ich sie sofort auf eine Form bringen, wie sie im täglichen Leben leicht auftritt. Wir warten auf eine Straßenbahn an einer Haltestelle, an der die Züge von sechs verschiedenen Linien vorbeigehen; darunter seien drei Linien, die immer mit Doppelwagen befahren werden und drei, auf denen nur Einzelwagen verkehren. Sobald wir nun in der Ferne sehen, daß ein aus zwei Wagen bestehender Zug herannaht, wie groß ist da die

Wahrscheinlichkeit dafür, daß es ein Zug einer bestimmten der drei mit Doppelwagen befahrenen Linien ist ? Natürlich muß die Ausgangsverteilung gegeben sein, die hier aus den sechs Einzelwahrscheinlichkeiten (also praktisch aus den relativen Häufigkeiten), mit denen die sechs Linien befahren werden, besteht. Sind alle diese sechs Wahrscheinlichkeiten gleich, somit vom Betrage $1/_6$, entsprechend dem Fall des „richtigen" Würfels, so wird man nicht mit der Antwort in Verlegenheit sein, daß die gesuchte Wahrscheinlichkeit den Wert $1/_3$ besitzt. Man kann dabei etwa so argumentieren: es kommen im ganzen drei verschiedene, gleich wahrscheinliche Möglichkeiten in Betracht, von denen eine allein die „günstige" ist, also haben wir nach einer früheren Regel die Wahrscheinlichkeit $1/_3$. Allein diese Schlußweise ist nicht in allen Fällen anwendbar, sie versagt sofort, wenn die Wahrscheinlichkeiten der verschiedenen Straßenbahnlinien (oder Würfelseiten) nicht von vornherein gleich sind. Zu einer vollständigen Lösung und einer genügend allgemeinen Fassung der Aufgabe gelangen wir nur, indem wir genau untersuchen, worin eigentlich das neue, das abgeleitete Kollektiv besteht. Denn darüber sind wir uns schon klar, daß die Frage nach einer Wahrscheinlichkeit allein dann eine sinnvolle ist, wenn vorerst ein Kollektiv genau umgrenzt ist, innerhalb dessen die Wahrscheinlichkeit zu nehmen ist.

Kehren wir, der einfacheren Ausdrucksweise halber, wieder zu der Würfefaufgabe zurück, so können wir das abgeleitete Kollektiv so beschreiben: Elemente der betrachteten Folge sind nicht mehr alle Würfe mit dem Würfel, sondern nur diejenigen, deren Merkmal eine gerade Augenzahl ist; das Merkmal innerhalb des neuen Kollektivs ist das alte geblieben, die Augenzahl, nur daß jetzt nicht mehr alle Augenzahlen als Merkmale vorkommen, sondern allein die 2, 4 und 6. Wir sagen, es habe eine „Teilung" des ursprünglich gegebenen Kollektivs stattgefunden, indem die Elemente in zwei Klassen geschieden wurden. Die eine Klasse, gekennzeichnet dadurch, daß die Merkmale der Elemente gerade Zahlen sind, bildet die Elemente des abgeleiteten Kollektivs. Es ist wichtig, sich klar zu machen, daß diese Teilung etwas ganz anderes ist als die früher behandelte Stellenauswahl; bei einer solchen wird aus der Gesamtfolge aller Würfe eine Teilfolge durch Festlegung gewisser Ordnungsnummern der Würfe herausgehoben, ohne daß man die Merkmale, die Augenzahlen der einzelnen Würfe, dazu benutzt, um über die Zugehörigkeit zur Teilfolge zu entscheiden. Wir haben auch gesehen, daß innerhalb einer so entstandenen Teilfolge die Wahrscheinlichkeiten die gleichen sind wie innerhalb des Ausgangskollektivs. Jetzt, wo wir es mit der Teilung zu tun haben, geschieht die Wahl der zurückbehaltenen Elemente ausdrücklich vom Gesichtspunkte der Merkmale aus und die Wahrscheinlichkeiten werden dadurch wesentlich geändert; in welcher Weise, wollen wir gleich untersuchen.

Die Wahrscheinlichkeit nach der Teilung

Nehmen wir an, die Wahrscheinlichkeiten innerhalb des gegebenen Kollektivs seien der Reihe nach für das Auftreten der Ergebnisse 1 bis 6 gleich 0,10, 0,20, 0,15, 0,25, 0,10 und 0,20. Die Summe dieser sechs Zahlen ist 1, im übrigen ist es gleichgültig, ob wir jetzt an das Würfelbeispiel oder die Straßenbahn denken, und ebenso gleichgültig, in welcher Weise die sechs Werte ermittelt worden sind. Addieren wir die Wahrscheinlichkeiten der Zwei, der Vier und der Sechs, also die Zahlen 0,20, 0,25 und 0,20, so erhalten wir die Summe 0,65 als Wahrscheinlichkeit für das Auftreten einer geraden Zahl. Nach der Bedeutung des Wahrscheinlichkeitsbegriffes haben also die geradzahligen Ergebnisse bei genügend lang fortgesetzter Beobachtung 65 v. H. Anteil an der Gesamtheit der Elemente. Unter den ersten 10 000 Elementen befinden sich somit rund 6500, deren Merkmale gerade Zahlen sind. Zu diesen Elementen gehören rund 2000 solche, die das Merkmal 2 aufweisen, da ja 0,20 die Häufigkeit der 2 in einer genügend langen Beobachtungsreihe ist. Bilden wir nun ein neues Kollektiv, das aus dem früheren durch Ausscheiden aller Elemente mit ungeraden Merkmalen entsteht, also lediglich die Elemente mit geradzahligem Merkmal enthält, so befinden sich unter den ersten 6500 von ihnen 2000 Elemente mit dem Merkmal 2, die relative Häufigkeit dieser ist also 2000 : 6500 = 0,377. Da die Rechnung, die wir hier durchgeführt haben, eigentlich erst für unendlich große Beobachtungsreihen genau gilt, haben wir in der Zahl 0,377 schon den richtigen Grenzwert der relativen Häufigkeit oder die Wahrscheinlichkeit für das Auftreten des Merkmals 2 innerhalb des neuen Kollektivs. Die allgemeine Regel, nach der diese Lösung der Aufgabe zu finden ist, läßt sich aus dem vorgeführten Beispiel leicht abziehen. Man muß zunächst aus den gegebenen Wahrscheinlichkeiten die Summe derjenigen bilden, die den ausgewählten, bei der Teilung zurückbehaltenen Merkmalen (im Beispiel die Zwei, Vier und Sechs) entsprechen und sodann die ursprüngliche Wahrscheinlichkeit des in Frage kommenden Merkmals (im Beispiel ist es die Zwei) durch jene Summe dividieren, $0{,}20 : 0{,}65 = 0{,}377$. Es liegt also in der Tat ein **Divisionsgesetz** der Wahrscheinlichkeiten vor.

Man hat das Bedürfnis, die beiden Wahrscheinlichkeiten eines und desselben Merkmals, mit denen man es hier zu tun hat, die gegebene, innerhalb des Ausgangskollektivs bestehende und die berechnete, die innerhalb des durch „Teilung" abgeleiteten Kollektivs gilt, durch besondere Bezeichnungen zu unterscheiden. Die hiefür üblichen Namen erscheinen mir aber trotz ihrer unleugbaren Anschaulichkeit ein wenig unglücklich gewählt. Man pflegt nämlich von der „a priori"-Wahrscheinlichkeit und der „a posteriori"-Wahrscheinlichkeit zu sprechen, wenn man einmal den gegebenen und dann den abgeleiteten Wert meint. Schon der Anklang der Bezeichnung an eine gewisse allgemein-philosophische Terminologie, deren Berechtigung nicht unbestritten ist, hat seine Nachteile. Es kommt noch hinzu, daß man in der klassischen Wahrscheinlichkeitsrechnung die Ausdrücke a priori und a posteriori auch in anderem Sinne verwendet, nämlich für die — in unserer Auffassung belanglose — Unterscheidung zwischen solchen Ausgangswahrscheinlichkeiten, die empirisch ermittelt wurden, und solchen, die auf Grund irgendwelcher Hypothesen angenommen sind. Es wird daher besser sein, wenn wir etwas bescheidenere, nicht durch zu weitgehende Allgemeinbedeutung belegte Namen wählen und einfach von der **Ausgangswahrscheinlichkeit** und der abgeleiteten oder **Endwahrscheinlichkeit** sprechen, wenn wir die Wahrscheinlichkeit für das Auftreten des in Betracht gezogenen Merkmals, einmal innerhalb des Ausgangskollektivs, dann innerhalb des abgeleiteten meinen. In unserem Zahlenbeispiel besitzt das Merkmal „Zwei" (also die mit zwei Augen versehene Würfelseite oder die zweite der fraglichen Straßenbahnlinien) die Ausgangswahrscheinlichkeit 0,20 und die Endwahrscheinlichkeit $0{,}20 : 0{,}65 = 0{,}377$.

Sogenannte Wahrscheinlichkeit von Ursachen

Eine andere, ebenfalls unberechtigte und verwirrende Terminologie, die sich an die Aufgabe der Teilung anschließt, kann ich nicht ganz unerwähnt lassen. In dem Würfelbeispiel, in dem nach der Wahrscheinlichkeit der 2 unter den geraden Zahlen 2, 4 und 6 gefragt wird, pflegt man sich oft so auszudrücken: das Erscheinen einer geraden Zahl kann drei verschiedene „Ursachen" haben oder kann drei verschiedenen „Hypothesen" zugeschrieben werden; als je eine Ursache oder Hypothese sieht man das Auftreten je einer der drei geraden Zahlen 2, 4, 6 an. Demnach heißt die von uns berechnete Endwahrscheinlichkeit 0,377 auch die Wahrscheinlichkeit dafür, daß das Ergebnis „gerade Zahl" dem Erscheinen der Ursache „Zwei" zuzuschreiben ist. Auf diese Weise entsteht scheinbar ein ganz besonderes Kapitel der Wahrscheinlichkeitstheorie, das im Gegensatz zu der sonst in Frage kommenden Wahrscheinlichkeit von „Ereignissen" die Wahrscheinlichkeit der „Ursachen von Ereignissen" oder gar von „Hypothesen über die Ereignisse" zu berechnen lehrt. Die Teilungsaufgabe wird dabei gewöhnlich in folgender Form gestellt.

Es seien drei Urnen, die mit schwarzen und weißen Kugeln gefüllt sind, auf dem Tisch aufgestellt. Das Element des Ausgangskollektivs ist ein zweifacher Beobachtungsvorgang: Man greift willkürlich oder blindlings nach einer Urne, zieht eine in ihr liegende Kugel hervor und stellt als Merkmal fest: erstens die Farbe der Kugel, zweitens die Nummer der Urne. Im ganzen gibt es also sechs verschiedene Merkmale, nämlich Farbe weiß und Nummer 1, Farbe weiß und Nummer 2, Farbe weiß und Nummer 3, dann Farbe schwarz mit Nummer 1 usw. Die entsprechenden sechs Ausgangswahrscheinlichkeiten seien gegeben. Ist nun bekannt, daß eine Beobachtung eine weiße Kugel ergeben hat, aber nicht bekannt, aus welcher Urne sie gezogen wurde, so kann man die Frage nach der Wahrscheinlichkeit dafür stellen, daß der Zug der weißen Kugel gerade aus der ersten Urne erfolgt ist, oder daß das Erscheinen der weißen Kugel den Umstand zur „Ursache" hat, daß die erste Urne von der ziehenden Hand getroffen wurde. Die Lösung ist ganz analog der früheren, man muß die Ausgangswahrscheinlichkeit für „Farbe weiß, Nummer 1" durch die Summe der drei Wahrscheinlichkeiten für „Farbe weiß, Nummer 1, 2 oder 3" dividieren. Die etwas metaphysische Ausdrucksweise ist nur historisch dadurch zu erklären, daß die Teilungsregel, um die Mitte des 18. Jahrhunderts von dem Engländer Bayes in diesem Sinne abgeleitet, seither in fast unveränderter Form in allen Lehrbüchern wiederholt wird. Bevor wir zur vierten und letzten Grundoperation übergehen, wollen wir noch, wie in den früheren Fällen, die Definition der Teilung und die Lösung der Teilungsaufgabe kurz zusammenfassen: Aus einem gegebenen Kollektiv mit mehr als zwei Merkmalen läßt sich in vielfacher Weise ein neues Kollektiv durch „Teilung" ableiten; Elemente des neuen Kollektivs sind **diejenigen Elemente des alten, deren Merkmale einer gewissen Teilmenge der ursprünglichen Merkmalmenge angehören; das Merkmal eines jeden beibehaltenen Elements bleibt ungeändert; die neue Verteilung erhält man, indem man die einzelnen gegebenen Wahrscheinlichkeiten der beibehaltenen Merkmale durch die Summe der Wahrscheinlichkeiten aller dieser Merkmale dividiert.**

4. Die Verbindung

Alle drei bisher erörterten Grundoperationen, die Auswahl, die Mischung und die Teilung, hatten das Gemeinsame, daß jedesmal aus einem gegebenen Kollektiv durch eine bestimmte Vorschrift, die sich auf die Verfügung über Elemente und Merkmale erstreckte, ein neues Kollektiv abgeleitet wurde. Nun werden wir in dem letzten der zu besprechenden vier Verfahren ein solches kennenlernen, das aus zwei gegebenen Ausgangskollektivs in bestimmter Weise ein neues bildet. Zugleich werden wir auch zum erstenmal Einblick in die verschiedenen Formen der Beziehungen zwischen zwei oder mehreren Kollektivs gewinnen. Als Bezeichnung der vierten Grundoperation wähle ich das Wort „Verbindung". Das Beispiel, an das wir die Untersuchung der Verbindung anknüpfen, soll möglichst in Anlehnung an die früheren Würfelaufgaben gebildet werden. Die beiden Ausgangskollektivs mögen je aus der Folge von Würfen bestehen, die mit einem Würfel in der üblichen Weise ausgeführt werden, so daß als Merkmale innerhalb eines jeden dieser Kollektivs die Augenzahlen 1 bis 6 mit gewissen Wahrscheinlichkeiten, die nicht in beiden Fällen gleich sein müssen, auftreten. Das Endkollektiv, das Resultat der Verbindung, hat zum Element einen Wurf mit beiden Würfeln, zum Merkmal die beiden Augenzahlen, die auf den Oberseiten erscheinen. Gefragt ist nach der Wahrscheinlichkeit, ein bestimmtes Zahlenpaar, z. B. „3" mit dem ersten, „5" mit dem zweiten Würfel, zu werfen. Die beiden Würfel stellen wir uns dabei wohl unterscheidbar vor, sie tragen die Nummern 1 und 2, sind verschieden gefärbt oder besitzen sonstige Kennzeichen.

Wer in der Schule nur die ersten Anfangsgründe der Wahrscheinlichkeitsrechnung gelernt oder wer sich die Frage einmal selbst ein wenig überlegt hat, der weiß, wie man in primitiver Weise das hier aufgeworfene Problem löst. Man sagt, es handle sich um eine Wahrscheinlichkeit des „Sowohl als auch" und man schreibt als Regel vor, die beiden gegebenen Wahrscheinlichkeiten miteinander zu multiplizieren. Ist etwa $1/7$ die Wahrscheinlichkeit, mit dem ersten Würfel „3" zu werfen, $1/6$ die, mit dem zweiten „5" zu erzielen, so ist $1/7$ mal $1/6$ gleich $1/42$ die Wahrscheinlichkeit des Doppelwurfes „3, 5". Die Regel ist recht anschaulich, wenn man sich vorstellt, daß erst $1/7$ aller Würfe herausgehoben werden muß, damit der erste Würfel die „3" ergibt, dann von diesem Siebentel nochmal $1/6$ zu nehmen ist, damit der zweite Würfeln „5" zeigt. Aber es ist auch klar, daß diese Produktregel, ähnlich wie die Additionsregel des „Entweder oder", einer genaueren Formulierung und Begründung bedarf, wenn sie einwandfrei sein soll. So ist z. B. die Wahrscheinlichkeit dafür, mit zwei Würfeln sowohl die Summe „8" als auch die Differenz „2" zu würfeln, sicher nicht als das Produkt der betreffenden Einzelwahrscheinlichkeiten zu finden. Ich wende mich jetzt diesen etwas feineren Untersuchungen zu und will, um nicht allzu weitschweifig zu werden mich hierbei vorübergehend der einfachsten Elemente der Buchstabenrechnung bedienen, ohne daß ich fürchte, hierdurch allzu schwer verständlich zu werden.

Voneinander unabhängige Kollektivs

Wenden wir unser Augenmerk zunächst nur auf die Augenzahl, die der erste der beiden Würfel zeigt, so werden wir unter den n ersten Würfen etwa n_3 solche feststellen, bei denen hier tatsächlich die Zahl „3" erscheint. Das Verhältnis $n_3 : n$ ist dann die relative Häufigkeit für das Auftreten der „3" beim ersten Würfel, und der Grenzwert von $n_3 : n$ bei unbeschränkt fortgesetztem Würfeln ist die gegebene Wahrscheinlichkeit der Augenzahl „3" beim Würfel 1. Nun wollen wir weiterhin, jedesmal wenn der erste Würfel „3" zeigt, die Augenzahl, die gleichzeitig, d. h. bei demselben Wurf, der zweite Würfel aufweist, betrachten. In irgend welcher Abwechslung werden die Zahlen 1 bis 6 hierbei auftreten. Ein Teil der n_3 Würfe, die wir jetzt ins Auge fassen, sagen wir etwa n_5 von ihnen, werden gerade die Zahl „5" zeigen, so daß die relative Häufigkeit der Augenzahl „5" beim zweiten Würfel $n_5 : n_3$ beträgt. Dies ist aber nicht die Häufigkeit der „5" innerhalb des ursprünglich gegebenen zweiten Würfelkollektivs, das aus allen Spielen mit dem zweiten Würfel besteht, da wir ja jetzt nur eine bestimmte Teilfolge dieser Spiele in Betracht gezogen haben, nämlich diejenigen, bei denen der erste Würfel auf „3" fiel. Eine auf diese Art hergestellte Teilfolge der Elemente eines Kollektivs stellt gegenüber dem, was wir bisher kennengelernt hatten, wiederum etwas Neues dar. Es ist weder eine „Stellenauswahl", wie sie zuerst betrachtet wurde, bei der nach einem bestimmten arithmetischen Gesetz die Spiele, die zur Teilfolge gehören sollen, ausgewählt werden; noch eine „Teilung", bei der die Elemente, die gewisse ausgewählte Merkmale besaßen, zurückbehalten bzw. ausgeschieden wurden. Wir müssen schon eine neue Bezeichnung einführen, die wir in ganz anschaulicher Weise wählen, indem wir sagen, die Teilfolge des zweiten Kollektivs sei „mittelst des ersten ausgewürfelt", genauer „durch das Merkmal 3 des ersten Kollektivs ausgewürfelt". Es ist klar, was damit gemeint ist. Aus einer beliebigen Elementenfolge kann man eine Teilfolge „auswürfeln", indem man die Elemente der Reihe nach den Elementen eines bestimmten andern Kollektivs zuordnet und nur jene Elemente der ursprünglichen Folge heraushebt, deren zugeordnetes ein bestimmtes Merkmal aufweist. Mittelst des ersten Würfels kann man aus der Folge von Würfen mit dem zweiten Würfel sechs verschiedene Teilfolgen auswürfeln: eine durch das Merkmal „1", eine durch die Augenzahl „2" usf.

Der von uns vorhin betrachtete Quotient $n_5 : n_3$ war die relative Häufigkeit der Augenzahl „5" innerhalb der durch die Zahl „3" des ersten Würfels aus den Ergebnissen des zweiten „ausgewürfelten" Teilfolge. Wir wollen annehmen, daß dieser Quotient bei unbeschränkt ausgedehnter Versuchsfolge einem Grenzwert zustrebt, und zwar dem gleichen, dem sich auch die relative Häufigkeit der „5" innerhalb aller Spiele mit dem zweiten Würfel nähert. Eine solche Annahme ist leicht verständlich. Sie besagt eigentlich nur, daß die „Auswürfelung" einer Teilfolge auf die ganze Spielfolge mit dem zweiten Würfel nicht anders wirkt als etwa eine Stellenauswahl. Vermutet etwa jemand, daß die Aussicht mit dem zweiten Würfel „5" zu werfen sich dadurch verändert, daß man nur die Spiele in Betracht zieht, bei denen der erste „3" zeigt? Wenn man die Frage einem Skeptiker vorlegt, wird er antworten: Ja, es kommt darauf an, ob die Würfe mit dem zweiten Würfel „unabhängig" von denen mit dem ersten erfolgen. Was heißt aber „unabhängig"? Man hat gewisse Vorstellungen davon, wann zwei Kollektivs „abhängig" sein werden. Man wird z. B. das Spielen mit zwei Würfeln, die durch einen kurzen Faden miteinander verknüpft sind, nicht als Verbindung zweier unabhängiger Kollektivs bezeichnen wollen. Aber zu einer Definition der Unabhängigkeit im exakt-naturwissenschaftlichen Sinn gelangt man nur durch einen analogen Gedankengang wie den, der uns früher zum Begriff des Kollektivs und der Wahrscheinlichkeit geführt hat. Man muß diejenige Eigenschaft, diejenige Seite der Erscheinung, die für die Durchführung der Theorie die nützlichste und erfolgreichste ist, als konstituierendes Merkmal des Begriffes postulieren. Also sagen wir — vorbehaltlich einer kleinen Ergänzung, die noch folgen wird — ein Kollektiv soll von einem anderen unabhängig heißen, wenn eine Auswürfelung aus dem ersten mittels eines Merkmales des zweiten die Grenzwerte der relativen Häufigkeiten im ersten, also seine Verteilung, ungeändert läßt. Setzen wir jetzt die beiden Würfelspiele in diesem Sinn als unabhängig voraus, so können wir die Aufgabe, die von vornherein gestellt war, die Wahrscheinlichkeit für das Auftreten des Zahlenpaares „3, 5" zu finden, ohneweiters lösen.

Ableitung der Produktregel

Wir haben im ganzen n Würfe mit den beiden Würfeln betrachtet, unter denen n_3 die Augenzahl 3 auf dem ersten und n_5 überdies die Augenzahl 5 auf dem zweiten ergeben haben. Es

Ableitung der Produktregel

ist somit der Quotient $n_5 : n$ die relative Häufigkeit des Auftretens des Merkmals 3, 5 bei unserem Würfelpaar. Der Grenzwert von $n_5 : n$ ist das, was wir suchen. Nun gilt aber, wie jeder, der die Anfangsgründe des Rechnens beherrscht, nachprüfen kann, die Beziehung

$$n_5 : n = \frac{n_5}{n_3} \cdot \frac{n_3}{n}$$

d. h. die relative Häufigkeit $n_5 : n$ ist das Produkt der beiden früher betrachteten Häufigkeiten $n_5 : n_3$ und $n_3 : n$. Die letztere hat zum Grenzwert die Wahrscheinlichkeit, mit dem ersten Würfel 3 zu werfen, die wir v_3 nennen wollen; die erstere soll nach der Annahme der Unabhängigkeit der beiden Kollektivs zum Grenzwert die Wahrscheinlichkeit, mit dem zweiten Würfel 5 zu werfen, ergeben, für die wir das Zeichen w_5 wählen. Danach ist der Grenzwert von $n_5 : n$ das Produkt von v_3 und w_5, in Worten: Die Wahrscheinlichkeit dafür, mit dem ersten Würfel die Augenzahl „3", mit dem zweiten zugleich „5" zu erzielen, ist das Produkt der beiden Wahrscheinlichkeiten der Einzelereignisse: $w_{3,\,5} = v_3 \cdot w_5$. Natürlich gilt dieser Satz auch sinngemäß für jedes andere Zahlenpaar, das aus den Zahlen 1 bis 6 gebildet werden kann. Z. B. ist die Wahrscheinlichkeit, mit dem ersten Würfel 5 und dazu mit dem zweiten 3 zu treffen, $w_{5,\,3} = v_5 \cdot w_3$, wo v_5 den Wahrscheinlichkeitswert des Merkmals 5 innerhalb des ersten gegebenen Kollektivs usf. bezeichnet.

Wenn man im Rahmen unserer allgemeinen Theorie das Multiplikationsgesetz für die Verbindung unabhängiger Kollektivs formulieren will, bedarf es noch einer Ergänzung. Wir müssen uns davon überzeugen, ob die neue Elementenfolge, bestehend aus dem Spiel mit jedesmal zwei Würfeln und den beiden Augenzahlen als Merkmal, auch den Forderungen, die an ein Kollektiv gestellt werden, genügt. Andernfalls dürfen wir ja gar nicht von einer Wahrscheinlichkeit des Zahlenpaares 3, 5 sprechen. Nun, die eine Forderung, die nach der Existenz der Grenzwerte ist sicher erfüllt, denn wir haben ja gezeigt, wie man $w_{3,\,5}$ und jede andere dieser 36 Größen berechnen kann. Es bleibt aber noch die Frage nach der Unempfindlichkeit der Grenzwerte gegen eine beliebige Stellenauswahl. Und da ist zu sagen, daß wir in der Tat die Bedingungen der „Unabhängigkeit" noch etwas enger fassen müssen, als dies oben geschehen ist. Man muß die Forderung ausdrücklich stellen, daß der Häufigkeitsgrenzwert für das zweite Kollektiv unverändert bleiben soll, wenn man am ersten zunächst eine beliebige Stellenauswahl vornimmt und dann die so verkürzte erste Folge zur „Auswürfelung" benutzt. Ein Beispiel wird uns nachher gleich zeigen, daß das wirklich nötig ist. Vorläufig geben wir die endgültigen Formulierungen für die Verbindung unabhängiger Kollektivs wie folgt:

Ein Kollektiv A heißt von dem Kollektiv B, auf das es elementweise bezogen ist, **unabhängig**, wenn die Verteilung **innerhalb B unverändert bleibt**, sooft aus den Elementen von B eine Teilfolge derart abgegrenzt wird, daß man zuerst an A eine **Stellenauswahl** trifft, dann die ausgewählte Folge der Elemente von A **zur Auswürfelung aus B** benutzt und schließlich wieder eine **Stellenauswahl** vornimmt. Aus zwei unabhängigen Kollektivs kann als ihre „Verbindung" ein neues hergestellt werden, dessen Elemente und Merkmale die **Zusammenfassungen der Elemente und Merkmale** der ursprünglichen sind; die neue Verteilung ergibt sich, indem man **die Wahrscheinlichkeiten der einzelnen Merkmale innerhalb der gegebenen Kollektivs miteinander multipliziert**.

Feststellung der Unabhängigkeit

Mit diesen Sätzen ist ein viertes, für uns im wesentlichen das letzte, Verfahren zur Bildung eines neuen Kollektivs aus gegebenen definiert. Man kann freilich, ähnlich wie früher bei der Definition der Wahrscheinlichkeit überhaupt, fragen: Woher weiß man, ob jemals zwei gegebene Kollektivs in diesem Sinne voneinander unabhängig sind und demnach der Multiplikationssatz angewendet werden darf? Die Antwort darauf lautet: Es liegt hier genau so wie in den früheren Fällen und wie bei jedem Problem einer exakten Naturwissenschaft, in der man aus abgezogenen, idealisierten Voraussetzungen Schlüsse zieht, die nur an der Erfahrung geprüft werden können. So definiert die Mechanik als einen elastischen Körper einen solchen, bei dem Spannung und Formänderung an jeder Stelle einander gegenseitig eindeutig bestimmen; sie lehrt dann weiter, wie man für einen Balken aus elastischem Material die Durchhängung aus der Größe und Anordnung der Lasten berechnen kann. Woher weiß man, daß ein bestimmter Balken im Sinne der Definition elastisch ist? Kann man etwa die Definitionseigenschaft an jeder Stelle des Materials prüfen? Nein, man wendet das Ergebnis der Rechnung an, prüft es durch einen Versuch nach und sieht, falls er günstig ausfällt, die Voraussetzung für den geprüften und alle analog liegenden Fälle als bewiesen an. Ein noch einfacheres Beispiel: Die Geometrie lehrt uns zahlreiche Sätze über die Kugel; woher weiß man, daß diese Sätze sich auf den Erdkörper anwenden lassen? Hat jemals irgend wer nachgeprüft, ob es einen Punkt gibt, von dem alle Punkte der Erdoberfläche gleichen Abstand haben? Dies verlangt doch die Definition der Kugel. Nein, zuerst war es eine intuitive Vermutung, daß die Erde eine Kugel sei, dann wurde die Vermutung durch Überprüfung aller möglicher Folgerungen aus ihr bestätigt und schließlich zeigten kleine Widersprüche, daß die Annahme der Kugelgestalt doch nur mit begrenzter Genauigkeit zutrifft. Ganz so liegt es bei der Beurteilung der Unabhängigkeit zweier Kollektivs. Sind zwei Würfel in einem Becher durch einen kurzen Faden miteinander gekoppelt, wird niemand die Unabhängigkeit der Würfe vermuten. Ist der Faden etwas länger, so kommt es auf den Versuch an. Legt man die Würfel lose, ungekoppelt in einen Becher, so entspricht es einer sehr alten und sehr allgemeinen Erfahrung, daß die Wahrscheinlichkeiten der Paare von Augenzahlen dem Multiplikationsgesetz folgen. Werden schließlich die beiden Würfel in je einem Becher von verschiedenen Personen, womöglich noch an entfernten Orten, gleichzeitig gespielt, so spricht schon ein instinktives Gefühl, d. i. eine noch allgemeinere, überpersönliche Erfahrung, für die Annahme der Unabhängigkeit.

Verbindung abhängiger Kollektivs

Man kann, wie ich jetzt zum Schlusse kurz zeigen will, das Verfahren der „Verbindung" auch noch auf gewisse Fälle ausdehnen, in denen die Voraussetzungen der „Unabhängigkeit" nicht voll erfüllt sind. Nur darf man nicht meinen, daß die beiden zu verbindenden Kollektivs A und B gar keinen Bedingungen zu genügen brauchen; die Einschränkungen sind bloß etwas vermindert. Wir wollen zwei Kollektivs A, B „verbindbar", aber „abhängig" nennen, wenn folgendes zutrifft. Wird an den

Elementen von A eine beliebige Stellenauswahl vorgenommen und die ausgewählte Folge zur „Auswürfelung" aus B benützt, so soll die dabei entstehende Teilfolge der Elemente von B ein Kollektiv bilden, dessen Verteilung noch von dem Merkmal von A, nach dem ausgewürfelt wurde, abhängt. Also: Es soll eine gewisse Wahrscheinlichkeit geben, mit dem zweiten Würfel „5" zu werfen, wenn der erste „3" zeigt, aber diese soll nicht zugleich die Wahrscheinlichkeit dafür sein, mit dem zweiten Würfel „5" zu erzielen, wenn der erste z. B. „4" ergibt. Ein praktisches Beispiel ist etwa dies: In einer Urne befinden sich drei schwarze und drei weiße Kugeln; es wird zweimal hintereinander eine Kugel gezogen, ohne daß die zuerst gezogene inzwischen zurückgelegt worden wäre. Dann erst legt man beide zurück und fängt von neuem an. Hier besteht das erste Kollektiv aus den „ersten" Zügen, die aus voller Urne geschehen. Nach der üblichen Annahme der Gleichverteilung ist die Wahrscheinlichkeit eines weißen oder eines schwarzen Zuges gleich $1/2$. Das zweite Kollektiv hat zu Elementen die Gesamtheit der „zweiten" Züge, die aus einer nur fünf Kugeln enthaltenden Urne erfolgen. Aus dieser Gesamtfolge lassen sich zwei Teilfolgen mittels des ersten Kollektivs „auswürfeln"; einmal, indem man alle jene „zweiten" Züge betrachtet, die auf einen weißen „ersten" Zug folgen, dann jene, denen ein schwarzer „erster" Zug vorangeht. Man sieht ohneweiters, daß die Wahrscheinlichkeit, schwarz zu ziehen, innerhalb des ersten ausgewürfelten Kollektivs $3/5$, innerhalb des zweiten aber nur $2/5$ beträgt; denn von den fünf Kugeln in der Urne sind im ersten Falle drei, im zweiten Falle nur zwei schwarz. Es hängt hier, wie wir vorher sagten, die Verteilung innerhalb der ausgewürfelten Kollektivs von dem Merkmal ab, nach dem ausgewürfelt wurde.

Wie im Falle der bloß „verbindbaren", aber nicht unabhängigen Kollektivs die Endverteilung innerhalb der Verbindung zu rechnen ist, bedarf nach dem Vorangegangenen kaum noch der Erklärung. Man muß, um die Wahrscheinlichkeit etwa des Ergebnisses „schwarzer Zug — weißer Zug" zu erhalten, folgende zwei Faktoren miteinander multiplizieren: die Wahrscheinlichkeit $1/2$ eines schwarzen „ersten" Zuges und die Wahrscheinlichkeit eines weißen „zweiten" Zuges unter der Voraussetzung, daß der erste schwarz war, also $3/5$; Resultat: $1/2 \cdot 3/5 = 3/10$. Analog für jede andere Kombination.

Beispiel für nicht verbindbare Kollektivs

Es mag schließlich nicht ganz überflüssig sein, ein Beispiel für zwei Kollektivs zu geben, die weder als „abhängige" noch als „unabhängige" einer Verbindung fähig, die in unserem Sinne nicht verbindbar sind. Es werde etwa täglich um 8 Uhr morgens eine bestimmte meteorologische Größe, sagen wir der Feuchtigkeitsgehalt der Luft, gemessen; die Maßzahl, die eine zwischen 1 und 6 liegende ganze Zahl sei, bildet das Merkmal des Einzelversuches. Dieselbe oder eine andere Variable werde nun auch täglich um 8 Uhr abends gemessen, sodaß wir zwei elementweise einander zugeordnete Folgen vor uns haben, die beide die Eigenschaften eines Kollektivs besitzen mögen. Es mag auch weiterhin zutreffen, daß das zweite Kollektiv gegen Auswürfelung durch das erste unempfindlich ist, d. h. daß die Abendmessungen, die z. B. auf den Frühwert 3 folgen, die gleiche Verteilung aufweisen wie sämtliche am Abend gemessenen Werte. Gleichwohl könnte es sein, daß an jedem 28. Tag, und nur an einem solchen (Vollmond) ein Vormittagswert 3, falls er vorliegt, zwangläufig die Abendbeobachtung 3 nach sich zieht. In diesem Falle würde durch die Verbindung kein Kollektiv entstehen. Denn die Stellenauswahl, die jeden 28. Tag heraushebt, würde eine Verteilung ergeben, bei der die Wahrscheinlichkeit der Kombinationen 3,1; 3,2; 3,4; 3,5 und 3,6 null ist, während dies innerhalb der Gesamtheit der Vor- und Nachmittagsbeobachtungen nicht zuzutreffen braucht. Man sieht, daß hier die einzelnen Beobachtungsreihen als zufallsartig angenommen sind, während in ihrer gegenseitigen Beziehung, in ihrem Zusammenhang eine Gesetzmäßigkeit besteht, die sich nicht dem Begriff des Kollektivs einfügt. Aus diesem Grunde bezeichnen wir die beiden gegebenen Beobachtungsreihen als „zu einem Kollektiv nicht verbindbar".

Das Beispiel zeigt uns, wie unzureichend und unzuverlässig die primitive, bekannte Form der Produktregel ist, die eine Unterscheidung der einzelnen wesensverschiedenen Fälle der Beziehung zwischen zwei Kollektivs gar nicht zuläßt. Nur der rationelle Wahrscheinlichkeitsbegriff, der sich auf einer genauen Analyse der als Kollektiv bezeichneten Beobachtungsfolgen aufbaut, kann hier zu einwandfreien Formulierungen führen.

Kritik der Grundlagen

Mit der Aufzählung und Beschreibung der vier Grundoperationen, der Auswahl, Mischung, Teilung und Verbindung ist der grundsätzliche Aufbau der Wahrscheinlichkeitsrechnung vollendet. Wäre es etwa meine Aufgabe, einen vollständigen Lehrgang zu entwickeln, so müßte ich jetzt zeigen, wie sich durch schrittweise Zusammensetzung der vier einfachen Operationen immer verwickeltere herstellen lassen und wie anderseits alle Fragen, die man in der Wahrscheinlichkeitsrechnung zu behandeln pflegt, auf derartig zusammengesetzte Operationen zurückführen. Allein so nützlich es für ein besseres Verständnis des bisher Vorgetragenen auch wäre, wenigstens einige Beispiele in dieser Richtung vorzubringen, will ich zunächst der Versuchung widerstehen und, wie ich es schon angekündigt habe, erst etwas Näheres über die Einwände sagen, die gegen meine Theorie erhoben werden können, und über ihre Stellung zu dem, was die ausgedehnte und durch drei Jahrhunderte reichende Literatur der Wahrscheinlichkeitsrechnung an wesentlichen Gedankengängen aufzuweisen hat.

Der Umfang der praktischen Anwendbarkeit

In Anknüpfung an das in der Einleitung über das Verhältnis von Wort- und Begriffsbildung Ausgeführte kann ich einen gegen die „Häufigkeitstheorie" erhobenen Einwand leicht vorwegnehmen, der, an sich schon alt, in neuerer Zeit von einem auf anderem Gebiete viel genannten Schriftsteller, dem Engländer John Maynard Keynes, sehr eindringlich wiederholt worden ist. In einer Kritik des von mir schon erwähnten John Venn, der in seiner „Logic of chance" ungefähr das entwickelt, was von mir in der „ersten Forderung" an ein Kollektiv zusammengefaßt erscheint, bemängelt Keynes, daß nicht alles, was im gewöhnlichen Sprachgebrauch „wahrscheinlich" heißt, durch die Häufigkeitsdefinition gedeckt wird. Gerade diejenigen Fälle, auf die die Definition nicht anwendbar ist, seien die wichtigsten und wenn wir auf ihre Berücksichtigung verzichteten, so wäre „die Wahrscheinlichkeit kein Führer durchs Leben" und wir würden „nicht vernünftig handeln, wenn wir uns von ihr leiten lassen". Den Vorwurf, der in den letzten Sätzen steckt, müßte man, wenn er berechtigt wäre, ernst nehmen. Denn eine Wissenschaft, die sich im Leben nicht bewährt, wollen wir gewiß nicht betreiben; anderseits aber auch nicht eine solche, die über ihre Grenzen hinaus Geltung beansprucht, wo sie ihr nicht zukommt. In der Tat nimmt die Wahrscheinlichkeitstheorie, wie ich sie in ihren Grundlagen eben skizziert habe, für sich in Anspruch, auf drei großen Gebieten eine zuverlässige „Führerin durchs Leben" zu sein. Erstens lehrt sie, wie man sich Glückspielen gegenüber zu verhalten hat; wie Einsätze und Gewinne zu bemessen sind, wenn man bei andauerndem Spiel ein bestimmtes Ergebnis erzielen will. Sie lehrt aber zugleich auch auf das eindringlichste, daß über den Ablauf eines Einzelspiels nichts und nochmals nichts ausgesagt werden kann, sowie daß das Ersinnen eines noch so knifflichen „Systems" ebenso nutzlos ist wie das Konstruieren eines Perpetuum mobile. Zweitens bewährt sich die Theorie im Versicherungswesen, wo sie Prämien und Prämienreserven in einer Weise zu berechnen gestattet, die billigen Gerechtigkeitsansprüchen genügt und eine hinreichende Sicherheit des Unternehmens gewährleistet. Hierher gehört methodologisch auch die vielfältige Anwendung wahrscheinlichkeitstheoretischer Überlegungen auf statistische Beobachtungsreihen irgendwelcher Art — ich nenne neben der biologischen und sozialen Statistik auch die neuerdings gepflegte technische Statistik, die z. B. bei Einrichtung von Fernsprechämtern mit Selbstanschluß sich als unentbehrlich und als zuverlässig erwiesen hat — einschließlich der sogenannten Theorie der Beobachtungsfehler. Drittens hat die rationelle Wahrscheinlichkeitsrechnung in enger Verbindung mit gewissen Ideenbildungen der theoretischen Physik weitgehende Erfolge erzielt, die in ihren Auswirkungen zweifellos in das materielle Leben der Menschen eingreifen, ganz abgesehen von dem ideellen Werte der Erweiterung unserer Erkenntnis. Auf all dies kommen wir noch später zurück. Was aber kann man, frage ich, über das hier Angeführte hinaus leisten, wenn man den Wahrscheinlichkeitsbegriff weniger eng faßt, nicht nur als Häufigkeit innerhalb fest umgrenzter Massenerscheinungen, sondern so, wie es der Sprachgebrauch will, als einen „Grad des Fürwahrhaltens" eines Satzes, einer Vermutung? Das Keynes'sche Buch enthält wohl ein Kapitel mit der Überschrift „Die Anwendung der Wahrscheinlichkeitslehre auf die Lebensführung," aber ich habe darin auch nicht die kleinste

Spur einer praktischen Anweisung finden können, vergleichbar einer der vielen konkreten Vorschriften, wie sie in jedem der früher genannten Gebiete von der auf den Häufigkeitsbegriff aufgebauten Theorie geliefert werden. Die Sache steht doch wohl so: Wenn jemand beispielsweise eine Ehe schließen und möglichst wissenschaftlich entscheiden will, ob sie „wahrscheinlich" gut ausgehen werde, dann kann ihm möglicherweise die Psychologie oder Physiologie, die Eugenik, die Rassenkunde helfen, ganz sicher aber nicht eine „Wissenschaft", die sich um die Wortbedeutung von „wahrscheinlich" herumrankt. Ich bestreite unbedingt, daß etwas praktisch Brauchbares bei einer solchen Betrachtungsweise herauskommt; wenn sie jemand aus philosophischem Erkenntnistrieb zu verfolgen wünscht, wird ihn niemand daran hindern, nur soll er nicht vorgeben, Resultate liefern zu können, die er nicht besitzt.

Jedenfalls sind alle bisherigen Erfolge wahrscheinlichkeitstheoretischer Betrachtungen mit Hilfe eines rationalisierten Wahrscheinlichkeitsbegriffes erzielt worden. Wo dieser nicht anwendbar ist, dort hat die Theorie nichts zu sagen.

Die Rolle der Philosophen

Viel ernster, viel schwieriger, aber auch viel aussichtsreicher erscheint mir die Auseinandersetzung mit denjenigen Vertretern der Wahrscheinlichkeitsrechnung zu sein, die meinen, der auf den Begriff des Kollektivs aufgebauten Häufigkeitstheorie die sogenannte klassische Definition der Wahrscheinlichkeit vorziehen zu müssen. Es ist das in gewissem Sinn ein Streit der Mathematiker unter sich, dem aber, wie ich denke, weniger ein sachliches Auseinandergehen der Meinungen als Verschiedenheit in der bevorzugten Darstellungsform zugrundeliegt. Nur dadurch, daß sich eine sehr umfangreiche philosophisch gerichtete Literatur an die Fragen der Grundlegung der Wahrscheinlichkeitsrechnung geknüpft hat, sind die Aussichten einer raschen Verständigung erschwert. Denn die Philosophen besitzen die Eigentümlichkeit, daß sie Ergebnisse der exakten Wissenschaften, sobald sie sichergestellt scheinen, zu übertreiben beginnen, ihnen einen weit größeren Geltungsbereich als gerechtfertigt ist, einräumen und, auf alle möglichen Gründe gestützt, ewigen Bestand für sie in Anspruch nehmen wollen. So wirken die gutgemeinten Versuche vieler Philosophen, die Grundlagen der Naturwissenschaften zu sichern, tatsächlich oft hemmend statt fördernd auf den wissenschaftlichen Fortschritt; man denke nur an die Dogmatisierung der Euklidischen Geometrie durch Kant und die Schwierigkeiten, die gerade dadurch der Aufnahme der Relativitätstheorie entstanden sind. Hinterher findet sich dann zumeist die Philosophie mit dem Neuen ab, wie wir dies heute schon an mancher philosophischen „Begründung" der Einsteinschen Theorie sehen. Es scheint, daß die Philosophen es immer mit den starken Bataillonen halten — vielleicht ist das ihre einzige Gottähnlichkeit. Ein junger Zweig der positiven Wissenschaft muß sich immer erst aus eigener Kraft durchsetzen; sobald er stark geworden ist, helfen ihm die Philosophen gegen seine Nachfolger.

Nachdem einmal der große Mathematiker Laplace das Lehrgebäude der Wahrscheinlichkeitsrechnung auf der sogenannten „Gleichmöglichkeitsdefinition" aufgebaut hatte, fehlte es fast keinem Philosophen an Argumenten für diese Auffassung. Noch erstaunlicher ist die Unbefangenheit, mit der manche Philosophen sich auf den Boden der herkömmlichen Anschauungen stellen. So berechnet z. B. Eduard v. Hartmann, obwohl gerade er an anderer Stelle heftige Kritik an dem Ausdruck „gleichmöglich" übt, in der Einleitung zu seiner „Philosophie des Unbewußten" mittels mathematischer Formeln die Wahrscheinlichkeit dafür, daß Naturvorgänge geistigen Ursachen zuzuschreiben seien! So mächtig wirkte die Autorität von Laplace, daß der Philosoph Theodor Fechner, der den fruchtbaren Begriff des Kollektiv-Gegenstandes geschaffen hat, es nicht wagte, von hier aus die Wahrscheinlichkeitsrechnung zu begründen, sondern seine „Kollektivmaßlehre" neben die Wahrscheinlichkeitsrechnung stellte.

Die klassische Wahrscheinlichkeitsdefinition

Die „klassische" Wahrscheinlichkeitsdefinition in der stereotypen Form, in der sie fast ausnahmslos alle Lehrbücher der Wahrscheinlichkeitsrechnung rezitieren, wurde von Laplace in folgender Weise ausgesprochen: Wahrscheinlichkeit ist der Quotient aus der Anzahl der dem Ereignis günstigen

Fälle durch die Gesamtzahl aller gleichmöglichen
Fälle. Man muß, um niemandem Unrecht zu tun, gleich hinzufügen, daß sehr vielen Mathematikern die Unzulänglichkeit dieser
Definition durchaus bewußt ist. Poincaré z. B. leitet sie mit
den Worten ein: „Man kann kaum eine befriedigende Definition
der Wahrscheinlichkeit geben; man pflegt gewöhnlich zu sagen,
u. s. f.". Wir werden später sehen, daß eine folgerichtige, restlose
Durchführung der Theorie unter Zugrundelegung der klassischen
Definition niemals versucht worden ist. Man fängt mit der
Gleichmöglichkeitsdefinition an, verläßt aber in einem passenden
Zeitpunkt die gewählte Begriffsabgrenzung und gleitet in eine —
manchmal auch explizite ausgesprochene — Häufigkeitsdefinition
hinüber. Darum meine ich ja auch, daß die Gegensätzlichkeit
der Auffassung keine so scharfe ist. Für die meisten Mathematiker
wird es sich eigentlich nur darum handeln, eine mehr oder weniger
liebgewordene Darstellungsform aufzugeben, die es gestattet hat,
ein paar einfache Aufgaben zu Beginn des Lehrganges bequem
zu erledigen, ohne daß man gleich schwierigere, tiefergehende Fragen zu erörtern brauchte.

Der Haupteinwand gegen die Laplacesche Definition muß
natürlich an den darin verwendeten Ausdruck „gleichmögliche
Fälle" anknüpfen. Der gewöhnliche Sprachgebrauch kennt verschiedene Gradunterschiede der Möglichkeit oder Realisierbarkeit.
Ein Vorgang heißt entweder möglich oder unmöglich, er kann aber
auch schwer oder leicht möglich heißen, wenn über den Aufwand,
den seine Realisierung erfordert, etwas entsprechendes bekannt
ist. Es ist nur schwer möglich, mit einem Armeekorps an einem
Tage 15 km, unmöglich 30 km, zu marschieren, obwohl es sehr
leicht möglich ist, daß ein einzelner Mann im Tage 15 km, und
nicht gerade sehr schwer, daß er 30 km zurücklegt. In diesem
Sinne nennt man zwei Vorgänge gleichmöglich, wenn sie sich
mit gleicher Mühe, mit gleichem Aufwand ausführen lassen,
aber dies ist es jedenfalls nicht, was die Laplacesche Definition
meint. In anderer Bedeutung sagt man von einem Ereignis, es
sei „eher möglich" als ein anderes, wenn man damit einer Vermutung über das voraussichtliche Eintreffen Ausdruck geben
will. Es kann nicht zweifelhaft sein, daß die Gleichmöglichkeit,
von der die klassische Wahrscheinlichkeitsdefinition spricht, in
diesem Sinne zu verstehen ist und daß sie darum nichts anderes

Die gleichmöglichen Fälle.... 63

bedeutet, als gleichberechtigte Vermutung, also im Sinne des gewöhnlichen Sprachgebrauches: gleiche Wahrscheinlichkeit. Der Ausdruck „gleichmögliche Fälle" ist **vollkommen synonym** mit „gleich wahrscheinliche Fälle" und mehr als diesen einfachen Tatbestand kann auch ein dickleibiger Wälzer „Über Möglichkeit und Wahrscheinlichkeit", wie ihn A. **Meinong** verfaßt hat, nicht ergeben. Die klassische Definition stellt sich, wenn man sie nicht geradezu als Zirkel ansehen will, als eine **Zurückführung allgemeinerer Verteilungen auf den einfacheren Fall der Gleichverteilung** dar.

Die gleichmöglichen Fälle....

Sehen wir nun zu, in welcher Weise diese Zurückführung tatsächlich bewirkt wird. Beim richtigen Würfel gibt es sechs gleichmögliche Fälle, einer davon liefert die Augenzahl drei, also ist die Wahrscheinlichkeit, drei zu werfen, gleich $1/6$. Enthält ein Glücksrad die Lotterienummern 1 bis 90, so hat man 90 gleichmögliche Fälle; 9 von diesen 90 entsprechen einziffrigen Nummern, 9 andere solchen zweistelligen, die durch 10 teilbar sind, die übrigen 72 den zweiziffrigen, nicht durch 10 teilbaren. Also ist die Wahrscheinlichkeit einer einstelligen oder einer durch 10 teilbaren Zahl je $9/90 = 1/10$, die der übrigen Lottonummern zusammen $8/10$. Ein drittes Beispiel: Beim Spiel mit zwei richtigen Würfeln gilt jede der 36 Zahlenkombinationen als gleichmöglicher Fall; daher ist die Wahrscheinlichkeit, Doppel-Sechs zu werfen, gleich $1/36$, die, die Summe 11 zu werfen, gleich $1/18$, weil es hier zwei günstige Fälle gibt, nämlich die Augenzahl 5 auf dem ersten und 6 auf dem zweiten Würfel und umgekehrt. Zu diesen drei Anwendungen der Gleichmöglichkeitsdefinition ist folgendes zu sagen.

Die erste ist eine reine Tautologie, wenn man berücksichtigt, daß gleichmöglich und gleichwahrscheinlich dasselbe heißt; nur, daß die Summe der Wahrscheinlichkeiten aller überhaupt möglichen Versuchsausgänge gleich 1 ist, wird hier mit benutzt. Im zweiten Beispiel, in dem mehrere „günstige" Fälle zusammengefaßt werden, hat man nichts als einen sehr speziellen Fall der Mischung von Kollektivs, wie ich ihn schon vorher erwähnt habe; es werden die Merkmale 1 bis 9, dann die

Merkmale 10, 20, 30 .... 90, endlich die übrigen zu je einem neuen zusammengefaßt und die Addition der einzelnen Wahrscheinlichkeiten, die hier eben alle gleich $1/_{90}$ sind, führt zu dem angeführten Ergebnis. Im dritten Beispiel, das ein Spiel mit zwei Würfeln betrifft, benützt die klassische Theorie einen Satz, der die Verbindung unabhängiger Kollektivs in einer ebenfalls stark spezialisierten Form regelt und der besagt: Jede Kombination aus einem der gleichmöglichen Fälle des ersten und des zweiten Kollektivs liefert einen gleichmöglichen Fall des neuen Kollektivs. Da man mit Mischung und Verbindung, wie wir wissen, jedenfalls die meisten und wichtigsten Aufgaben der Wahrscheinlichkeitsrechnung beherrscht, so kann man somit im Rahmen der Gleichmöglichkeitstheorie im wesentlichen alle jene Aufgaben erledigen, in denen die Verteilungen in den Ausgangskollektivs als gleichförmige, als Gleichverteilungen gegeben sind. Dies trifft im allgemeinen stets dann zu, wenn es sich um normale Glückspielaufgaben, um richtige Würfel, eine fehlerfreie Roulette oder dergleichen handelt.

..... sind nicht immer vorhanden.

Wie aber kann man dem Fall eines „falschen" Würfels mit einer Theorie gerecht werden, die von vornherein eine Wahrscheinlichkeit nur innerhalb eines Bereiches gleichwahrscheinlicher Möglichkeiten kennt? Sicher ist, daß, wenn wir einen richtigen Würfel noch so wenig anfeilen, die Gleichwahrscheinlichkeit der sechs Würfelseiten verloren geht. Gibt es nun keine Wahrscheinlichkeit mehr, die Augenzahl drei zu werfen? Kann man jetzt nicht mehr behaupten, daß die Wahrscheinlichkeit eines geradzahligen Wurfes die Summe der Wahrscheinlichkeiten der 2, 4 und 6 ist? Der Wortlaut der klassischen Definition läßt jedenfalls keine Anwendung der früher abgeleiteten Sätze zu, denn nach ihr gibt es einfach keine Wahrscheinlichkeit, wo es keine gleichmöglichen Fälle gibt. Die Lehrbücher der klassischen Theorie liefern keinerlei Auskunft darüber, wie es hier steht, sie betrachten den „falschen" Würfel überhaupt als keine nennenswerte Aufgabe der Wahrscheinlichkeitsrechnung; nun darüber läßt sich schließlich nicht streiten. Aber es gibt ja andere hierher gehörige Fragen, über die man unmöglich hinweggehen kann

..... sind nicht immer vorhanden

und in denen es durchaus nicht besser liegt als beim falschen Würfel, z. B. die Frage nach der Sterbenswahrscheinlichkeit. Wenn eine Tabelle angibt, daß 0,011 die Wahrscheinlichkeit dafür ist, daß ein 40jähriger Mann im Laufe eines Jahres stirbt, wo sind da die gleichmöglichen und die günstigen Fälle? Sind es 1000 Möglichkeiten, von denen 11 dem Todeseintritt günstig sind, oder 3000 mit 33 günstigen? Eine Antwort darauf oder gar eine Erklärung darüber, was man sich hier unter den abgezählten Möglichkeiten vorstellen soll, wird man vergeblich in den Lehrbüchern suchen. Wenn sie nämlich an die Stelle gelangt sind, an der von Sterbenswahrscheinlichkeit und ähnlichem die Rede ist, haben sie längst vergessen, daß alle Regeln und Sätze der Theorie unter Zugrundelegung einer Definition, die nur Gleichverteilung als Ausgangspunkt kennt, abgeleitet wurden. Ganz unbefangen wird jetzt behauptet, man könne Wahrscheinlichkeiten, die nicht „a priori" bekannt sind, empirisch oder „a posteriori" bestimmen, indem man in einer genügend langen Beobachtungsreihe die relativen Häufigkeiten der verschiedenen Ereignisse feststellt. Und mit der größten Kühnheit werden alle Sätze, die unter einem ganz anderen Gesichtspunkt abgeleitet worden sind, auf die neuen Wahrscheinlichkeiten ausgedehnt. Wer etwas übriges tun will, beruft sich dabei auf das sogenannte Bernoullische Theorem oder das Gesetz der großen Zahlen, das angeblich die Brücke zwischen der a priorischen und der empirischen Wahrscheinlichkeitsbestimmung bilden soll. Daß dies durchaus nicht der Fall ist, daß hier ein ganz glatter Zirkelschluß vorliegt, werde ich später ausführlich zeigen. Aber wie dem auch sei, können wir schon jetzt feststellen, daß man ohne die Deutung der Wahrscheinlichkeit als Grenzwert der relativen Häufigkeit niemals auskommt und niemals auskommen kann, will man nicht gerade die praktisch wichtigsten Fälle der Anwendung ausschließen. Was mag es da für einen Sinn haben, vorerst an einer Definition festzuhalten, die doch zu eng ist, um alle Fälle zu umfassen oder sich nur in ganz gezwungener Weise vielen unausweichlichen Aufgaben gefügig machen läßt? Eine einfache Analogie aus dem Gebiete der elementaren ebenen Geometrie wird uns die Verhältnisse gut veranschaulichen.

Eine geometrische Analogie

Man könnte es sich in den Kopf setzen, eine Geometrie der von geraden Linien begrenzten Figuren in der Ebene derart aufzubauen, daß man ausschließlich **gleichseitige** Vielecke betrachtet, und zwar solche, bei denen alle Seitenlängen ein und dieselbe Größe besitzen. In dieser Geometrie gibt es keine Längenmessung; jedes Gebilde wird durch seine Winkel und die Anzahl der Seiten vollständig gegeben. Hat man es dann einmal mit einem Dreieck zu tun, dessen Seiten nach der gewöhnlichen Auffassung die 3-, 4- bzw. 5fache Länge der Einheit haben, so wird man dieses Dreieck als ein gleichseitiges Zwölfeck erklären, von dem erst drei Seiten unter gestreckten Winkeln aneinandergefügt sind, dann weitere vier und schließlich die letzten fünf ebenso. Sobald die Längen der Seiten ganze Vielfache der Einheitslänge sind — und bei genügend kleiner Einheit kann man mit beliebiger Annäherung jede Strecke in dieser Weise auffassen — macht diese Zurückführung auf gleichseitige Polygone keine grundsätzlichen Schwierigkeiten. Man wird auch hier zu der Unterscheidung geführt zwischen Vielecken, deren Seitenzahl „a priori" gegeben ist (weil alle benachbarten Seiten von 180⁰ verschiedene Winkel bilden) und solchen, die man erst „a posteriori" durch Längenvergleichung mehr oder weniger genau in die Klasse der gleichseitigen Vielecke einordnen kann. Die Durchführung einer derartigen Theorie ist sicher möglich, aber kein Vernünftiger wird behaupten, daß auf diese Weise der Begriff der Streckenlänge oder der Längenmessung wirklich aus der Geometrie ausgeschaltet werden könnte; er wird nur auf einen Umweg verwiesen. Ganz genau so verhält es sich mit der Gleichmöglichkeitstheorie der Wahrscheinlichkeit. Es ist historisch verständlich, daß man mit dem Analogon der gleichseitigen Vielecke, den gleichmöglichen Fällen, angefangen hat, da ja Glücksspielfragen die ersten Aufgaben bildeten, die in der Wahrscheinlichkeitsrechnung behandelt wurden. Wenn man aber heute die tatsächlich als relative Häufigkeit ermittelte Lebens- und Sterbenswahrscheinlichkeit hinterher durch Zurückführung auf rein hypothetische „gleichmögliche" Fälle zu deuten sucht, so spielt man nur Verstecken mit der Notwendigkeit einer umfassenderen Wahrscheinlichkeitsdefinition, die sich am Ende ebensowenig entbehren läßt,

Eine geometrische Analogie — Erkenntnis d. Gleichmöglichkeit 67

wie der Begriff der Längenmessung oder Längenvergleichung in der Geometrie.

Die Erkenntnis der Gleichmöglichkeit

Damit glaube ich deutlich gemacht zu haben, wie sich meine Wahrscheinlichkeitsdefinition zu der bisher vorgezogenen Darstellungsweise im großen Ganzen verhält. Wenn mit der Zeit die historisch überkommenen Glückspielaufgaben gegenüber den wichtigeren Fragen, die mit Versicherungswesen, Statistik und Fehlertheorie zusammenhängen, noch mehr zurücktreten werden, als dies schon heute der Fall ist, wird man sich, denke ich, ganz von selbst einem Aufbau der Wahrscheinlichkeitsrechnung zuwenden, der allein den Forderungen der Einfachheit und Vernünftigkeit genügt. Aber mit dem, was die sogenannte Erkenntnistheorie zur Stützung, zur Begründung, zur Vertiefung der klassischen Wahrscheinlichkeitsrechnung beigetragen hat, damit ist die neue Auffassung, die ich vertrete, in keiner Weise vereinbar. Als die grundlegende Frage erschien nämlich den Erkenntnistheoretikern etwas, was überhaupt keine Frage ist, wenn man die Bedeutung der Gleichmöglichkeitsdefinition auf ihr richtiges Maß zurückführt. Sie stellten immer wieder und wieder Untersuchungen darüber an: Woher wissen wir, daß die sechs Seiten des Würfels, daß die Ziehungen der 90 Nummern beim kleinen Lotto u. s. f. lauter gleichmögliche Fälle bilden? Meine Antwort darauf ist: Wir wissen es im allgemeinen, d. h. für einen beliebigen Würfel, für eine beliebige Lotterie-Urne überhaupt nicht, sondern ausschließlich für eine bestimmte, durch hinreichend lange Beobachtung erprobte Anordnung und natürlich für jede, die nach dem Muster einer erprobten genau nachgebildet ist. Von den beiden Würfelpaaren, die ich Ihnen früher vorführte und die äußerlich ganz gleich aussehen, zeigt das eine ein Verhalten, das der Annahme, die sechs Seiten seien gleichwahrscheinlich, gründlich widerspricht. Der Unterschied zwischen den richtigen und den falschen Würfeln läßt sich hier wohl schon durch rohes Abwägen in der Hand oder durch einen einfachen mechanischen Versuch feststellen. Ob etwas ähnliches auch bei feineren Fälschungen immer möglich ist, ob nicht manchmal der statistische Versuch der einzige Weg zur Klarstellung ist, mag vorläufig unentschieden bleiben. Wir wollen uns, bevor wir darauf eingehen, noch ein wenig mit den Quellen, aus denen die Philosophen ihre Fragestellung herleiten, beschäftigen; es dreht sich dabei, wie Sie schon bemerkt haben werden, um die Auffassung einer Wahrscheinlichkeit als „Erkenntnis a priori".

Die Wahrscheinlichkeit „a priori"

Wenn man aus vollkommen homogenem Material einen Körper herstellt, der geometrisch vollkommen genau die Würfelgestalt besitzt, dann, meint man, sei doch a priori evident, daß keine Seite vor der anderen bevorzugt ist, daß also das Auffallen auf jede der sechs Seiten gleichmöglich, d. h. gleich wahrscheinlich ist. Ich will das vorerst einmal zugeben, trotz der großen Schwierigkeiten, die daraus entstehen, daß es ja gar nicht allein auf den Würfelkörper ankommt, sondern auch noch auf die Beschaffenheit des Bechers, auf den ganzen Vorgang, mit dem der Würfel jedesmal erfaßt, in den Becher getan, dieser geschüttelt wird u. s. f. Ich will auch ganz davon absehen, daß der Satz erst dann einen Inhalt gewinnt, also überhaupt eine Erkenntnis, sei es a priori oder nicht, darstellt, wenn man schon weiß, was „gleich wahrscheinlich" heißt, also z. B. im Sinne der Häufigkeitsdefinition dem Ausdrucke die Bedeutung beilegt, daß die sechs Seiten bei fortgesetztem Würfeln gleich oft auffallen. Es fragt sich jetzt lediglich, ob hier wirklich ein von der Erfahrung unabhängiger, denknotwendiger Schluß auf die Wahrscheinlichkeit eines Ereignisses oder Vorganges gezogen wird oder werden kann. Überlegt man nun einmal die Voraussetzungen der Homogenität und der Symmetrie genau, so sieht man bald, wie wenig von der ganzen Aussage übrig bleibt; viel weniger jedenfalls, als auch nur die bescheidenste Anwendung auf einen konkreten Fall erfordert.

Als homogen im Sinne der logischen Bedeutung der Aussage können wir ein Material nur dann bezeichnen, wenn von keinem seiner Teile etwas Besonderes ausgesagt werden kann, wenn also alle seine Teile auch genau die gleiche Entstehungsgeschichte durchgemacht haben. Die eine Hälfte eines Elfenbeinwürfels war aber sicher im Elefantenzahn, aus dem das Material stammt, der Spitze näher gelegen als die andere; dann ist es schon nicht mehr denknotwendig, daß beide Hälften des Würfels sich ganz gleich verhalten, sondern dies beruht auf dem Erfahrungssatz, daß jene ursprüngliche Lage im Tierkörper keinen Einfluß auf den Ablauf der Würfelversuche besitzt. In der Tat benutzen wir in jedem einzelnen Falle noch viel weitergehende Erfahrungen. Wir beschreiben z. B. die sechs Seiten des Würfels mit verschiedenen Zahlzeichen und nehmen an, daß dies ohne jeden Einfluß ist; während bekanntlich primitive, d. h. im weitesten Umfang unerfahrene Volksstämme davon überzeugt sind, daß man durch Bemalen eines menschlichen Körperteils mit derartigen Zeichen das Lebensschicksal des betreffenden Menschen wenden kann. Wir beschränken uns auch nicht auf aufgemalte Zeichen, sondern machen ein bis sechs Kerben auf die Würfeloberfläche und verändern damit die geometrische Symmetrie ganz gewaltig, immer auf Grund der Erfahrung, daß dies nichts ausmacht.

Wenn man einmal einen Vertreter der a priori-Auffassung zu einer deutlichen Erklärung zwingt, was er eigentlich unter der vollkommenen Homogenität versteht, so beschränkt er sich schließlich auf die Forderung, daß der Schwerpunkt des Körpers mit dem geometrischen Mittelpunkt zusammenfallen muß und — falls der Befragte über genügende Kenntnis der Mechanik verfügt — daß die Trägheitsmomente für die zwölf Kanten als Drehachsen gleich sein sollen. Daß nun gerade diese Bedingungen für die „Gleichmöglichkeit" der sechs Würfelseiten notwendig und hinreichend sind (und nicht z. B. noch Momente höheren Grades in Betracht kommen), wird niemand mehr für a priori evident erklären: ein erheblicher Teil der in letzter Linie auf Erfahrungssätzen aufgebauten Kinetik starrer Körper steckt in dieser Formulierung. Das Ergebnis unserer Überlegung läßt sich also dahin zusammenfassen: Aus dem, was man a priori, was man denknotwendig als gleichmöglich erkennt, gewinnt man nichts Ausreichendes zur Beurteilung eines bestimmten realen Falles; man muß immer noch mehr oder weniger allgemeine, aus Beobachtung und Erfahrung abgeleitete Kenntnisse hinzunehmen, die darüber belehren, welche Eigenschaften einer Anordnung auf den Ablauf der Versuche von Einfluß sind und welche nicht.

Es liegt hier ganz ähnlich wie bei der bekannten Anwendung des Symmetrieprinzips zur Ableitung der Gleichgewichtsbedingung am gleicharmigen Hebel. Wenn die beiden Hebelhälften völlig gleich sind, meint man, müsse die Bedingung, rein aus „Symmetriegründen", dahin lauten, daß auch die Kräfte gleich groß seien. Aber in dieser Form ist der Satz ja viel zu eng. Abgesehen davon, daß die Gleichheit der Hälften in dem früher erörterten strengen logischen Sinn gar nicht erreichbar ist, versteht man doch unter gleicharmigem Hebel einen solchen, bei dem die Kräfte gleich weit von der Drehachse angreifen, ohne daß volle Symmetrie in der geometrischen Gestaltung bestehen muß. Es ist da sehr lehrreich zu sehen, wie ältere Lehrbücher der technischen Mechanik durch viele Abbildungen von verschieden gestalteten Hebeln dem Leser den Satz vom Gleichgewicht bei Gleicharmigkeit trotz Unsymmetrie vertraut zu machen suchen. Daß es eben auf die Abstände der Lasten vom Drehpunkt und nur auf diese ankommt, darin liegt die entscheidende, aus Beobachtungen geschöpfte Erkenntnis.

Sonderstellung der Gleichmöglichkeit?

Ist es nun nichts mit der „a priori-Erkenntnis" der Gleichmöglichkeit, so bleibt noch der folgende Ausweg denkbar, um den gleichmöglichen Fällen eine Sonderstellung gegenüber allen anderen Wahrscheinlichkeitsbestimmungen zu sichern. Man könnte sagen: Wenn ein Würfel außer der geometrischen Symmetrie auch die (vorhin schon erwähnten) Eigenschaften besitzt, die man als „kinetische Symmetrie" bezeichnen kann, daß nämlich die statischen Momente und die Trägheitsmomente für die zwölf Würfelkanten gleich sind, dann folge schon aus der Mechanik starrer Körper, daß die Wahrscheinlichkeit des Auffallens irgend einer Seite gleich $1/6$ ist. Sind aber für einen falschen Würfel alle mechanischen Größen, Schwerpunktslage, Trägheitsmomente u. s. f. genau bekannt, so lasse sich in keiner Weise aus den Sätzen der Mechanik berechnen, mit welcher relativen Häufigkeit eine Seite auffällt; das einzige Mittel der Wahrscheinlichkeitsbestimmung bleibe dann der statistische Versuch, während in dem andern Fall eine Voraussage, wenn schon nicht „a priori", so doch auf Grund einer Erfahrungswissenschaft von deterministischem Charakter möglich sei.

Dieser Gedankengang enthält, wie ich meine, einen Fehlschluß.

Ich habe schon früher bemerkt, daß nicht der Würfelkörper allein für den Ablauf einer Versuchsreihe, die aus wiederholtem Würfeln besteht, entscheidend ist. Man kann offenbar auch mit einem allen Symmetriebedingungen genügenden Würfel falsch spielen, und zwar bewußt oder auch unbewußt, indem man irgendwie beim Einlegen des Würfels in den Becher oder beim jedesmaligen Rütteln des Bechers „falsch" vorgeht. Dabei können ganz feine psychologische oder sinnesphysiologische Erscheinungen in Frage kommen, wie man teils aus den Erfahrungen mit Taschenspielern, teils aus neueren Beobachtungen weiß, die — zum Teil unaufgeklärt — in die sogenannte Parapsychologie eingereiht werden. Selbstverständlich will ich hier nicht als Fürsprecher irgend einer „okkulten Wissenschaft" auftreten, aber ich glaube bestimmt, daß wir, ganz auf dem Boden der bisherigen empirischen Methoden, in vorurteilsfreier Fortführung und Verarbeitung von Beobachtungsergebnissen, noch zur Entdeckung von Zusammenhängen gelangen werden, die uns heute unbekannt sind. Wie dem auch sei, nach dem heutigen Stande unseres Wissens scheint es jedenfalls unmöglich, restlos alle Bedingungen „theoretisch" anzugeben, durch welche das gleich häufige Auffallen der sechs Würfelseiten bei einer genügend ausgedehnten Versuchsreihe sichergestellt wird. Unter „theoretisch" ist dabei verstanden eine Angabe, die sich zwar auf irgendwelche empirisch begründete Wissenschaftszweige stützt, aber nicht auf einen statistischen Versuch, der mit der vorliegenden oder einer ihr gleichen Anordnung ausgeführt wurde.

Es ist ein wesentlicher, wenn auch von der Grundlegung der Wahrscheinlichkeitsrechnung im engeren Sinn unabhängiger Bestandteil meiner Auffassung der statistischen Vorgänge, den ich dahin formulieren möchte: **Das Bestehen der Gleichverteilung innerhalb eines Kollektivs läßt sich (ebenso wie das jeder anderen Verteilung) ausschließlich und allein durch einen genügend lang fortgeführten Wiederholungsversuch feststellen;** der Versuch kann mit dem gegebenen Objekt oder mit einem anderen, das man auf Grund entsprechender Beobachtungen für gleichwertig hält, ausgeführt werden. Der Satz hat seine Bedeutung zunächst für die Verteilung innerhalb des Ausgangskollektivs, die man bei jeder Aufgabe der Wahrscheinlichkeitsrechnung als gegeben voraussetzen muß, in zweiter Linie auch für die Verteilungen innerhalb des abgeleiteten Kollektivs, sobald man den Wunsch hat, die Ergebnisse der Rechnung durch Beobachtung zu überprüfen.

Der subjektive Wahrscheinlichkeitsbegriff

In schärfstem Gegensatz steht die eben dargelegte Auffassung der Gleichverteilung als eines speziellen, aber nicht durch prinzipielle Sonderstellung ausgezeichneten Beispieles einer allgemeinen Verteilung zu dem Standpunkt der erkenntnistheoretischen Verfechter des sogenannten **subjektiven Wahrscheinlichkeitsbegriffes**. Nach ihrer Meinung hängt die Wahrscheinlichkeit, die wir einem bestimmten Ereignis — oder eigentlich der Behauptung, daß dieses Ereignis eintritt — zuschreiben, ausschließlich von dem **Grade unseres Wissens** ab und die Annahme der Gleichwahrscheinlichkeit verschiedener Ereignisse ist eine Folge reinen Nichtwissens. Ich habe schon einmal die überaus charakteristische, knappe Formulierung von Czuber angeführt, wonach „absolutes Nichtwissen über die Bedingungen" zu der Annahme führe, alle möglichen Fälle seien gleich wahrscheinlich. In etwas wissenschaftlicherer Aufmachung nennt man dies das „Indifferenzprinzip". Sehr richtig bemerkt J. M. Keynes, daß aus dem Indifferenzprinzip eigentlich folgt, jeder Satz, über dessen Richtigkeit nichts bekannt ist, habe die Wahrscheinlichkeit $1/2$; denn er bildet ja mit seinem kontradiktorischen Gegenteil zwei gleichmögliche Fälle. Weiß man z. B. nichts von einem Buch, so hat die Behauptung, es sei rot, die Wahrscheinlichkeit $1/2$, aber ebenso die, es sei blau, gelb oder grün, so daß eine beliebig große Wahrscheinlichkeitssumme herausgerechnet werden kann. Keynes gibt sich große Mühe, diese Klippe der Subjektivitätstheorie zu umschiffen, aber er hat nicht viel Glück damit. Auf den einfachen Gedanken, man könne, wenn man von einer Sache nichts weiß, eben auch über ihre Wahrscheinlichkeit nichts aussagen, kommt er nicht.

Der sonderbare Denkfehler der „subjektiven" Wahrscheinlichkeitsauffassung wird, wie ich denke, durch folgende Überlegung aufgeklärt. Wenn man von der Körperlänge von sechs

Personen nichts weiß, mag man die Vermutung aussprechen, sie seien alle sechs gleich groß. Die Vermutung kann richtig oder falsch sein, man kann sie auch — im Wortsinn des üblichen Sprachgebrauchs — als mehr oder weniger wahrscheinlich bezeichnen. Ebenso läßt sich von sechs Würfelseiten, über die man nichts weiß, die Vermutung hegen, daß sie „gleichmöglich" seien; aber mehr als eine Vermutung ist das eben auch nicht, und sie kann ebensowohl richtig wie falsch sein, wie die Ihnen früher vorgeführten Würfelpaare es zeigen. Hier greift nun der seltsame Gedankengang der Subjektivisten ein: „Ich halte die Fälle für gleich wahrscheinlich" wird gleichgesetzt mit „Die Fälle sind gleich wahrscheinlich" — weil doch Wahrscheinlichkeit nur etwas Subjektives ist. Auf diese Weise „folgt" allerdings aus dem Nichtswissen die Aussage der Gleichwahrscheinlichkeit, aber mit demselben Recht auch jede andere, z. B. die, daß die Wahrscheinlichkeiten sich wie die Quadrate der Zahlen 1 bis 6 zueinander verhalten — denn als Vermutung ist auch dies möglich.

Ich glaube wohl, daß die meisten Menschen, wenn man sie fragt, wo der Schwerpunkt eines unbekannten Würfels liegen mag, antworten werden: „Wahrscheinlich in der Mitte". Aber diese Antwort gründet sich keineswegs auf Nichtwissen, sondern auf die nicht bezweifelbare Tatsache, daß sicher die meisten Würfel, die bisher hergestellt wurden, annähernd richtig waren. Eine eingehende psychologische Untersuchung darüber, worauf die subjektive Wahrscheinlichkeitsschätzung beruht, ist gewiß nicht undenkbar. Sie würde sich zur Wahrscheinlichkeitsrechnung so verhalten, wie eine Untersuchung des subjektiven Wärmegefühls zur physikalischen Thermodynamik. Auch die Thermodynamik hat zu ihrem Ausgangspunkt das Vorhandensein von Wärmeempfindungen, aber sie beginnt damit, daß an die‧Stelle der subjektiven Wärmeschätzung ein objektives, vergleichbares Maß, die Länge der Quecksilbersäule, gesetzt wird. Daß Temperaturskala und menschliche Wärmeempfindung nicht immer parallel laufen, daß ihre Beziehung durch psychologische und physiologische Einflüsse aller Art gestört wird, ist eine sehr bekannte Erscheinung. Durch sie werden Brauchbarkeit, Wert und Leistungen der physikalischen Wärmelehre nicht beeinträchtigt und niemand denkt daran, ihr zuliebe den Aufbau der Thermodynamik abzuändern. Nun, wenn ich mich so ausdrücken darf: Wiederholungsversuch und Häufigkeitsbestimmung sind das Thermometer der Wahrscheinlichkeit.

Die Spielraumtheorie

In eine etwas feinere, aber nicht viel widerstandsfähigere Form hat J. v. Kries in einem oft zitierten Buche die Lehre von der Gleichmöglichkeit gebracht. Er meint, daß in den hier in Betracht kommenden Fragen unserem Urteil gewisse Spielräume offen stehen und wir ein natürliches Empfinden dafür besitzen, wie diese Spielräume einzuteilen sind, damit jeder Teil einem gleichmöglichen Fall entspricht. Er spricht von „indifferenten Spielräumen", von „freier Erwartungsbildung" und von „zwingend bestimmter, der Willkür entzogener Aufstellung gleichberechtigter Annahmen". Als Grundlage der Theorie erscheint der Satz, dessen nicht-empirischen Charakter v. Kries ausdrücklich betont, daß „Annahmen, welche gleiche und indifferente ursprüngliche Spielräume umfassen, gleich wahrscheinlich sind". Nach meiner Auffassung ist hier nur das Wort „gleichwahrscheinlich" durch den Ausdruck „gleiche Spielräume" ersetzt. Einen Sinn bekommt das erst, wenn man für jeden Fall, in dem die Wahrscheinlichkeitsrechnung zur Anwendung kommt, ein Verfahren angibt, nach dem, wenigstens annähernd, festgestellt werden kann, welche Spielräume gleich groß sind. Da gibt es nun wohl keine andere Möglichkeit als die Häufigkeitsbestimmung im Wiederholungsversuch und damit käme man zu meinem Standpunkt zurück.

Die Anwendung der Kriesschen Theorie hat man sich etwa so zu denken: Wenn wir z. B. ein Lotterielos kaufen, so ist unserer Erwartung der Gesamtspielraum gesetzt, daß eines der 10000 ausgegebenen Lose den Haupttreffer gewinnt; wir teilen diesen Spielraum in 10000 „gleiche" Teile und gelangen so zu dem Urteil, daß wir als Besitzer eines Loses die Wahrscheinlichkeit $1/_{10000}$ besitzen, das große Los zu ziehen. Es mag dahingestellt bleiben, wie weit dies ein zwingender Gedankengang ist. Ganz zweifellos scheitert die Spielraumtheorie bei denjenigen Aufgaben, die Bertrand zuerst behandelt und für die dann Poincaré die Bezeichnung „Bertrandsche Paradoxie" eingeführt hat. Ich will an einem möglichst einfachen Fall die unüberwindlichen Schwierigkeiten darlegen, die jeder Form der klassischen Wahrscheinlichkeitstheorie, namentlich auch der Kriesschen Lehre der indifferenten Spielräume (der sogenannten logischen Theorie) hier erwachsen.

Bertrandsche Paradoxie

Denken wir uns, um einen möglichst einfachen Fall vor Augen zu haben, ein Glas mit einer Mischung von Wasser und Wein gefüllt. Von dem Mischungsverhältnis sei nur bekannt, daß der Mengenquotient Wasser zu Wein mindestens gleich 1 und höchstens gleich 2 ist, d. h. daß mindestens ebenso viel Wasser wie Wein und höchstens doppelt so viel Wasser wie Wein sich in dem Glase befindet. Der Spielraum unseres Urteils über das Mischungsverhältnis liegt also zwischen 1 und 2. Wenn nichts weiter darüber bekannt ist, so muß man nach dem Indifferenzprinzip (oder Symmetrieprinzip), nach der Spielraumtheorie, wie überhaupt nach jeder ähnlichen Art von Wahrscheinlichkeitsauffassung annehmen, daß gleich große Teilgebiete des Spielraumes gleiche Wahrscheinlichkeit haben. Es muß also 50% Wahrscheinlichkeit dafür bestehen, daß das Mischungsverhältnis zwischen 1 und 1,5 liegt und ebensoviel dafür, daß es in den Bereich 1,5 bis 2 fällt. Was aber hindert uns, an Stelle dieser Überlegung die folgende zu setzen?

Von dem Mengenverhältnis Wein zu Wasser ist uns bekannt, daß es zwischen 1 und $1/2$ liegt und sonst nichts. Also muß man annehmen, daß jede Hälfte dieses Spielraumes gleiche Wahrscheinlichkeit besitzt. Somit besteht 50% Wahrscheinlichkeit dafür, daß mindestens $1/2$ Wein zu Wasser und höchstens $3/4$ Wein zu Wasser in dem Glase vorhanden ist, oder was dasselbe ist, Wasser zu Wein mindestens im Verhältnis 4:3 und höchstens im Verhältnis 2:1 steht. Nach der ersten Rechnung entfiel die halbe Wahrscheinlichkeit auf den Spielraum 1,5 bis 2, nach der zweiten auf den Spielraum $4/3$ bis 2, was ein offenkundiger Widerspruch ist.

Ganz den gleichen Widerspruch kann man in sämtlichen Fällen aufzeigen, in denen die unterschiedlichen Merkmale (hier die Werte des Mischungsverhältnisses) nicht auf einzelne diskrete

Zahlen (wie beim Würfel die ganzen Zahlen 1 bis 6) beschränkt sind, sondern einen kontinuierlichen Wertebereich (in unserem Beispiel alle Zahlen zwischen 1 und 2) erfüllen. Ich habe schon an früherer Stelle von derartigen Aufgaben kurz gesprochen und auch schon den hier üblichen, nicht sehr passenden Namen erwähnt: man spricht von „geometrischer Wahrscheinlichkeit", weil die meisten Problemstellungen dieser Art einen mehr oder weniger geometrischen Charakter tragen. Eine der ältesten und bekanntesten Aufgaben ist wohl das Nadelproblem von Buffon (1733), das darin besteht, daß eine Nadel blindlings auf den Boden geworfen wird, auf dem parallele Gerade in gleichförmigen Abständen gezogen sind und man nach der Wahrscheinlichkeit fragt, mit der Nadel einen dieser Striche zu treffen (zu kreuzen). Der Einzelversuch ergibt als Merkmal die Lage der Nadel gegenüber dem Strichgitter, die in verschiedentlicher Art durch Zahlen, sogenannte Koordinaten, bestimmt werden kann. Gewissen Koordinatenwerten entspricht dann ein Überkreuzen eines Gitterstriches, also ein positives Versuchsergebnis, anderen ein negatives. Der Widerspruch entsteht genau so wie in unserem ersten Beispiel eben dadurch, daß es in mehrfacher Weise möglich ist, die Lage der Nadel, also den Erfolg des Einzelversuches in Zahlen auszudrücken. Das Mischungsverhältnis im Weinglas ließ sich sowohl durch den Mengenquotienten Wasser zu Wein, wie durch den reziproken, Wein zu Wasser, bestimmen; analog kann man jetzt Cartesische Koordinaten, Polarkoordinaten oder noch andere verwenden. Gleichverteilung für den einen Quotienten, bzw den einen Koordinatenansatz, ist keine Gleichverteilung für den andern.

An dieser Klippe muß unfehlbar jede Theorie scheitern, für die es als Ausgangswahrscheinlichkeiten nur Gleichverteilungen gibt, die irgendwie gefühlsmäßig, instinktiv, a priori oder in ähnlicher Weise erschlossen werden. Der Standpunkt der Häufigkeitstheorie ist einfach der, daß die Verteilung innerhalb der Ausgangskollektivs gegeben sein muß; woher man sie kennt, wie sie beschaffen ist, hat nichts mit der Wahrscheinlichkeitsrechnung zu tun. In dem Beispiel der Wasser-Wein-Mischung ist es überhaupt kaum möglich, in vernünftiger Weise ein Kollektiv zu definieren; man müßte erst einen konkreten Vorgang kennen, nach dem ein Glas mit einem bestimmten Mischungsverhältnis „erfaßt" wird. Beim Nadelproblem ist der Versuchsvorgang einigermaßen gegeben; eine Nadel wird in einer noch näher zu bestimmenden Weise gegen den Boden geworfen; die Verteilung innerhalb dieses Ausgangskollektivs wird durch eine „Wahrscheinlichkeitsdichte" bestimmt, die auf irgend welche Koordinaten bezogen sein mag. Wenn man durch eine wirklich durchgeführte Versuchsreihe die Dichtefunktion, bezogen auf irgend ein beliebiges Koordinatensystem ermittelt, so ist es ganz gleichgültig, welche Koordinaten man wählt, ein Widerspruch kann bei der weiteren Rechnung in keiner Weise herauskommen. Die Aufgabe selbst gehört zu dem Typus der Mischung: es werden diejenigen Koordinatenwerte zusammengefaßt, die eine Überdeckung ergeben, und diejenigen, für die sich eine zwischen den Gitterstrichen liegende Nadellage ergibt. Es kann sein, daß sich solche Koordinaten wählen lassen, für die die Ausgangswahrscheinlichkeiten eine Gleichverteilung bilden, für das endgültige Ergebnis der ganzen Rechnung ist das aber ohne Belang.

Die angebliche Brücke zwischen Häufigkeits- und Gleichmöglichkeitsdefinition

Die wesentlichsten Einwände, die gegen die klassische Wahrscheinlichkeitsdefinition zu erheben sind, gehen, wie wir gesehen haben, nach zwei Richtungen. Einmal ist die Definition zu eng, sie umfaßt nur einen Teil der tatsächlich vorliegenden Aufgaben und schließt gerade die praktisch wichtigsten, die die Lebensversicherung und ähnliches betreffen, aus. Zweitens räumt sie der Gleichverteilung in den Ausgangskollektivs eine Sonderstellung ein, die ihr nicht zukommt und die sich ganz besonders in den eben besprochenen Fällen geometrischer Wahrscheinlichkeiten als ganz unhaltbar erweist. Gegen den zweiten Einwand läßt sich, soweit ich sehe, nichts Erhebliches vorbringen — es scheint mir, daß man ihn mehr aus Gleichgültigkeit als aus positiven Gründen unbeachtet läßt. Aber zum ersten Punkt wird jeder, der den üblichen Lehrgang der Wahrscheinlichkeitsrechnung kennt, sofort bemerken, daß es doch innerhalb des Rahmens der klassischen Theorie eine „Brücke" zwischen den beiden Definitionen, der Gleichmöglichkeits- und der Häufigkeitsdefinition gibt, durch die zumindest für den praktischen Bedarf eine befriedigende Behandlung der anfänglich ausgeschlossenen Fälle von Lebenswahrscheinlichkeit usw. ermöglicht wird. Diese „Brücke" wird nach Angabe wohl aller heutigen Lehrbücher durch das auf Bernoulli und Poisson zurückgehende „Gesetz der großen Zahlen" hergestellt. Durch einen mathematisch beweisbaren Satz soll sich angeblich zeigen lassen, daß man, mit größerer oder geringerer Annäherung, die als Quotienten der günstigen durch die gleichmöglichen Fälle gewonnenen Wahrscheinlichkeitsgrößen auch durch Bestimmung der relativen Häufigkeit in genügend großen Versuchsserien wiederfinden kann. Zwar haben schon manche Kritiker, z. B. der vorhin genannte J. v. Kries, auf die gefährlichen Schwächen dieser „Brückenkonstruktion" hingewiesen, aber mangels etwas Besseren wird sie immer wieder benutzt. Es läßt sich daher nicht vermeiden, daß wir jetzt ein wenig näher auf diesen Gegenstand eingehen, womit wir uns wieder einer mehr mathematischen Betrachtungsweise zuwenden. Dabei wird es aber, wie ich gleich vorausschicken darf, nicht erforderlich werden, über die allerelementarsten Rechnungsoperationen hinaus irgendwelche mathematische Kenntnisse vorauszusetzen. Das Ziel, dem ich zustrebe, ist, zu zeigen: Auch das geistvolle, für alle Anwendungen unentbehrliche Gesetz der großen Zahlen enthebt uns nicht der Notwendigkeit, die Wahrscheinlichkeit in allen Fällen als Grenzwert der relativen Häufigkeit zu definieren, ja das ganze, von Bernoulli und Poisson abgeleitete Theorem verliert den wesentlichsten Teil seines Inhaltes, eigentlich seinen Sinn überhaupt, wenn wir diese Definition nicht von vornherein annehmen. Nur versteckte Fehlschlüsse, Zirkelschlüsse u. dgl. vermögen es, dem Theorem die Rolle zuzuschreiben, daß es eine Verbindung zwischen der Häufigkeits- und der Gleichmöglichkeitsdefinition bildet.

Neben dem Bernoulli-Poissonschen Satz werden wir auch gleich einen zweiten, der oft als Umkehrung des erstgenannten Theorems bezeichnet wird und den gleichen Zwecken dienen soll, besprechen.

Die Gesetze der großen Zahlen

Unter den vielen schwierigen Fragen, die mit einer rationellen Grundlegung der Wahrscheinlichkeitstheorie verknüpft sind, gibt es in der Tat keine, in der solche Verwirrung herrschte, wie in der Frage nach dem Inhalt und der Bedeutung des „Gesetzes der großen Zahlen" und seiner Beziehung zur Häufigkeitstheorie der Wahrscheinlichkeit. Die meisten Autoren pendeln zwischen den beiden Behauptungen, die Erklärung der Wahrscheinlichkeit eines Ereignisses als Grenzwert der relativen Häufigkeit seines Auftretens postuliere das Poissonsche Gesetz oder sie widerspreche ihm. Keines von beiden trifft zu.

Die beiden verschiedenen Aussagen von Poisson

Die letzte Ursache der Verwirrung liegt bei Poisson selbst, der an verschiedenen Stellen seiner „Recherches sur la probabilité des jugements" (1837), wie schon erwähnt, zwei ganz verschiedene Aussagen mit dem gleichen Namen belegt und wohl auch tatsächlich für gleichbedeutend hält. In der Einleitung des Buches spricht er sich ganz deutlich nach der einen Richtung aus: „Erscheinungen verschiedenster Art sind einem allgemeinen Gesetze unterworfen, das man das ‚Gesetz der großen Zahlen' nennen kann. Es besteht darin, daß, wenn man sehr große Anzahlen von gleichartigen Ereignissen beobachtet, die von konstanten Ursachen und von solchen abhängen, die unregelmäßig, nach der einen und anderen Richtung veränderlich sind, ohne daß ihre Veränderung in einem bestimmten Sinn fortschreitet, man zwischen diesen Zahlen Verhältnisse finden wird, die nahezu unveränderlich sind. Für jede Art von Erscheinungen haben diese Verhältnisse besondere Werte, denen sie sich um so mehr nähern, je größer die Reihe der beobachteten Erscheinungen ist, und die sie in aller Strenge erreichen würden, wenn es möglich wäre, die Reihe der Beobachtungen ins Unendliche auszudehnen." Aus diesen Worten und den anschließenden Ausführungen, die eine Fülle von Erfahrungsmaterial vor dem Leser ausbreiten, geht ganz unzweideutig hervor, daß hier mit „Gesetz der großen Zahlen" eine Beobachtungs- oder Erfahrungstatsache gemeint ist. Die Zahlen, von deren Verhältnissen die Rede ist, sind offenbar die Wiederholungszahlen der einzelnen Ereignisse oder der verschiedenen Ausgangsmöglichkeiten eines Versuches. Tritt ein Ereignis in n Versuchen m-mal ein, so nennen wir den Quotienten $m:n$ die „relative Häufigkeit" seines Auftretens. Hienach ist der Inhalt des von Poisson in seiner Einleitung dargelegten Gesetzes völlig gleichbedeutend mit dem, was ich früher als die „erste Forderung" an ein Kollektiv formuliert habe: Die relative Häufigkeit, mit der ein Ereignis auftritt, nähert sich bei andauernder Fortsetzung der Versuche immer mehr einem festen Wert. Würde man mit „Gesetz der großen Zahlen" immer nur das meinen, was Poisson in seiner Einleitung so bezeichnet hat, so wäre es ganz richtig, zu sagen, daß dieses Gesetz die Erfahrungsgrundlage zum Ausdruck bringt, auf die sich die Definition der Wahrscheinlichkeit als Grenzwert der relativen Häufigkeit stützen muß.

Allein ein großer Teil des Poissonschen Werkes ist der Ableitung und der Besprechung eines bestimmten mathematischen Theorems gewidmet, für das Poisson selbst wieder die Bezeichnung „Gesetz der großen Zahlen" verwendet und das heute zumeist unter diesem Namen, manchmal auch als „Poissonsches Gesetz" schlechthin angeführt wird. Dieses Theorem ist eine gewisse Verallgemeinerung eines schon von Jacob Bernoulli (1713) herrührenden Satzes, den wir in folgender Form aussprechen können: Wenn man einen einfachen Alternativ-Versuch, dessen positives Ergebnis die Wahrscheinlichkeit p besitzt, n-mal wiederholt und mit ε eine beliebig kleine Zahl bezeichnet, so geht die Wahrscheinlichkeit dafür, daß der Versuch mindestens $(pn - \varepsilon n)$-mal und höchstens $(pn + \varepsilon n)$-mal positiv ausfällt, mit wachsendem n gegen Eins. Konkreter: Wenn man 100mal mit einer Münze „Kopf oder Adler" wirft, so gibt es eine gewisse Wahrscheinlichkeit dafür, 49 bis 51mal die „Kopf"seite zu treffen; wirft man 1000mal, so ist die Wahrscheinlichkeit, 490- bis 510mal „Kopf" zu werfen, schon größer; noch näher an Eins liegt die Wahrscheinlichkeit dafür, unter 10000 Versuchen mindestens 4900 und höchstens 5100 „Kopf"-Ergebnisse zu erzielen, usf. Hier ist ersichtlich $p = \frac{1}{2}$ und $\varepsilon = \frac{1}{100}$ gesetzt. Die Poissonsche Erweiterung des Satzes geht nur dahin, daß die Versuchsreihe nicht mit einer Münze und auch nicht mit lauter gleichen ausgeführt werden muß; man darf jedesmal eine andere Münze nehmen, nur müssen die Münzen in ihrer Gesamtheit die Eigenschaft besitzen, daß das arithmetische Mittel aus den n Wahrscheinlichkeiten eines Kopfwurfes den Wert p, in unserem Fall $\frac{1}{2}$, besitzt. Eine noch allgemeinere Fassung des Satzes, die durch Tscheby-

Die beiden verschiedenen Aussagen von Poisson

scheff in besonders einfacher Form abgeleitet wurde, bezieht sich auf den Fall, daß die einfache Alternative („Kopf oder Adler") durch einen Versuch von mehrfacher Ausgangsmöglichkeit ersetzt wird. Für unsere grundsätzliche Erörterung genügt es durchaus, die engste Form, wie sie beim gewöhnlichen Spiel mit einer Münze auftritt, ins Auge zu fassen. Wir fragen: Wie hängt der Inhalt des bewiesenen mathematischen Satzes, den wir der Kürze halber als „Poissonsches Theorem" bezeichnen wollen, mit der Erfahrungstatsache zusammen, die Poisson an die Spitze seiner Betrachtungen gestellt hat? Kann man wirklich behaupten, daß jene Tatsache durch diesen Satz wiedergegeben wird oder daß überhaupt hier durch theoretische Überlegungen etwas abgeleitet wurde, was sich an der Beobachtung prüfen läßt und durch sie bestätigt wird?

Der Standpunkt der Gleichmöglichkeitsdefinition

Um diese Frage zu beantworten, müssen wir davon ausgehen, was Bernoulli und seine Nachfolger unter Wahrscheinlichkeit verstehen. Wenn wir in die Aussage des Poissonschen Theorems für das Wort „Wahrscheinlichkeit" das einsetzen, wodurch die Wahrscheinlichkeit bei Poisson definiert wird, so müssen wir den vollständigen Inhalt des Satzes restlos erfassen. Nun ist, wie wir wissen, die klassische Wahrscheinlichkeitsdefinition dadurch gekennzeichnet, daß sie keinerlei Bezug nimmt auf die Häufigkeit des Auftretens eines Ereignisses, sondern rein formal erklärt: Wahrscheinlichkeit ist der Quotient aus der Anzahl der „günstigen" Fälle durch die Gesamtzahl aller „gleichmöglichen" Fälle. Bei einer normalen Münze ist das Auffallen auf die eine oder andere Seite „gleichmöglich", der eine dieser Fälle ist dem Erscheinen der Kopfseite „günstig", demnach ist die Wahrscheinlichkeit des „Kopf"-Ergebnisses $1/2$. Nach dieser Erklärung, die der Ableitung des Poissonschen Theorems ausschließlich zugrunde liegt, ist der Ausdruck, ein Ereignis habe eine Wahrscheinlichkeit nahe 1, gleichbedeutend mit der Aussage, daß fast alle unter den „gleichmöglichen" Fällen zu den ihm „günstigen" gehören. Führt man mit einer Münze n Würfe aus, so gibt es bei großem n außerordentlich viele Ergebnismöglichkeiten; es können die ersten zehn Würfe „Kopf", die übrigen

„Adler", die ersten zwanzig und die letzten dreißig Würfe „Kopf" zeigen, die übrigen „Adler" usf., in wahrhaft sehr reichhaltiger Abwechslung. Jede dieser Ergebnisreihen muß als „gleichmöglich" gelten, wenn man für die Wahrscheinlichkeit eines „Kopf"-Wurfes, also für die oben mit p bezeichnete Größe, $1/2$ setzt. Wählen wir wieder $\varepsilon = 1/100$, so besagt das Poissonsche Theorem: Unter den sehr vielen Ergebnissen, die bei großem n möglich sind, haben weitaus die meisten die Eigenschaft, daß die Anzahl der in ihnen vorkommenden „Kopf"-Ergebnisse um höchstens $n/100$ nach oben oder unten von $n/2$ abweicht.

Arithmetische Darstellung

Um uns die Aussage noch anschaulicher zu machen, wollen wir uns eine Ergebnisreihe des Spieles mit einer Münze so dargestellt denken, daß wir für die Kopfseite jedesmal eine 1, für die andere eine 0 anschreiben. Auf diese Weise entspricht jeder möglichen Serie von $n = 100$ Würfen eine bestimmte hundertstellige Zahl, mit Nullen und Einsern als einzigen Ziffern. Wenn etwaige Nullen links vom ersten Einser gestrichen werden, stellt auch jede solche Zahl von weniger als hundert Stellen eine Versuchsserie dar. Man kann im Prinzip alle diese Zahlen, von denen jede ein gleichmögliches Ergebnis repräsentiert, nach einem einfachen Schema hintereinander aufschreiben. Die ersten, der Größe nach geordnet, sind

0, 1, 10, 11, 100, 101, 110, 111, 1000, 1001 usw.

(Die Anzahl der so zu bildenden Zahlen ist bei $n = 100$ allerdings enorm groß, gleich 2 zur hundertsten Potenz, etwa eine Million Trillionen). Dabei bedeutet z. B. 101, daß in der Versuchsreihe zuerst 97 Nullen stehen, dann eine Eins, hierauf eine Null, endlich wieder eine Eins folgt. Hätten wir $n = 1000$, so würde die Zahlenreihe, die sämtliche Ergebnismöglichkeiten liefert, in der gleichen Weise beginnen, nur sehr viel länger werden (nämlich 2 hoch 1000 Zahlen umfassen), da man jetzt bis zu 1000 Stellen gehen muß und es würde 101 bedeuten, daß zuerst 997 Nullen kommen, dann der erste Einser usf. Der Poissonsche Satz ist nun nichts als eine Aussage über diese Zahlen, von denen die ersten angeschrieben wurden. Wenn wir alle aus Nullen und Einsern gebildete Zahlen bis zu den 100stelligen nehmen, so weisen etwa 16 v. H. unter ihnen

Arithmetische Darstellung

49 bis 51 Einser auf; wenn wir bis zu den 1000stelligen gehen, so finden wir, daß ein weit größerer Prozentsatz, nämlich rund 47 v. H., unter ihnen 490 bis 510 Einser besitzt. Unter den 10000stelligen Kombinationen von Nullen und Einsern besitzen schon mehr als 95 v. H. zwischen 4900 und 5100 Einser, kaum 5 v. H. entfallen auf solche Kombinationen, bei denen die Zahl der Einser um mehr als $1/_{100}$ von der Hälfte, d. i. von 5000, abweicht. Dieses Verhalten wird bei weiterer Vergrößerung der Stellenzahl immer ausgeprägter. Es wird bei Verwendung der klassischen Wahrscheinlichkeitsdefinition in der Form beschrieben, daß man sagt: die „Wahrscheinlichkeit" der Ergebniszahlen 49 bis 51 sei im ersten Fall 0,16, die analoge im zweiten Fall 0,47, im dritten 0,95. Der Inhalt des Theorems (für $p = 1/_2$), wie es bei Bernoulli und Poisson bewiesen ist, läßt sich, wenn wir $\varepsilon = 0{,}01$ wählen, wie folgt aussprechen: Schreibt man alle aus Nullen und Einsern bestehenden Zahlen der Größe nach geordnet bis einschließlich der n-stelligen auf, so bilden diejenigen unter ihnen, bei denen die Anzahl der Einser mindestens $0{,}49\,n$ und höchstens $0{,}51\,n$ beträgt, eine mit wachsendem n immer stärker werdende Majorität. Diese Aussage ist rein arithmetischer Natur, sie bezieht sich auf gewisse Zahlen, über deren Eigenschaften etwas ausgesagt wird. Mit dem, was bei der ein- oder mehrmaligen Vornahme von 1000 Würfen wirklich geschieht, das heißt, welcher Anordnung von Nullen und Einsern die wirklich eintretenden Versuchsserien entsprechen werden, damit hat das Ganze nichts zu tun. Ein Schluß auf den Ablauf einer Versuchsreihe ist im Rahmen dieses Gedankenganges nicht möglich, weil nach der angenommenen Definition der Wahrscheinlichkeit diese nur etwas über das Verhältnis zwischen der Anzahl der günstigen und ungünstigen Fälle besagt, aber nichts über die Häufigkeit, mit der ein Ereignis eintritt oder ausbleibt.

Man sieht leicht ein, daß sich unsere Betrachtung grundsätzlich auf jeden anderen Fall an Stelle des „Kopf-oder-Adler"-Spieles übertragen läßt: Wenn es sich etwa um das Spiel mit einem „richtigen" Würfel handelt, so treten nur an Stelle der aus Nullen und Einsern bestehenden Zahlen alle n-stelligen Zahlen mit den Ziffern 1 bis 6, und das Theorem besagt, daß bei großem n diejenigen, die ungefähr $n/_6$ Einser enthalten, eine überwiegende Majorität bilden. Wir fassen das bisher Gesagte zusammen:

Solange man mit einem Wahrscheinlichkeitsbegriff arbeitet, der nicht Bezug nimmt auf die Häufigkeit des Eintretens des Ereignisses, führt die mathematische Ableitung von Bernoulli-Poisson-Tschebyscheff zu keiner wie immer gearteten Aussage über den Verlauf einer Versuchsreihe und läßt sich daher in keinen Zusammenhang bringen mit der allgemeinen Erfahrungsgrundlage, von der Poisson ausgegangen war.

Nachträgliche Häufigkeitsdefinition

Wie kam nun aber Poisson dazu, in seiner mathematischen Ableitung eine Bestätigung jenes erfahrungsgemäßen Verhaltens zu sehen, das er in seiner Einleitung als „Gesetz der großen Zahlen" bezeichnet hatte? Die Antwort auf diese Frage kann niemandem schwer fallen, der sie sich einmal stellt. Sie lautet: Poisson hat dem Wort „Wahrscheinlichkeit" am Ende seiner Rechnung eine andere Bedeutung beigelegt als die, die er ihm zu Anfang gegeben hatte. Die Wahrscheinlichkeit $^1/_2$ eines „Kopf"-Wurfes, die in die Rechnung eingeht, soll nur der Quotient der „günstigen" durch die „gleichmöglichen" Fälle sein, aber die Wahrscheinlichkeit nahe 1, die aus der Rechnung hervorgeht und in seinem Satze die entscheidende Rolle spielt, die soll bedeuten, daß das betreffende Ereignis, nämlich das Auftreten von $0,49\,n$ bis $0,51\,n$ „Kopf"-Würfen in einer Serie von n Versuchen, fast immer, bei fast jedem Serienversuch, zu beobachten ist. Niemand kann behaupten, daß eine solche Bedeutungsverschiebung zwischen Beginn und Ende einer Rechnung statthaft wäre. Auch ist es ganz unklar, bei welcher Wahrscheinlichkeitsgröße die Bedeutungsänderung eintreten soll. Darf schon die Wahrscheinlichkeit 0,16 bei 100 Würfen dahin gedeutet werden, daß Serien mit 49 bis 51 „Kopf"-Ergebnissen mit der relativen Häufigkeit 16 v. H. auftreten oder gilt das erst für die Wahrscheinlichkeit 0,95, die bei der Serienlänge 10000 ausgerechnet wurde?

Wenn man die klassische Definition der Wahrscheinlichkeit unbedingt aufrecht erhalten will, so läßt sich die gewünschte Bedeutung des Poissonschen Theorems nur retten, wenn man — als deus ex machina — eine Hilfshypothese etwa folgender Art hinzunimmt: Sobald eine Rechnung für ein Ereignis einen

Wahrscheinlichkeitswert, der nur wenig kleiner als 1 ist, ergeben hat, tritt dieses Ereignis bei fortgesetzten Versuchen fast jedesmal ein. Was ist das aber anderes als eine, wenn auch etwas eingeschränkte, Häufigkeitsdefinition der Wahrscheinlichkeit? Wenn ein Wahrscheinlichkeitswert von 0,999 bedeuten soll, daß das Ereignis fast immer beobachtet wird, warum nicht gleich zugeben, daß 0,50 Wahrscheinlichkeit heißt: das Ereignis trifft in der Hälfte aller Fälle ein? Freilich muß diese Festsetzung noch präzisiert werden und damit allein ist es auch noch nicht getan. Man muß erst zeigen, daß aus einer entsprechend präzisierten Häufigkeitsdefinition der Wahrscheinlichkeit sich der Poissonsche Satz ableiten läßt; der Gedankengang des klassischen Beweises wird sich dabei in entscheidenden Punkten ändern. Das Verfahren aber, nach der Ableitung eines Satzes einem darin vorkommenden Ausdruck eine neue Deutung zu geben, ist sicher nicht zulässig. Wir stellen nochmals fest: Nur, wenn die Wahrscheinlichkeit in irgend einer Form als Häufigkeit des Ereigniseintrittes erklärt wird, läßt sich das Ergebnis der Poissonschen Rechnung überhaupt in Beziehung setzen zu dem, was Poisson in der Einleitung seines Buches als „Gesetz der großen Zahlen" bezeichnet.

Der Inhalt des Poissonschen Theorems

Nun wird man aber mit Recht folgenden Einwand machen: Wenn man die Wahrscheinlichkeit eines „Kopf"-Wurfes als den Grenzwert der relativen Häufigkeit, mit der „Kopf" fällt, definieren will, muß man voraussetzen, daß es einen solchen Grenzwert gibt, mit anderen Worten, man muß das „Gesetz der großen Zahlen" der Poissonschen Einleitung von vornherein als gültig annehmen. Welchen Zweck kann es dann noch haben, durch mühsame Rechnung den Weg zu einem Theorem zu bahnen, das doch nur dasselbe aussagt, was schon als gültig vorausgesetzt wurde? Darauf antworten wir: Der Satz, der als Resultat der mathematischen Deduktion von Bernoulli-Poisson-Tschebyscheff erscheint, sagt, wenn man erst einmal die Häufigkeitsdefinition der Wahrscheinlichkeit angenommen hat, ungleich mehr aus, als die bloße Existenz eines Grenzwertes, er ist sehr viel inhaltsreicher als das in der Poissonschen Einleitung ausgesprochene „Gesetz der großen Zahlen". Sein wesentlicher Inhalt ist dann eine bestimmte Aussage über die Anordnung etwa der „Kopf"-und-„Adler"-Würfe bei unbegrenzt fortgesetztem Spiel. Man kann ohne Schwierigkeit Erscheinungsreihen angeben, für die das zutrifft, was Poisson in seiner Einleitung als kennzeichnend ausspricht, ohne daß für sie das Poissonsche Theorem Geltung hätte. Um dies einzusehen, wollen wir eine ganz bestimmte Versuchsfolge betrachten, die tatsächlich die Eigenschaft besitzt, daß die relative Häufigkeit des positiven Ergebnisses sich dem Wert $1/2$ nähert, wie dies beim „Kopf-oder-Adler"-Spiel der Fall ist, für die aber der Poissonsche Satz nicht zu Recht besteht. Selbstverständlich ist das eine Versuchsreihe, auf die niemand, der ihre Eigenschaften kennt, die Wahrscheinlichkeitsrechnung anwenden wird. Aber unser Ziel ist ja nur, zu zeigen, daß durch das Poissonsche Theorem den Beobachtungsfolgen, die in der Wahrscheinlichkeitsrechnung betrachtet werden, eine besondere, für sie typische Eigenschaft zugeschrieben wird.

Ein Gegenbeispiel

Wir nehmen als Versuchsobjekt eine Quadratwurzeltafel, d. i. eine Tabelle, die zu den aufeinanderfolgenden ganzen Zahlen 1, 2, 3, ... in inf. die Werte ihrer Quadratwurzeln etwa auf sechs oder mehr Dezimalstellen genau angibt. Unsere Aufmerksamkeit lenken wir ausschließlich auf die Ziffer, die jedesmal an der sechsten Stelle hinter dem Komma steht, und wollen als „positives" Versuchsergebnis, das wir auch mit einer „1" bezeichnen, den Fall ansehen, daß die fünfte Ziffer eine 5, 6, 7, 8 oder 9 ist. Mit Null oder als „negatives" Versuchsergebnis sei der Fall bezeichnet, daß die Quadratwurzel einer Zahl an sechster Stelle eine 0, 1, 2, 3 oder 4 aufweist. Auf diese Art erhalten wir als Ergebnis der ganzen Beobachtungsreihe eine Folge von Nullen und Einsern, die in bestimmter Weise abwechseln. Wenn auch jede reale Tafel naturgemäß bei irgend einer Zahl abbrechen muß, macht es keine Schwierigkeit, die Folge der Nullen und Einser sich unbeschränkt fortgesetzt zu denken. Es ist plausibel und läßt sich mathematisch exakt beweisen, daß in dieser Folge die relative Häufigkeit sowohl der Nullen wie der Einser den Grenzwert $1/2$ besitzt. Ja es gilt der noch etwas allgemeinere Satz, daß an der sechsten Stelle der

Quadratwurzeln jede der zehn Ziffern 0 bis 9 mit der Häufigkeit $1/10$ in der unendlichen Reihe auftritt. Nun aber wollen wir sehen, ob das Verhalten unserer Folge von Nullen und Einsern etwa auch dem entspricht, was das Poissonsche Theorem fordert. Darnach müßte, wenn man nur eine genügend große Serienlänge n wählt, in der unendlichen Folge fast jede Serie von n Ziffern ungefähr zur Hälfte aus Nullen und ungefähr zur Hälfte aus Einsern bestehen.

Der Anfang der Tafel weist in der Tat ein derartiges Bild auf, wovon man sich leicht überzeugt, wenn man etwa die Anzahl der auf einer Seite stehenden Zahlen zur Serienlänge wählt und dann feststellt, wie oft eine Ziffer kleiner oder gleich 4 an sechster Stelle sich findet. Aber wie es weiter geht, wenn man sich die Tafel über das tatsächlich Gedruckte hinaus fortgesetzt denkt, das muß uns eine kleine Rechnung lehren. Wir benützen dabei die leicht zu erweisende Formel, nach der die Quadratwurzel aus dem Ausdruck $a^2 + 1$, wenn a sehr groß gegen 1 ist, ungefähr $a + 1/2a$ ist. Setzen wir etwa a gleich einer Million, also a^2 gleich einer Billion, so sehen wir, daß die Quadratwurzel, wenn man in der Tafel von $a^2 = 10^{12}$ um eine Zeile fortschreitet, sich nur um $\frac{1}{2} 10^{-6}$, d. i. um eine halbe Einheit der sechsten Stelle, ändert. Erst wenn man ungefähr zehn Schritte gemacht hat, erhöht sich der Wurzelwert um fünf Einheiten der sechsten Stelle. Dies bedeutet, daß in der Gegend der Tafel, in der a ungefähr eine Million beträgt, unsere Folge von Nullen und Einsern regelmäßige Iterationen etwa der Länge 10, und zwar abwechselnd solche von 10 Nullen und von 10 Einsern, aufweisen muß. Gehen wir noch weiter, z. B. bis a gleich hundert Millionen, so lehrt die gleiche Überlegung, daß jetzt abwechselnde Iterationen der ungefähren Länge 1000, von Nullen und Einsern, auftreten werden usf.

Die Struktur der aus der Quadratwurzeltafel hervorgegangenen Folge von Nullen und Einsern ist also eine ganz andere als die, die in Übereinstimmung mit allen Erfahrungen das Poissonsche Theorem für eine solche Folge fordert, die das Ergebnis eines fortgesetzten „Kopf-oder-Adler"-Spieles darstellt. Nur in ihren ersten Anfängen zeigt sie eine scheinbare Regellosigkeit, im weiteren Verlauf besteht sie aus regelmäßigen Iterationen von langsam, aber unbeschränkt wachsender Länge. Der Widerspruch gegen das Poissonsche Theorem liegt auf der Hand. Wählen wir ein noch so großes festes n (z. B. $n = 1000$) als Serienlänge, so wird, wenn man nur genügend weit fortschreitet (etwa bis $a = 100$ Millionen), die Länge der Iterationen größer als n. Es werden von da an fast **alle** Serien aus lauter Nullen oder lauter Einsern bestehen, während nach dem Poissonschen Theorem fast alle annähernd zur Hälfte aus Nullen und zur Hälfte aus Einsern zusammengesetzt sein sollten. Man sieht, daß hier, im Falle der Quadratwurzeln, der Häufigkeits-Grenzwert $\frac{1}{2}$ nur dadurch zustandekommt, daß immer annähernd **gleich viel Serien lauter Nullen** bzw. **lauter Einser** enthalten, während im Falle eines Glücksspieles der Ausgleich zwischen Nullen und Einsern schon annähernd **innerhalb jeder oder fast jeder Serie** erfolgt.

Unzulänglichkeiten

Man könnte dies Beispiel nebenbei dazu benutzen, um zu zeigen, wie kritiklos auch manche Mathematiker Fragen der Wahrscheinlichkeitsrechnung behandeln. In fast jedem Lehrbuch finden sich als Beispiele für die Anwendung der Lehrsätze der Wahrscheinlichkeitsrechnung Zahlenfolgen der eben besprochenen Art angeführt, die diesen Lehrsätzen direkt widersprechen und den Voraussetzungen einer wahrscheinlichkeitstheoretischen Betrachtung schon ihrer Herkunft nach nicht genügen können. Gar nicht zu reden von dem durch Poincaré aufgebrachten Beispiel der Logarithmentafel, in dem — wenn man richtig rechnet — sich zeigt, daß nicht einmal der Grenzwert der relativen Häufigkeit vorhanden ist. Von den Klassikern der Wahrscheinlichkeitsrechnung Bernoulli, Poisson, Laplace rühren auch zahlreiche rein analytische Sätze aus dem Gebiete der Reihenlehre, der Integralrechnung usf. her, deren hohen Wert im Rahmen der historischen Entwicklung der Analysis niemand anzweifeln wird. Trotzdem denkt kein Mathematiker daran, heute diese Sätze in ihrer alten Form unverändert aufrecht zu erhalten. Dies verbietet sich schon dadurch, daß in der Analysis alle grundlegenden Definitionen, die erst einen sicheren systematischen Aufbau ermöglichen, in der Zwischenzeit ganz andere geworden sind. So selbstverständlich dieses Verhalten der Analytiker erscheint, so erstaunlich ist es, mit welch vollendeter Kritiklosigkeit Mathematiker ersten Ranges von heute an der überlieferten Fassung des

Bernoullischen oder Poissonschen Theorems einschließlich ihrer historischen Ableitungen immer wieder festzuhalten suchen, obgleich hier dieselben Zirkelschlüsse, Vertauschungen von Grenzübergängen und ähnliche Fehler vorliegen, wie sie aus der Analysis längst ausgemerzt worden sind. Das Beispiel der aus der Quadratwurzeltafel hervorgegangenen Null- und Eins-Folge lehrt uns, daß es Erscheinungsreihen gibt, in denen die relativen Häufigkeiten der einzelnen Ergebnismöglichkeiten bestimmte Grenzwerte besitzen, ohne daß zugleich auch das Poissonsche Theorem gültig wäre. Damit wird vor allem der häufig wiederholte Einwand entkräftet, wonach mit der Annahme der Häufigkeitsdefinition der Wahrscheinlichkeit schon das Bestehen dieses Theorems postuliert würde (G. Pólya). Noch unbegründeter ist es, zu behaupten, mit der Annahme, daß die relative Häufigkeit einen Grenzwert besitzt, sehe man das als „sicher" an, was nach dem Poissonschen oder Bernoullischen Satz nur als „höchst wahrscheinlich" gelten kann (H. Weyl). Als eine Sonderbarkeit neueren Datums sei auch noch der Versuch angeführt, aus der Existenz des Grenzwertes und dem Bestehen des Bernoulli-Poissonschen Satzes einen neuen Begriff des „stochastischen Grenzüberganges" zusammenzubrauen (E. Slutsky). Alle diese Verirrungen entstehen daraus, **daß man von der klassischen Wahrscheinlichkeitsdefinition ausgeht, die nichts mit dem Erscheinungsablauf zu tun hat, und sich nachträglich einer Ausdrucksweise bedient, die auf diesen Ablauf Bezug nimmt** („es ist mit Sicherheit zu erwarten, daß ....").

Richtige Ableitung

Es ist jetzt klargestellt, daß das von Poisson im vierten Kapitel seines Buches abgeleitete Theorem, wenn man den Wahrscheinlichkeitsbegriff als Häufigkeitsgrenzwert auffaßt, eine wertvolle Aussage enthält, die über die Anordnung der Versuchsergebnisse, wie sie in einer lange fortgesetzten Versuchsreihe zu erwarten ist, einigen Aufschluß gibt. Die Frage ist aber noch offen, und zwar ist dies die letzte von uns zu erörternde, ob man überhaupt das Poissonsche Theorem noch mathematisch beweisen kann, wenn man die Häufigkeitsdefinition der Wahrscheinlichkeit zugrunde legt. Dazu ist zu bemerken, daß ein Satz, der etwas über die Wirklichkeit aussagen soll, nur dann mathematisch ableitbar ist, wenn man an die Spitze der Ableitung bestimmte, der Erfahrung entnommene Ausgangssätze, sogenannte Axiome stellt. In unserem Fall besteht das eine dieser Axiome, wie aus allem bisherigen hervorgeht, in der Annahme, daß innerhalb der von der Wahrscheinlichkeitsrechnung zu behandelnden Erscheinungsreihen die relativen Häufigkeiten der einzelnen Ereignisse Grenzwerte besitzen. Dies ist nichts anderes als der allgemeine Erfahrungssatz, den Poisson in seiner Einleitung als „Gesetz der großen Zahlen" bezeichnet und den er — mit Unrecht — im vierten Kapitel seines Buches bewiesen zu haben glaubt. Aber mit diesem einen Axiom allein ist es nicht getan. Man muß die Erscheinungsreihen, auf die sich die wahrscheinlichkeitstheoretische Betrachtungsweise erstrecken soll, abgrenzen gegen diejenigen, die, wie die früher behandelte Quadratwurzeltafel, infolge einer ihnen innewohnenden Gesetzmäßigkeit sich dieser Art der Betrachtung entziehen. Dazu dient die von uns ausführlich besprochene Forderung der „Regellosigkeit" oder wie wir es auch anschaulicher bezeichnet haben, das „Prinzip vom ausgeschlossenen Spielsystem". Unter Zugrundelegung dieser beiden Eigenschaften des Kollektivs erhält man durch eine Reihe von rein mathematischen Schlüssen, auf die hier nicht näher eingegangen werden kann, das Poissonsche Theorem, und zwar gleich mit dem Sinn, den Poisson haben wollte (ohne daß seine Ableitung dazu führte), nämlich als eine Aussage über den tatsächlichen Ablauf der Erscheinungen. Es erweist sich eben als eine spezielle Konsequenz aus der vollständigen Regellosigkeit einer Folge, daß bei Betrachtung genügend langer Serien ein statistischer Ausgleich schon innerhalb fast jeder Serie mit großer Annäherung stattfindet. Man versteht, daß das Vorhandensein eines solchen Gesetzes die empirische Feststellung der Grenzwerte der relativen Häufigkeit außerordentlich erleichtert. Ja vielleicht wären wir praktisch nie zur Erkenntnis der ersten Eigenschaft des Kollektivs gelangt, wenn nicht infolge der Regellosigkeit eben das Poissonsche Theorem bestünde, wonach sich der Grenzwert annähernd in fast jeder längeren Beobachtungsserie finden muß. Aber dieser praktische Zusammenhang kann das logische Verhältnis der einzelnen Sätze nicht verwischen, das

Zusammenfassung

wir hier aufzuklären versucht haben und noch in folgenden kurzen Formulierungen zum Ausdruck bringen wollen:

Zusammenfassung

1. Was Poisson in der Einleitung seines Buches als „Gesetz der großen Zahlen" bezeichnet, ist die Feststellung der Erfahrungstatsache, daß bei gewissen Erscheinungsreihen die relative Häufigkeit des Auftretens eines Ereignisses sich bei unbeschränkt fortgesetzter Beobachtung einem bestimmten Grenzwert nähert. Diese Feststellung wird unmittelbar in unserer „ersten Forderung" an ein Kollektiv zum Ausdruck gebracht.

2. Hält man an der klassischen Wahrscheinlichkeitsdefinition fest, so liefert der mathematische Satz, den Poisson im vierten Kapitel seines Buches ableitet und wieder als „Gesetz der großen Zahlen" bezeichnet, keinerlei Aussage über den Ablauf einer Erscheinungsreihe, läßt sich daher auch in keinerlei Beziehung zu der in 1. genannten Erfahrungstatsache setzen, sondern enthält lediglich eine Bemerkung rein arithmetischer Natur.

3. Nimmt man, gestützt auf den Erfahrungssatz von 1. die Definition an, Wahrscheinlichkeit eines Ereignisses sei der Grenzwert der relativen Häufigkeit seines Eintretens, so bedeutet der Satz von Kapitel 4 des Poissonschen Buches eine ganz bestimmte Aussage über den Erscheinungsablauf, die aber nicht zusammenfällt mit dem Erfahrungssatz der Poissonschen Einleitung, sondern mehr besagt, im wesentlichen etwas über die Art der Abwechslung zwischen positiven und negativen Versuchsergebnissen: daß bei Betrachtung genügend langer Erscheinungsserien innerhalb fast jeder von ihnen schon ein annähernder Ausgleich der verschiedenen Ergebnismöglichkeiten stattfindet.

4. Will man das Poissonsche Theorem im Sinne der Häufigkeitsdefinition der Wahrscheinlichkeit richtig ableiten, so muß man außer auf den Erfahrungssatz von der Existenz der Grenzwerte sich auf einen weiteren stützen, der die vollständige „Regellosigkeit" in dem Ablauf der betrachteten Erscheinungen feststellt und in unserer „zweiten Forderung" an ein Kollektiv zum Ausdruck gebracht ist.

Nach dieser Klarstellung bleibt noch die terminologische Frage offen, was man zweckmäßigerweise als „Gesetz der großen

Zahlen" bezeichnen soll. Ich möchte vorschlagen, diesen Namen dem Theorem vorzubehalten, dessen erste Ableitung man Bernoulli und Poisson verdankt, dagegen den in der Poissonschen Einleitung dargelegten Tatbestand als den Erfahrungssatz oder das Axiom von der Existenz der Grenzwerte zu bezeichnen.

Eine zweite „Brücke"

Auf keinen Fall aber kann man — und dies ist das Ergebnis, um dessentwillen alle diese Ausführungen vorgebracht wurden — in dem „Gesetz der großen Zahlen" etwas finden, was uns erspart, die Definition der Wahrscheinlichkeit auf die Häufigkeit des Ereigniseintrittes zu stützen und was einen Übergang von der Gleichmöglichkeitsdefinition zur Betrachtung wirklicher Erscheinungsabläufe gestattet. Ich könnte jetzt das Gebiet allgemeiner mathematischer Untersuchung endgültig verlassen und mich einigen Schlußfolgerungen über die Anwendung der Theorie zuwenden, gäbe es nicht noch eine zweite, der Bernoulli-Poissonschen ähnliche Gedankenbildung, deren sich die klassische Wahrscheinlichkeitsrechnung oft als Krücke zu ähnlichem Zwecke bedient. Es handelt sich da um das manchmal auch als „Umkehrung" des Bernoullischen Satzes bezeichnete Bayessche Theorem. Viele Autoren behaupten, daß dieses Theorem und nicht das Bernoullische es sei, das eine Gleichsetzung der auf Grund der Gleichmöglichkeitsdefinition errechneten Wahrscheinlichkeiten und der beobachteten Häufigkeiten legitimiert. Ich werde diese Frage nicht mit der gleichen Ausführlichkeit behandeln wie die frühere, da die grundsätzlichen Überlegungen vielfach parallel laufen und man nach dem bisher Gesagten kaum erwarten kann, daß eine „Umkehrung" des von uns eingehend erörterten Theorems plötzlich das Wunder leisten sollte, das von jenem vergeblich erhofft wird. Es wird für unsere Zwecke vollständig genügen, wenn ich den wesentlichen Inhalt des Bayesschen Theorems, so wie er sich nach Annahme der Häufigkeitsdefinition darstellt, erkläre. Das, was ich dabei fortlasse, ist nur der explizite Nachweis dafür, daß man von der klassischen Definition aus eben auch hier nur einen Satz von formal-arithmetischer Bedeutung, niemals aber eine Aussage über den wirklichen Erscheinungsablauf gewinnen kann.

Das Bayessche Problem

Man gelangt am leichtesten zum Verständnis des Bayesschen Problems, wenn man von einer Kombination der Würfel- und der Lotterieaufgabe ausgeht. Wir denken uns eine Urne mit sehr vielen, kleinen Würfeln oder würfelähnlichen Körpern gefüllt, die wir kurz „Steine" nennen wollen. Jeder solche Körper habe sechs ebene, mit den Ziffern 1 bis 6 beschriebene Seitenflächen, auf die er — aus einem Becher ausgespielt — auffallen kann. Dabei sollen die einzelnen Steine materiell recht verschieden beschaffen sein, so daß einige „richtige Würfel" sich unter ihnen befinden, für die die Wahrscheinlichkeit, die Zahl 6 zu zeigen, gerade $1/6$ ist, während die übrigen je eine bestimmte, mehr oder weniger von $1/6$ abweichende Wahrscheinlichkeit des Ergebnisses „6" aufweisen. Diese Wahrscheinlichkeit, die natürlich für jeden der Körper durch eine Versuchsreihe bestimmt werden kann, wollen wir kurz mit dem Buchstaben x bezeichnen, so daß jeder in der Urne liegende Stein durch seinen x-Wert charakterisiert wird. Das Kollektiv, das wir nun zu betrachten haben, hat zum Element den folgenden Versuchsvorgang: Es wird aus der Urne nach gehöriger Durchmischung des Inhaltes ein Stein gezogen, in einen Becher getan und dann wird dieser Stein eine bestimmte Anzahl, sagen wir n-mal, ausgespielt; als Ergebnis dieses ganzen Versuches, als Beobachtungsresultat oder als Merkmal des jetzt definierten Kollektivs wird einerseits der x-Wert des gezogenen Steines, anderseits der Quotient angesehen, den man erhält, wenn man die Anzahl der beobachteten Sechser-Würfe (n_1) durch die Gesamtzahl n der Wiederholungen dividiert. Wir haben demnach ein zweidimensionales Kollektiv vor uns, dessen Merkmal ein Wertepaar ist, nämlich die Zusammenfassung der Werte x und $n_1 : n$. Die Verteilung innerhalb dieses Kollektivs, also die Wahrscheinlichkeit dafür, einen vorgegebenen Wert von x und zugleich einen solchen von $n_1 : n$ zu bekommen, rechnet sich nach der Verbindungsregel als ein Produkt zweier Faktoren. Der erste Faktor ist die Wahrscheinlichkeit $v(x)$, die dafür besteht, beim Ziehen aus der Urne einen Stein zu ziehen, dem die Wertziffer x zukommt, der zweite ist die Wahrscheinlichkeit dafür, daß ein Ereignis, das die Einzelwahrscheinlichkeit x besitzt, in n Wiederholungen n_1-mal eintritt. Wie der zweite Faktor aus seinen Bestimmungsstücken x, n und n_1 zu rechnen ist, das lehrt die elementare Wahrscheinlichkeitsrechnung. Wir brauchen uns hier um den formelmäßigen Ausdruck, der übrigens schon Newton bekannt war, nicht weiter zu kümmern, es genügt für uns zu wissen, daß es eine solche Funktion — wir bezeichnen sie mit $w(x, n, n_1)$ — gibt. Nach der Regel, die wir für den Fall der Verbindung zweier Kollektivs kennengelernt haben, hat die Wahrscheinlichkeit dafür, einen Stein mit dem Kennzeichen x aus der Urne zu ziehen und dann bei n-maligem Ausspielen genau n_1 Sechser zu erzielen, die Größe des Produktes $v(x) \cdot w(x, n, n_1)$. Wenn wir die Wiederholungszahl n als fest gegeben ansehen, können wir diese Größe als eine Funktion von x und von $n_1 : n$ betrachten und für sie etwa $f(x, n_1/n)$ schreiben.

Zu der Fragestellung, die dem Bayesschen Problem entspricht, gelangen wir jetzt, indem wir auf das eben betrachtete, durch eine Verbindung entstandene Kollektiv noch die Operation der Teilung anwenden. Erinnern wir uns daran, was „Teilung" bedeutete; in dem einfachsten Würfelbeispiel war es die Frage: Wie groß ist die Wahrscheinlichkeit des Wurfes „2", wenn man schon weiß, daß es sich um den Wurf einer geraden Zahl handelt? Es werden da aus der Gesamtheit aller Würfe diejenigen „abgeteilt", deren Merkmal geradzahlig ist. Bei der jetzt in Rede stehenden Aufgabe soll folgende Teilung durchgeführt werden: Wenn man schon weiß, daß in den n Wiederholungen des Ausspielens n_1-mal die Sechs erschienen ist, wie groß ist dann die Wahrscheinlichkeit dafür, daß der aus der Urne gezogene Stein (mit dem die Würfe ausgeführt wurden) das Kennzeichen x besitzt, also ein solcher ist, für den die Wahrscheinlichkeit der Sechs gerade x beträgt? Abgeteilt und zurückbehalten werden somit diejenigen Elemente, deren zweites Merkmal $n_1 : n$ einen bestimmten Wert, sagen wir $n_1 : n = a$, besitzt. Nach der Teilungsregel, die wir kennengelernt haben, muß man, um die gesuchte Endwahrscheinlichkeit zu erhalten, die (früher als Produkt zweier Faktoren gefundene) Anfangswahrscheinlichkeit $f(x, a)$ durch die Summe aller Wahrscheinlichkeiten, die den zurückbehaltenen Merkmalen entsprechen, dividieren. Zu summieren sind hierbei alle $f(x, a)$ für sämtliche x-Werte bei gegebenem a. Das Ergebnis der Summierung ist eine Funktion $F(a)$ von a allein und das schließliche Ergebnis der Division $f(x, a) : F(a)$

ist eine Funktion der beiden Veränderlichen x und a, die, in der üblichen Ausdrucksweise die „a-posteriori-Wahrscheinlichkeit" der Größe x bei gegebenem a zum Ausdruck bringt.

Die Wahrscheinlichkeit der „Ursachen"

Ich habe hier vielleicht zu ausführlich den ganzen Vorgang der Kollektiv-Ableitung für die Bayessche Fragestellung beschrieben und es ist für unsere Zwecke gewiß nicht notwendig, ihn in allen Einzelheiten genau zu verfolgen. Es kam mir nur darauf an, möglichst deutlich zu zeigen, daß es sich da um eine durchaus normale Aufgabe der Wahrscheinlichkeitsrechnung handelt, die sich ohneweiters in den Rahmen fügt, den ich an früherer Stelle ganz allgemein für das Gesamtgebiet der Wahrscheinlichkeitsrechnung abgesteckt habe: Aus gegebenen oder als gegeben angenommenen Kollektivs werden neue durch Zusammensetzung und Kombination der vier Grundoperationen abgeleitet. Wie ich schon bei Besprechung der Teilung im zweiten Kapitel meines Vortrages erwähnt habe, muß ich aus bestimmten Gründen besonderen Wert darauf legen, diese „Normalität" des Bayesschen Problems zu betonen. Denn fast alle Lehrbücher scheinen sich darüber einig zu sein, daß in der Fragestellung von Bayes eine ganz besondere Art von Wahrscheinlichkeit gemeint sei, eine „Wahrscheinlichkeit der Ursachen oder Hypothesen", die grundsätzlich verschieden wäre von der „Wahrscheinlichkeit der Ereignisse", mit der man es sonst zu tun habe. Es ist allerdings nicht schwer, das Wort „Ursache" in die Formulierung der Aufgabe hineinzubringen. Man sagt eben, das Erscheinen von n_1 Sechsern in n Versuchen habe zur „Ursache" das Bestehen der Wahrscheinlichkeit x für ein Sechser-Ergebnis bei dem verwendeten Würfel. Da nach der Wahrscheinlichkeit verschiedener x-Werte gefragt wird, kann man dann sagen, es werde die Wahrscheinlichkeit verschiedener Ursachen untersucht. Aber das ist nur ein Leerlauf von Worten. Gerechnet werden kann nur die Wahrscheinlichkeit innerhalb des wohl abgegrenzten Kollektivs, dessen Elemente die früher genau beschriebenen Einzelvorgänge sind: Ziehen eines Steines aus der Urne und darauffolgendes n-maliges Ausspielen des gezogenen Steines aus einem Becher unter Abzählung der dabei auftretenden Sechser-Ergebnisse.

Das Bayessche Theorem

Nun komme ich erst dazu, auseinanderzusetzen, was man unter dem Bayesschen Theorem versteht. Es ist das die Feststellung einer ganz bestimmten Eigenschaft jener Verteilungsfunktion $f(x, a) : F(a)$, auf die unsere frühere Überlegung geführt hat. Natürlich übergehe ich die mathematische Ableitung, die uns diese Eigenschaft kennen lehrt und teile nur das Ergebnis mit, genau so, wie ich es beim Bernoulli-Poissonschen Theorem gemacht habe, mit dem das jetzt zu besprechende gewisse Ähnlichkeit besitzt. Es zeigt sich, um es zunächst nur ungenau auszusprechen, daß, wenn die Zahl n sehr groß gewählt wird, die Wahrscheinlichkeiten aller x-Werte, die erheblich von a abweichen, sehr klein ausfallen und daß die x-Werte, die nahe a gelegen sind, zusammen fast die Wahrscheinlichkeit 1 für sich besitzen. Mit anderen Worten: Es ergibt sich als sehr wahrscheinlich, daß der Stein, mit dem man unter n Würfen $n_1 = a\,n$ Sechser geworfen hat, ein solcher ist, für den die Wahrscheinlichkeit x, eine Sechs zu werfen, wenig von a verschieden ist. Bedenkt man, daß $a = n_1 : n$ die relative Häufigkeit der „6" unter den n Würfen ist, so erkennt man, daß das Theorem wieder einen Zusammenhang zwischen der relativen Häufigkeit innerhalb einer Serie von n Versuchen und der Wahrscheinlichkeit herstellt. Da die Wahrscheinlichkeit der Sechs für einen bestimmten Würfel sich als relative Häufigkeit bei unbeschränkt ausgedehnter Versuchsreihe ergibt, kann man den Satz auch so aussprechen: Hat sich bei n Versuchen mit einem Würfel die Sechs mit der relativen Häufigkeit a gezeigt, so ist, wenn n groß ist, fast mit Sicherheit zu erwarten, daß bei unbegrenzter Fortsetzung der Versuche mit dem gleichen Würfel sich eine nur wenig von a verschiedene relative Häufigkeit ergeben wird. Dabei heißt natürlich „fast mit Sicherheit zu erwarten" nur dies: Wenn man den ganzen Vorgang, Ziehen eines Steines aus der Urne, n-maliges Ausspielen und (praktisch) unbeschränkte Fortführung der Versuche, sehr oft wiederholt, dann wird in der überwiegenden Mehrheit der Fälle das Vorausgesagte eintreten, nämlich annähernde Gleichheit zwischen der nach n Versuchen und der am Ende festgestellten relativen Häufigkeit.

Bevor ich die Bedeutung dieses Satzes näher erörtere, muß ich etwas zu seiner mathematischen Präzisierung sagen und die Voraussetzungen, unter denen er gilt, etwas einschränken. Wir haben zunächst angenommen, daß sich in der Urne sehr viele Steine mit verschiedenen x-Werten befinden. Hierbei ist x, die Wahrscheinlichkeit, mit einem Stein die Zahl „6" zu werfen, sinngemäß eine zwischen 0 und 1 gelegene Größe. Wie das Mischungsverhältnis der verschiedenen x in der Urne beschaffen ist oder die Verteilung $v(x)$ aussieht, die die Wahrscheinlichkeit, einen Stein mit bestimmtem x zu ziehen, angibt, das ist in weitem Maße für das Bestehen des Bayesschen Theorems gleichgültig. Nur eines müssen wir voraussetzen: Die überhaupt vorkommenden x-Werte müssen hinreichend dicht beieinander liegen, damit, wenn wir eine feste Umgebung oder eine „Nähe" der Zahl a ins Auge fassen, immer mindestens einer dieser x-Werte hineinfällt. Bequemer für eine kurze mathematische Formulierung und auch mit den wirklichen Anwendungsfällen in bester Übereinstimmung ist es, sich vorzustellen, daß die Verteilung der x eine stetige, oder wie wir dies schon nannten, eine **geometrische** ist. Es bedeutet dann $v(x)$ die **Wahrscheinlichkeitsdichte** an der Stelle x und es ist ein wesentliches Ergebnis der mathematischen Ableitung, daß der im Bayesschen Theorem zum Ausdruck kommende Sachverhalt unabhängig davon ist, ob $v(x)$ eine Gleichverteilung darstellt oder eine beliebige andere Verteilung. Der mathematisch präzisierte Satz lautet: **Wenn in n Versuchen mit einem Würfel die Sechs mit der relativen Häufigkeit a erschienen ist und ε eine beliebig kleine positive Zahl bezeichnet, so geht die Wahrscheinlichkeit dafür, daß der Grenzwert der relativen Häufigkeit der Sechs bei unbeschränkt fortgesetzten Versuchen zwischen $a-\varepsilon$ und $a+\varepsilon$ liegt, mit wachsendem n gegen 1, gleichgültig wie die (sogenannte „a priori-") Wahrscheinlichkeit, einen Würfel mit einer bestimmten Wahrscheinlichkeit der Sechs zu erfassen, verteilt ist.**

Wie man etwa den Fall, der einer stetigen Verteilung der x-Werte in der Urne entspricht, sich realisiert vorstellen kann, ist leicht einzusehen. Man denke sich aus der Gesamtheit, sagen wir, aller bisher hergestellten Elfenbeinwürfel einer bestimmten Größe einen beliebigen herausgegriffen. Es ist dann anzunehmen, daß für ihn eine Wahrscheinlichkeit x, die Zahl „6" zu zeigen, besteht. Dieses x wird um so näher an $1/6$ liegen, je „richtiger" der Würfel ist, aber von vornherein ist x nicht auf irgendwelche ausgewählte Zahlenwerte (etwa auf ganze Vielfache von $1/100$ oder $1/1000$) beschränkt, sondern kann jeden in den Bereich 0 bis 1 fallenden Wert annehmen. Es ist dann die Vorstellung zulässig — Näheres darüber wird bei Besprechung der Fehlertheorie zu sagen sein —, daß es eine Wahrscheinlichkeitsdichte $v(x)$ gibt, durch die die Wahrscheinlichkeit jedes Teilbereiches von x-Werten bestimmt wird, nämlich die relative Häufigkeit, mit der bei genügend oft wiederholter Würfelauswahl solche Würfel auftreten, deren x in den betreffenden Teilbereich fällt. Damit sind die Voraussetzungen erfüllt, unter denen das Bayessche Theorem streng gültig ist. Wir wollen nun einen Augenblick noch dabei verweilen, seinen Inhalt näher zu betrachten und gegenüber dem früher besprochenen Gesetz der großen Zahlen abzugrenzen.

Das Verhältnis des Bayesschen zum Poissonschen Theorem

Ich habe schon erwähnt, daß ich nicht ausführlich darauf eingehen will, zu zeigen, wie auch das Bayessche Theorem gleich dem Bernoulli-Poissonschen auf eine Aussage rein arithmetischer Natur, ohne Bezug auf den wirklichen Ablauf irgend welcher Erscheinungen, zusammenschrumpft, wenn man die darin auftretenden Wahrscheinlichkeitsgrößen nicht als relative Häufigkeiten, sondern als Quotienten günstiger durch gleichmögliche Fälle deutet. Will man von der Gleichmöglichkeitsdefinition ausgehend irgend etwas aussagen, was sich auf die zu erwartenden Tatsachen oder Vorgänge bezieht, so muß man, genau wie früher, einmal die Hypothese einschmuggeln: Was rechnungsmäßig mit einer nahe 1 gelegenen Wahrscheinlichkeit eintreffen soll, das geschieht „fast immer", d. h. in der überwiegenden Mehrheit der Versuche. Damit hat man aber, zumindest in beschränktem Umfang, die Häufigkeitsdefinition eingeführt und steht noch vor der Schwierigkeit, am Ende der Untersuchung einen anderen Wahrscheinlichkeitsbegriff benützen zu müssen als zu Anfang.

Wichtiger erscheint es, den Inhalt des Bayesschen Theorems, unter Voraussetzung der von vornherein zugrunde gelegten Häufigkeitsdefinition, gegenüber dem früher betrachteten Gesetz der großen Zahlen und auch gegenüber dem Erfahrungssatz oder Axiom von der Existenz des Grenzwertes der relativen Häufigkeit genauer abzugrenzen. Auf den ersten Blick scheint nichts selbstverständlicher, als daß der Satz: Wenn man bei großem n eine relative Häufigkeit a gefunden hat, so bleibt sie fast sicher annähernd unverändert bei unbegrenzter Vergrößerung von n — mit der einfachen Aussage identisch ist, daß die relative Häufigkeit mit wachsendem n sich einem bestimmten Grenzwert nähere. Allein in den Worten „fast sicher", die man auch anschaulicher durch „fast immer" ersetzen könnte, liegt hier das Entscheidende. Hat man an einem aus der Urne gezogenen Stein in einer langen Serie von n Versuchen die relative Häufigkeit $n_1 : n = a$ beobachtet, so weiß man zunächst nichts darüber, wie sich dieser Stein bei weiterer Fortsetzung der Versuche verhält. Solange man nur das Vorhandensein der Grenzwerte, aber nichts über die „Regellosigkeit" voraussetzt, könnte es noch sehr gut sein, daß nach Wahl eines beliebig großen n, bei allen Steinen, die dasselbe $n_1 : n = a$ ergeben haben, der Grenzwert der relativen Häufigkeit ein ganz anderer wird als der zuerst beobachtete Wert $n_1 : n$. Unser Satz besagt, daß dies nicht der Fall ist, sondern in fast allen Fällen ein Grenzwert, der nahe dem zuerst beobachteten $n_1 : n = a$ liegt, herauskommt. Es steckt sonach im Bayesschen Theorem eine ganz bestimmte, eben nur durch die mathematische Ableitung zu gewinnende Aussage, die ich auch gerne, mit Rücksicht auf die Analogie mit dem Bernoulli-Poissonschen Theorem als **zweites Gesetz der großen Zahlen** bezeichne. Ich will — zum Abschluß dieser Betrachtungen, die uns wohl etwas weiter, als ich es im allgemeinen gewünscht hätte, in das Gebiet abstrakter Schlüsse geführt haben — den Inhalt der beiden Gesetze und zugleich das Axiom von der Existenz der Grenzwerte noch einmal in konkreter Anwendung auf die Würfelaufgabe einander gegenüberstellen.

Es sei in n Versuchen mit einem Würfel n_1-mal die Sechs gefallen. Dann besagt

1. **das erste Axiom bzw. unsere Definition der Wahrscheinlichkeit**, daß bei unbegrenzter Vergrößerung der Ver-

suchszahl der Quotient $n_1 : n$ sich einem festen Grenzwert nähert, der eben die Wahrscheinlichkeit eines „Sechser"-Wurfes mit dem betreffenden Würfel heißt;

2. das erste Gesetz der großen Zahlen oder Bernoulli-Poissonsche Theorem, daß, wenn wir die Versuchsreihe vom festen Umfang n mit demselben Würfel unbeschränkt oft wiederholen, falls nur n nicht zu klein ist, bei fast allen Versuchsreihen annähernd der gleiche Quotient $n_1 : n$ erscheinen wird;

3. das zweite Gesetz der großen Zahlen oder Bayessche Theorem, daß unter sehr vielen verschiedenen Würfeln, von denen jeder einmal in n Versuchen n_1 Sechser ergeben hat, falls nur n nicht zu klein ist, fast alle Würfel die Eigenschaft besitzen, daß für sie der Grenzwert der relativen Häufigkeit der Sechs bei unbeschränkt fortgesetztem Würfeln nahe dem zuerst beobachteten Wert von $n_1 : n$ liegt.

Diese Formulierungen grenzen die drei Aussagen exakt gegeneinander ab. Man muß nur noch hinzufügen, daß die erste eine nicht beweisbare, d. h. nicht auf einfachere zurückführbare Erfahrungstatsache darstellt, während die beiden anderen aus der Voraussetzung der ersten unter Hinzunahme der „Regellosigkeit" ableitbar sind. Andererseits haben die beiden Gesetze der großen Zahl keinen vernünftigen Sinn, wenn man nicht die Existenz der Grenzwerte der relativen Häufigkeiten voraussetzt.

Anwendungen in der Statistik und Fehlertheorie

Ich schließe hiemit die Besprechung nicht nur der sogenannten Gesetze der großen Zahl, sondern überhaupt die der eigentlichen Wahrscheinlichkeitstheorie, um mich den Anwendungen, den Schlußfolgerungen, die sich für die Praxis der Statistik und sonstige Gebiete der Wissenschaft und des Lebens ergeben, zuzuwenden. Wenn ich vorher einen ganz kurzen Rückblick auf das bisher Gesagte werfen darf, so haben wir uns zuerst klar gemacht, worin der Prozeß der für uns erforderlichen Begriffsbildung besteht und daß wir einen künstlichen, dem natürlichen Sprachgebrauch gegenüber eingeschränkten Wahrscheinlichkeitsbegriff unseren Betrachtungen zugrunde legen müssen. Es hat sich dann gezeigt, daß ein solcher Begriff im wesentlichen durch folgende Merkmale bestimmt werden kann: Es muß zunächst ein Kollektiv da sein, eine Massenerscheinung oder ein Wiederholungsvorgang, und nur indem wir die relativen Häufigkeiten der verschiedenen Merkmale der Elemente beobachten, gelangen wir zu einer „Wahrscheinlichkeit für das Auftreten eines Merkmales innerhalb des Kollektivs". Dabei waren die beiden Voraussetzungen zu machen, daß die relativen Häufigkeiten Grenzwerte besitzen und daß diese sich bei einer willkürlichen Stellenauswahl nicht ändern — Axiom der Regellosigkeit oder Prinzip vom ausgeschlossenen Spielsystem. Nach dieser Grundlegung habe ich gezeigt, wie man durch bestimmte vier Grundoperationen aus gegebenen Kollektivs neue ableiten kann, deren Verteilungen sich aus denen der gegebenen rechnen lassen. Es ließ sich nur andeuten, was wirklich auszuführen Sache eines regelrechten Lehrganges der Wahrscheinlichkeitsrechnung wäre, daß alle Aufgaben ausnahmslos als eine entsprechende Kombination der vier Grundoperationen auffaßbar sind. Der nächste Abschnitt meiner Ausführungen befaßte sich mit dem Verhältnis der neuen Theorie zur klassischen, die durch die sogenannte „a-priori"-Wahrscheinlichkeitsbestimmung gekennzeichnet wird. Dies führte dann zwangläufig zur Besprechung der Gesetze der großen Zahlen, die man in der klassischen Theorie gerne als die „Brücke" zwischen a-priorischer Wahrscheinlichkeit und Häufigkeit bezeichnet, die sich aber in Wahrheit überhaupt nur im Rahmen der Häufigkeitstheorie als inhaltsvolle Aussagen erweisen. Auf diese Art ist der Kreis der theoretischen Erörterungen für uns geschlossen und ich will nun versuchen, noch einiges von dem zu skizzieren, was man als Anwendung der Theorie bezeichnen kann.

Abgrenzung zwischen Glücks- und Geschicklichkeitsspielen

Von den Glücksspielen, die wir bisher immer als einfache Beispiele von Kollektivs herangezogen haben, soll in Hinkunft nicht mehr viel die Rede sein. Nur eine, allerdings rein praktische

Frage sei noch kurz besprochen. In den meisten Ländern wird die öffentliche Abhaltung von Glücksspielen mehr oder weniger eingeschränkt oder verboten. Dabei tritt das Bedürfnis auf, Glücksspiele gegen andere, ähnliche Spiele abzugrenzen. Die ältere Strafrechtstheorie half sich da einfach mit der Definition, Glücksspiele seien „Spiele von aleatorischem Charakter", eine Worterklärung schlimmster Art, da sie einen gebräuchlichen Ausdruck durch einen ungebräuchlichen, aber gelehrt klingenden ersetzt. Das modernere deutsche Strafrecht sieht von jeder Definition ab. Kürzlich wurde in Deutschland durch alle Instanzen ein Verwaltungsstreit getrieben um die Frage, ob das sogenannte Bajazzospiel, bei dem eine zwischen Stiften herabfallende Kugel in einen von Hand aus gelenkten Behälter aufgefangen werden soll, ein Glücksspiel sei oder nicht. Wenn auch nicht in diesem Falle, so liegen doch manchesmal die Verhältnisse recht schwierig. Niemand wird bezweifeln, daß die Roulette ein Glücksspiel ist, das Schachspiel keines, aber bei jedem Kartenspiel, in dem doch zumindest die Verteilung der Karten zufallsartig erfolgt, ist, wie man sagt, „Glück und Unglück mit im Spiele", ohne daß man es deswegen schon als Glücksspiel bezeichnet. Offenbar sind da alle Zwischenstufen möglich, je nachdem, wie die zufallsartigen Elemente mit den durch die Spielregeln an Geschicklichkeit und Kombinationsgabe gestellten Anforderungen sich verbinden. Eine vernünftige Definition wird wohl die sein: Ein reines Glücksspiel ist ein solches, bei dem die Gewinstaussichten der Spieler, d. s. die relativen Häufigkeiten der Gewinne bei fortgesetztem Spiel, von den persönlichen Eigenschaften der Spieler nicht beeinflußt werden. Ob dieses Kriterium im Einzelfall zutrifft oder nicht, kann (wenn es sich nicht um einen ganz automatischen Vorgang handelt, an dem die Spielparteien gar nicht tätig mitwirken) in letzter Linie nur durch den statistischen Versuch, d. i. durch eine genügend lang ausgedehnte Spielreihe festgestellt werden. Eine „a-priorische" Entscheidung, d. h. eine logische Deduktion aus den Spielregeln ist in keinem Falle möglich, eine solche Möglichkeit wird nur manchmal vorgetäuscht dadurch, daß — wie etwa bei der Roulette — allgemeinere Erfahrungen unbewußt zugrunde gelegt werden. Der Standpunkt, den wir durch unsere Untersuchungen gewonnen haben, wonach auch beim Würfel- oder Roulettspiel die Regellosigkeit der Ausgänge ein Erfahrungsergebnis ist, gestattet die völlig einheitliche Auffassung des ganzen Fragenkomplexes. Für die praktische Aufgabe der Gesetzgebung kommt übrigens weniger die Frage des reinen Glücksspieles in Betracht, da dann wohl zu wenig ausgeschlossen würde. Eine mögliche Formulierung wäre etwa die folgende: Spielveranstaltungen, bei denen die relativen Häufigkeiten der Gewinne, die auf die einzelnen Mitspielenden nach langer Spieldauer entfallen, durch die Geschicklichkeit der Spieler gar nicht oder nur unerheblich beeinflußt werden, sind verboten (bzw. bedürfen der Genehmigung usf.). Beim Bajazzospiel erfolgt das Herabfallen der Kugel wohl zufallsartig, aber die Geschicklichkeit (Geschwindigkeit), mit der der Spieler den Auffangbecher bewegt, beeinflußt in hohem Maße, wie die Erfahrung lehrt, seine Chancen. Hingegen läge ein reines Glücksspiel vor, wenn man den Becher, bevor noch die Kugel zu rollen beginnt, in eine feste Stellung zu bringen hätte, wobei natürlich den verschiedenen Auffangstellen verschiedene Gewinstquoten zugeordnet werden müßten.

Marbes „Gleichförmigkeit in der Welt"

Ich verlasse jetzt das Gebiet der Glücksspiele und wende mich zu einer Frage, die, an der Grenze zwischen sozialer und biologischer Statistik stehend, immerhin noch eine nahe Verwandtschaft mit Glücksspielaufgaben aufweist und die vor einigen Jahren sehr vielfältig besprochen wurde. Der Würzburger Philosoph Karl Marbe hat in einem umfassenden Werk „Die Gleichförmigkeit in der Welt" eine Theorie entwickelt, zu deren Kennzeichnung am besten folgendes Beispiel dient. Ein Ehemann, dem viel daran liegt, einen Sohn zu bekommen, sieht unmittelbar vor der Niederkunft seiner Frau im Standesregister nach, ob auf den letzten Seiten mehr Knaben- oder mehr Mädchengeburten eingetragen sind. Er hält seine Aussichten für günstig, da das letztere der Fall ist. Während man nun im allgemeinen geneigt sein dürfte, diesen Gedankengang für töricht zu erklären, sagt Marbe: „Unsere statistischen Untersuchungen zeigen, daß (was man bisher immer übersehen hat) ein ganz, ganz kleines Körnchen Wahrheit auch in den Ansichten jenes Vaters steckt." Gestützt wird diese Behauptung auf eine umfangreiche Statistik von etwa 200000 Geburtseintragungen in vier bayrischen Städten, bei der sich gezeigt hat, daß nur ein einziges Mal eine Iteration (d. i. eine ununterbrochene Folge von Geburten gleichen Geschlechtes) der Länge 17 und niemals eine größere vorgekommen ist. Auf einer Berücksichtigung der langen Iterationen beruhen auch die meisten Versuche, zu einem „Spielsystem" zu gelangen und Marbe gibt in seinem Buche tatsächlich an, wie man in Monte Carlo zuverlässig gewinnen kann.

Das Marbesche Problem, über das, wie gesagt, schon viel geschrieben wurde, ist für uns nur soweit von Interesse, als es die Grundlagen der Wahrscheinlichkeitsrechnung betrifft. Der Marbesche Gedanke ist offenbar der, daß, wenn einmal 17 Eintragungen männlichen Geschlechts vorliegen, mit Sicherheit oder zumindest mit großer Wahrscheinlichkeit eine weibliche Eintragung zu erwarten steht. Faßt man die aufeinanderfolgenden Registrierungen, die etwa mit M und F (masculini und feminini) bezeichnet seien, als die Ergebnisse eines einfachen Alternativversuches wie „Kopf oder Adler" auf, so würde aus der zweiten Eigenschaft der Kollektivs, aus der „Regellosigkeit", folgen, daß auch dann, wenn man nur die auf 17 M unmittelbar folgenden Eintragungen allein betrachtet, unter ihnen im Verhältnis ebenso viele M und F sich finden müssen wie in der Gesamtheit sämtlicher Eintragungen. Denn die Heraushebung der auf 17 malige M-Eintragung folgenden Buchstaben bedeutet eine „Stellenauswahl" der früher betrachteten Art, durch die ja die relativen Häufigkeiten der Merkmale, d. i. hier der Zeichen M und F, nicht beeinflußt werden dürfen. Somit sehen wir, daß die Frage, die durch die Behauptung Marbes über den „statistischen Ausgleich" aufgeworfen wird, dahin mündet: Hat die Folge der Geburtseintragungen mit den Geschlechtsunterschieden als Merkmalen die Eigenschaften eines Kollektivs oder nicht? Es ist klar, daß diese Frage nur empirisch, d. h. nur durch die Beobachtung selbst entschieden werden kann, und daß jeder Versuch, die Lehre vom statistischen Ausgleich durch „a-priorische" oder logische Behauptungen zu entkräften, sinnlos ist. Wir befinden uns hier im übrigen fast im Zentrum der Schwierigkeit aller praktischen Statistik, wenn wir zu untersuchen haben, ob eine bestimmte statistische Aufnahme als Kollektiv aufgefaßt werden kann oder nicht.

Erledigung des Marbeschen Problems

Zur Entscheidung der empirischen Frage ist nun zunächst zu sagen, daß Marbe jedenfalls trotz des ungeheuren Umfanges seiner Statistik unmittelbar keinen stichhaltigen Grund für seine Behauptung beibringen kann. Denn wenn eine Iteration der Länge 17 nur einmal vorgekommen ist, so hat er auch nur ein einziges Mal den „Versuch" gemacht, der lehren kann, was auf 17 gleiche Eintragungen folgt; mit anderen Worten, durch seine Stellenauswahl ist überhaupt nur ein einziges Element ausgewählt worden, während eine vernünftige Behauptung über die Verhältnisse in der ausgewählten Teilfolge erst möglich ist, sobald diese selbst einen angemessenen Umfang besitzt. Andererseits folgt aus diesem Tatbestand auch nichts gegen Marbe, und wenn wir nicht die Möglichkeit anderer Schlußweise hätten, könnten wir nicht viel über die Berechtigung seiner Behauptung sagen. Aber die Grundoperationen der Wahrscheinlichkeitsrechnung, die wir kennen gelernt haben, gestatten es, aus dem als gegeben vorausgesetzten einfachen Kollektiv mit den Merkmalen M und F und der ungefähren Verteilung 0,5 : 0,5 ein neues abzuleiten, dessen Element eine Serie von n Versuchen ist und dessen Verteilung die Frage beantwortet: Wie groß ist die Wahrscheinlichkeit dafür, daß in einer Serie von n Versuchen genau x Iterationen der Länge m vorkommen? Setzen wir in die Formel, die als Resultat der Rechnung erscheint, z. B. $m = 17$ und $x = 1$ ein, so erhalten wir die Wahrscheinlichkeit dafür, daß eine Iteration von der Länge 17 auftritt, wie sie im Marbeschen Fall wirklich beobachtet wurde. Anderseits können wir mit $m = 18$ und $x = 0$ berechnen, wie groß die Wahrscheinlichkeit dafür ist, daß keine 18-Iteration vorkommt. Das entscheidende Beobachtungsergebnis, das Marbe zu seinen Behauptungen führte, war ja eben, daß einmal 17 gleiche Eintragungen hintereinander vorlagen, aber keinmal 18. Wenn wir zeigen können, daß diese Verhältnisse nach der Wahrscheinlichkeitsrechnung vorauszusehen waren, so ist damit ein starkes Argument dafür gewonnen, daß die Geburtseintragungen die Voraussetzungen, denen ein Kollektiv genügen muß, erfüllen.

Rechnet man die genannten Größen tatsächlich aus für ein $n = 49152$, entsprechend den vier von Marbe untersuchten Serien, so findet man z. B. für die 17-Iterationen: Wahrscheinlichkeit einmaligen Auftretens gleich 0,16, mehrmaligen Auftretens 0,02, Wahrscheinlichkeit keiner 17-Iteration 0,82. Da nun von den vier Serien eine eine Iteriaton der Länge 17 aufwies, die anderen keine, so liegt zumindest kein Widerspruch zwischen Rechnungs- und Beobachtungsresultat vor. Für die Iterationslänge $m = 18$ ergibt die Rechnung die Wahrscheinlichkeit 0,91 dafür, daß keine vorkommt, und tatsächlich hat sich in den vier Städten keine gezeigt. Es ist hier nicht der Ort, im einzelnen durch Anführung aller rechnungsmäßigen Ergebnisse und ihre Gegenüberstellung mit der Beobachtung nachzuweisen, daß in der Tat vollständige Übereinstimmung zwischen den Folgerungen der Wahrscheinlichkeitsrechnung und den Eigenschaften der von Marbe erhobenen Statistik besteht. Dies habe ich bei früherer Gelegenheit an anderer Stelle ausgeführt.

Jeder, der Interesse für die Grundfragen der Wahrscheinlichkeitslehre besitzt, wird Marbe Dank wissen für die Erschließung und sorgfältige Durcharbeitung des großen statistischen Materials, durch das zum erstenmal in zuverlässiger Weise ein derart umfangreiches, nicht dem Gebiet der Glücksspiele angehörendes Beispiel eines Kollektivs der wissenschaftlichen Untersuchung zugänglich gemacht wurde. Was freilich die praktischen Schlußfolgerungen betrifft, so gelangen wir zu den dem Marbeschen Standpunkt gerade entgegengesetzten. Denn die festgestellte Übereinstimmung zwischen den auf dem Kollektivbegriff aufgebauten Berechnungen und der Beobachtung kann nur dahin führen, anzunehmen, daß die Folge der Geburtseintragungen alle Eigenschaften eines Kollektivs besitzt, also auch der Forderung der Regellosigkeit genügt. Darnach würden unter allen auf männlichen Nachwuchs bedachten Vätern, die im Laufe der Zeit in die allerdings seltene Lage kommen, gerade nach 17 weiblichen Eintragungen einem Familienzuwachs entgegenzusehen, ebenso viele glückliche wie enttäuschte sich finden: ungefähr die Hälfte von ihnen wird zu einem achtzehnten „F" die Veranlassung geben und nur die andere Hälfte wird durch ein „M" die Iteration abbrechen.

Knäuelungstheorie und Gesetz der Serie

Ein merkwürdiges Gegenstück zu der Marbeschen Lehre vom statistischen Ausgleich bildet die ebenfalls von einem

Philosophen herrührende „Knäuelungstheorie" von Sterzinger, die der Biologe Paul Kammerer zu einer wissenschaftlichen Begründung des viel verbreiteten Glaubens an ein „Gesetz der Serie" benutzt hat. Ein Unglück komme selten allein, meint der Volksmund, und nach Kammerer müßte das gleiche auch für die Glücksfälle gelten. Sucht man dem „Gesetz der Serie" einen präziseren Ausdruck zu geben, so kann man nur sagen: Kurze Iterationen gleicher Versuchsausgänge kommen unerwartet oft vor, angeblich öfter, als es der wahrscheinlichkeitstheoretischen Berechnung entspricht. Sterzinger beobachtet z. B. die Aufeinanderfolge der Zeitintervalle, in denen die Kunden einen Laden betreten. Wenn im Durchschnitt 30 Kunden auf eine Stunde entfallen, gibt es doch nur selten einen Zeitraum von zwei Minuten, in dem genau ein Kunde eintritt; viel öfter bleibt ein Zweiminutenintervall leer oder es erscheinen zwei oder mehr Kunden. Aus derartigen Beobachtungen zieht Sterzinger weitgehende Folgerungen für die gesamte Naturauffassung, vor allem sieht er in ihnen eine Widerlegung der Wahrscheinlichkeitsrechnung. Unser Standpunkt demgegenüber ergibt sich ungezwungen aus allem bisher Gesagten. Selbstverständlich gibt es auch Erscheinungen, für welche die Zufallsgesetze nicht gelten, d. h. es gibt Wiederholungsvorgänge, die Kollektivs sind, und solche, die es nicht sind. Welcher von beiden Fällen vorliegt, kann nur die genaue Analyse der Beobachtung zeigen; einer oberflächlichen, rein gefühlsmäßigen Schätzung kommt da keine große Bedeutung zu. Um eine gerechtfertigte Unterscheidung treffen zu können, muß man vor allem Rechnungsergebnisse kennen, die einen Vergleich mit der Erfahrung gestatten.

Ein solches Ergebnis der rationellen Wahrscheinlichkeitstheorie, d. h. der Anwendung der von uns wiederholt betrachteten Rechenregeln, ist beispielsweise folgendes: Wenn eine Ereignisreihe zufallsartig über eine große Zeitstrecke so verteilt ist, daß auf ein Intervall bestimmter Länge im Durchschnitt ein Ereignis entfällt, so besteht nur 0,37 Wahrscheinlichkeit dafür, daß ein beliebig herausgegriffenes Intervall von dieser Länge genau ein Ereignis umfaßt, dagegen 0,63 Wahrscheinlichkeit dafür, daß entweder kein oder mehr als ein Ereignis in dem Intervall liegt. Man könnte also in dem Sterzingerschen Fall nur dann von einer Knäuelung sprechen, die der Zufallstheorie widerspricht, wenn erwiesen wäre, daß wirklich mehr als zwei Drittel der Zweiminutenstrecken eine von Eins abweichende Kundenzahl aufweist. An sich ist das durchaus möglich und würde eben nur besagen, daß diese Erscheinungsfolge nicht unmittelbar als Kollektiv aufgefaßt werden kann. Noch ein anderes Beispiel zum Gesetz der Serie! Nach der Selbstmordstatistik Deutschlands entfällt in einem Landesteil von etwa einer Viertelmillion Einwohner durchschnittlich ein Selbstmord auf jede Woche. Wie oft wird das betreffende Kreisblatt eine „Serie" von drei oder mehr Selbstmorden in einer Woche zu verzeichnen haben? Die Rechnung ergibt, daß die Wahrscheinlichkeit eines mehr als zweimaligen Auftretens des Ereignisses 0,08 beträgt. Sofern also die Folge der Selbstmorde die Eigenschaften eines Kollektivs besitzt, muß man durchschnittlich in einem Jahr (52 Wochen mal 0,08 gibt 4,16) vier bis fünf Wochen mit „Selbstmordserien" erwarten. Nur wenn der tatsächliche Verlauf diese Zahl erheblich überschreiten sollte, wäre man berechtigt, aus dieser Beobachtung auf einen inneren Zusammenhang der zeitlich benachbarten Fälle zu schließen. In dem umfangreichen Werk von Kammerer über das „Gesetz der Serie" ist in keinem einzigen Beispiel die Unterlage gegeben, die ermöglichen würde, aus der statistischen Aufnahme (die meist ganz unzureichenden Umfang hat) zu entscheiden, ob der betreffende Wiederholungsvorgang ein Kollektiv bildet oder nicht.

Verkettete Vorgänge

Anderseits kennt man in der Statistik mannigfache Erscheinungsreihen, die sich nicht unmittelbar als Kollektivs auffassen lassen und bei denen man sehr wohl von einem „Gesetz der Serie" sprechen könnte. Man tut es wohl nur deshalb nicht, weil diese Bezeichnung einen Widerspruch gegen die Wahrscheinlichkeitsrechnung zum Ausdruck bringen soll, während die Vorgänge, die ich im Auge habe, in bester Übereinstimmung mit ihr stehen. Ein einfaches Beispiel für solche „verkettete" Erscheinungen bilden die Todesfälle, die infolge einer bestimmten ansteckenden Krankheit, etwa der Blattern, eintreten. Es ist von vornherein klar, daß hier die statistischen Zahlen ganz anders verteilt sein müssen als etwa in der Selbstmord-Statistik. Der Mathematiker

G. Pólya hat uns kürzlich gezeigt, wie man dieses Problem mit den Hilfsmitteln der Wahrscheinlichkeitsrechnung in eleganter Weise behandeln kann.

Die Todesfälle infolge einer bestimmten Todesursache ohne Ansteckung kann man sich etwa unter diesem Bild vorstellen: Aus einer Urne, die teils weiße, teils schwarze Kugeln in irgend einem Mischungsverhältnis enthält, wird von Monat zu Monat für jeden Bewohner einmal gezogen; erweist sich seine Kugel als schwarz, so bedeutet dies Tod. Den verschiedenen Todesursachen entsprechen verschiedene Mischungsverhältnisse der schwarzen und weißen Kugeln in der Urne. Das Bild soll natürlich nur das besagen, daß man die Wahrscheinlichkeit für das Eintreten einer bestimmten Zahl X von Todesfällen in einem Monat, also für das Erscheinen dieser Zahl in der Statistik, so berechnen kann wie die Wahrscheinlichkeit dafür, aus einer Urne unter den gegebenen Verhältnissen gerade X schwarze Kugeln zu ziehen. Dabei ist vorausgesetzt, daß nach jedem Zug die gezogene Kugel zurückgelegt wird, so daß die Chancen unverändert bleiben.

Für eine Statistik „mit Ansteckung" trifft dieses Bild nicht mehr zu. Hier werden offenbar durch Eintritt eines Todesfalls die Aussichten, daß weitere eintreten, verstärkt. Man kann nach Pólya diesem Umstand in dem Bild — man sagt hiefür auch oft: in dem „Urnenschema" — dadurch Rechnung tragen, daß man annimmt: So oft eine schwarze Kugel gezogen ist, wird nicht nur diese zurückgelegt, sondern es werden die Kugeln in der Urne um eine bestimmte Zahl schwarzer Kugeln vermehrt. Auf diese Weise hat man es nicht mehr mit einem einzigen Ausgangskollektiv zu tun, sondern mit einer Reihe verschiedener, deren Verteilungen man aber genau kennt, nämlich mit Urnen von verschiedenen Füllungen. Man kann durch gewisse Grundoperationen daraus ein Endkollektiv ableiten, dessen Element der ganze, etwas verwickelte Vorgang von n aufeinanderfolgenden Ziehungen ist, wobei n für die Zahl der Einwohner gesetzt ist. Pólya zeigt, wie man durch eine verhältnismäßig einfache Formel die Wahrscheinlichkeiten für das Auftreten von 0, von 1, von 2, 3 ... usf. Todesfällen in einem Monat (nämlich von ebenso viel schwarzen Zügen unter insgesamt n) darstellen kann. Wie gut die Rechnung mit der Beobachtung stimmt, will ich an folgenden Zahlen der Schweizer Blattern-Statistik von 1877 bis 1900 klar machen.

Es wurden, bei einem Durchschnittswert von 5,5 Fällen im Monat, beobachtet: 100 Monate ohne Todesfall, 39 mit einem, 28 mit zwei, 26 mit drei, 13 mit vier, 3 mit fünfzehn Todesfällen. Die Theorie der „verketteten" Vorgänge ließ folgende Zahlen erwarten: für keinen Todesfall 100,4, für 1 bis 4 Todesfälle der Reihe nach 36,3, 23,5, 17,5 und 13,8, und für fünfzehn 3,0. Dagegen würde ohne Berücksichtigung der Verkettung, wenn man also das einfache Urnenschema mit sofortigem Zurücklegen der Kugel zugrunde legt, sich ergeben: Für keinen Todesfall die Erwartungszahl 1,2, für 1 bis 4 Fälle die Zahlen 6,5, 17,8, 32,6, 44,9, für 15 Fälle die Zahl 0,1. Man erkennt die Überlegenheit der richtigen Theorie über die primitive. Ohne Rechnung ist aber die Wirkung der Verkettung, die keineswegs bloß im Überwiegen längerer Serien sich auswirkt, nicht leicht zu übersehen.

Die allgemeine Aufgabe der Statistik

Ich erwähnte schon vorhin, daß uns die von Marbe angeregte Fragestellung nahe an den Kernpunkt des ganzen statistischen Problems heranführt, indem sie zu der Untersuchung Veranlassung gibt, ob eine bestimmte, durch statistische Aufnahme gewonnene Zahlenreihe ein Kollektiv bildet oder nicht. Wenn ich ganz allgemein das Problem formulieren soll, das der wahrscheinlichkeitstheoretischen Betrachtungsweise in der biologischen und sozialen Statistik erwächst, so müßte ich mich etwa so ausdrücken. Es liegt ein durch statistische Aufnahmen beschafftes Zahlenmateriales vor, z. B. die Anzahl der Eheschließungen in verschiedenen Teilen Deutschlands in einer Reihe von Jahren; man stellt sich die Aufgabe, diese Zahlen entweder unmittelbar als ein Kollektiv zu erkennen — genauer als den endlichen Abschnitt einer unendlichen Zahlenfolge, die die Eigenschaften eines Kollektivs besitzt — oder sie irgendwie auf Kollektivs zurückzuführen, sie als aus Kollektivs entstanden zu deuten. Ein lehrreiches Beispiel hiefür haben wir soeben in der Statistik der verketteten Todesfälle kennen gelernt, wo es möglich war, eine beobachtete Zahlenreihe, die an sich keine volle „Regellosigkeit" besitzt, also kein Kollektiv bildet, durch Zurückführung auf gewisse Kollektivs aufzuklären. An einzelnen Aufgaben werde ich gleich weiter zeigen, worin die

Die allgemeine Aufgabe der Statistik 111

Leistung der Wahrscheinlichkeitstheorie in diesem Sinne besteht. Gestatten Sie mir nur vorher noch, der eben gegebenen Abgrenzung des Problems der theoretischen Statistik besonderen Nachdruck zu geben, da ich hierin einen der wichtigsten Punkte meiner Ausführungen erblicke. Bei flüchtigem Zusehen mag man einen Widerspruch darin finden, daß zuerst der Begriff des Kollektivs aus der Betrachtung statistischer Reihen geschöpft wurde — habe ich doch früher z. B. für die Definition der Sterbenswahrscheinlichkeit die Todesfallstatistik herangezogen — und daß hinterher ein Problem daraus gemacht wird, zu erforschen, ob eine statistische Reihe ein Kollektiv bildet, bzw. in welcher Weise sie mit Kollektivs zusammenhängt. Aber auch hier wird, wer in der Methodik der Naturwissenschaften nur einigermaßen bewandert ist, den scheinbaren Widerspruch rasch gelöst sehen. Wir wissen, daß die Newtonsche Gravitationstheorie zu der Behauptung führt, die Bahnen der Planeten um die Sonne seien Ellipsen, und daß gerade die Keplerschen Beobachtungen der Ellipsengestalt der Bahnen einen der Ausgangspunkte der Theorie gebildet haben. Wir wissen aber auch, daß keiner der acht großen oder der tausend kleinen Planeten bei seinem Umlauf um die Sonne eine genaue Ellipse beschreibt und daß es eben die wesentlichste Aufgabe der rechnenden Astronomie ist, die beobachteten Bahnen auf die Gesetzmäßigkeiten zurückzuführen, die die Newtonsche Theorie postuliert. Ebenso besitzen wir in der Maxwellschen Theorie der Elektrizität einen allgemeinen Rahmen, von dem wir überzeugt sind, daß er alle elektrischen und magnetischen Erscheinungen (wenn man von denen in sehr rasch bewegten Medien absieht) umschließt. Allein es ist eine große, niemals sich erschöpfende Aufgabe, die einzelnen konkreten Vorgänge, wie sie sich z. B. in einer elektrischen Maschine zeigen, als Auswirkungen der einfachen Beziehungen zu deuten, die in den Maxwellschen Gleichungen zum Ausdruck kommen. Es bedeutet keinen Einwand gegen Maxwell, daß die sogenannten Gedankenexperimente, die seinen Begriffsbildungen und seinen Gleichungsansätzen zugrunde liegen, keinem in der Natur wirklich nachweisbaren Vorgang unmittelbar entsprechen und sich nur in seltenen Fällen, und dann nur mit einiger Annäherung realisiert finden. So glaube ich auch den Einwänden begegnen zu können, die dahin gehen, daß die konkrete Statistik niemals auf Zahlenreihen führt, die unmittelbar und exakt als Kollektivs erscheinen. Nicht darauf kommt es an, sondern einzig und allein darauf, was sich mit der auf den abstrakten Kollektivbegriff aufgebauten Wahrscheinlichkeitstheorie im Bereiche der Anwendungen anfangen läßt. Dazu jetzt einige Beispiele.

Der Gedanke der Lexisschen Dispersionstheorie

Der bekannte Göttinger Nationalökonom W. Lexis hat die praktische Statistik durch ein Verfahren bereichert, das in sehr bequemer Weise dazu dienen kann, den Vergleich zwischen einer statistisch erhobenen Zahlenreihe und einem bestimmten Kollektiv durchzuführen. Ich will den Lexisschen Gedanken an Hand einer kleinen statistischen Aufnahme erläutern, wie Sie sie selbst jederzeit mit geringer Mühe ausführen können. Es werde untersucht, wie oft der Buchstabe „a" in einem lateinischen Text, z. B. im Anfang von Caesars „Bellum Gallicum" vorkommt. Nimmt man die ersten 20 Gruppen von je 100 Buchstaben zum Gegenstand der Untersuchung, so finden sich zwei Gruppen mit fünf „a", je drei Gruppen mit sechs, sieben und acht, wieder zwei Gruppen mit neun, dann eine Gruppe mit zehn, je zwei mit elf und zwölf, schließlich je eine mit dreizehn und vierzehn „a". Im ganzen sind es 174 „a", also durchschnittlich 8,7 in einer Gruppe. Die Frage, die sich hier aufdrängt, ist die: Wie verhält sich das Ergebnis, das die statistische Aufnahme gezeitigt hat, zu dem, was zu erwarten wäre, wenn man aus einer Urne, die Lose mit den 25 Buchstaben des Alphabets in einem geeigneten Mischungsverhältnis enthält, 20 mal je 100 Ziehungen vollzogen und die in jeder Gruppe von Ziehungen zutage geförderten „a" gezählt. hätte? Dabei wird man, da sich unter 100 Buchstaben durchschnittlich 8,7 „a" gefunden haben, vernünftigerweise annehmen, daß 8,7 v. H. der Lose den Buchstaben „a" tragen.

Man könnte, um die Frage zu beantworten, etwa so vorgehen, daß man zunächst für das Kollektiv, dessen Element hundertmaliges Ziehen aus der Urne ist, die Verteilung berechnet, d. h. die Wahrscheinlichkeiten dafür, daß unter 100 Buchstaben kein „a", eines, zwei, drei ... usf. vorkommen; sodann diese Wahrscheinlichkeiten einzeln mit den tatsächlichen Häufigkeiten der verschiedenen, beobachteten Wiederholungszahlen des „a" vergleicht. Es ergibt sich z. B. die Wahrscheinlichkeit 0,10 für sechsmaliges, 0,14 für achtmaliges Auftreten des „a", so daß bei 20 Versuchen $20 \cdot 0{,}10 = 2$ mal die Wiederholungszahl 6 und $20 \cdot 0{,}14 = 2{,}8$, also 2- bis 3 mal die Wiederholungszahl 8 „zu erwarten" wäre. Tatsächlich ist die Sechs sowohl wie die Acht dreimal beobachtet worden. Es ist nicht leicht, hier von Übereinstimmung oder von Widerspruch zu reden, besonders da die Gesamtheit aller möglichen Wiederholungszahlen (die von 0 bis 100 laufen) zugleich berücksichtigt werden müßte. Man empfindet das Bedürfnis nach einem konkreten Maßstab zur Beurteilung der Übereinstimmung zwischen Rechnung und Beobachtung, nach einem Maßstab, der in gewissem Sinne einen Durchschnitt aus dem bildet, was sich einzeln für die verschiedenen Wiederholungszahlen ergibt. Die Lexissche Theorie besteht gerade darin, einen solchen Maßstab zu liefern; sie gibt in Gestalt einer einzigen Zahl ein Kriterium für den Grad der Übereinstimmung bzw. Nicht-Übereinstimmung der Beobachtung mit dem, was der Vergleich mit dem Kollektiv erwarten läßt.

Mittelwert und Streuung

Um zu dem Lexisschen Kriterium zu gelangen, muß ich zunächst erklären, was man unter der „Streuung" einer Zahlenreihe versteht. Daß man durch Addition der sämtlichen Einzelwerte und Division der Summe durch die Anzahl der Summanden den „Durchschnittswert" erhält, kann ich als bekannt voraussetzen. In unserem Beispiel lagen die 20 Einzelwerte zwischen 5 und 14, der Durchschnitt berechnete sich zu 8,7. Wenn wir nun die Differenz ausrechnen, die zwischen je einem Einzelwert und dem Durchschnitt besteht, so bekommen wir eine neue Zahlenreihe, und zwar eine solche von teils positiven, teils negativen Zahlen. Dem dreimaligen Auftreten der Anzahl 7 z. B. entsprechen jetzt drei negative Differenzbeträge —1,7, dem zweimaligen Auftreten von 11 die zweimaligen positiven Differenzen 2,3 usf. Es folgt aus der Art, wie der Durchschnitt berechnet wurde, daß die Summe aller dieser positiven und negativen Differenzen Null ergibt, d. h. daß die positiven und negativen sich

114 Anwendungen in der Statistik und Fehlertheorie

aufheben. Nach der Zusammenstellung, die ich oben gegeben habe, liegen vor:

2 mal die Differenzen —3,7
je 3 ,, ,, ,, —2,7, —1,7, —0,7
,, 2 ,, ,, ,, 0,3
,, 1 ,, ,, ,, 1,3
je 2 ,, ,, ,, 2,3 und 3,3
,, 1 ,, ,, ,, 4,3 ,, 5,3

Die Summe der negativen Differenzbeträge ergibt sich, wie man sieht zu $2 \cdot 3{,}7 + 3 \cdot (2{,}7 + 1{,}7 + 0{,}7) = 7{,}4 + 15{,}3 = 22{,}7$ und ebenso groß ist die der positiven. Man erkennt daraus, daß es nicht möglich wäre, durch Summieren der Abweichungen der Einzelwerte vom Durchschnittswert ein Maß der „Streuung", der Ungleichförmigkeit der Ergebnisse, zu erhalten. Ein solches kann man aber in einfacher Weise finden, wenn man die einzelnen, positiven oder negativen Differenzen ins Quadrat erhebt und den Durchschnitt dieser, notwendig positiven, Quadratzahlen bildet. So wird in der Tat als das **arithmetische Mittel aus den ins Quadrat erhobenen Abweichungen die Streuung** einer Zahlenreihe üblicherweise definiert. Es ist klar, daß diese Größe um so kleiner ist, je enger die Einzelwerte beim Durchschnittswert liegen und daß sie dann, und nur dann, gleich Null wird wenn alle Einzelwerte untereinander und daher auch mit dem Durchschnittswert zusammenfallen. In unserem Beispiel haben wir zweimal das Quadrat von —3,7, also $2 \cdot 13{,}69 = 27{,}38$, je dreimal die Quadrate von —2,7, —1,7 und —0,7, also $3 \cdot (7{,}29 + 2{,}89 + 0{,}49) = 3 \cdot 10{,}67 = 32{,}01$ zu nehmen usf. Im ganzen ergibt sich die Quadratsumme zu 140,20 und nach Division durch 20 ihr Durchschnittswert, also die Streuung, zu 7,01.

Vergleich der tatsächlichen und der zu erwartenden Streuung

Lexis vergleicht nun die derart berechnete Streuung der empirisch gefundenen Zahlenreihe mit einer bestimmten Größe, zu der die wahrscheinlichkeitstheoretische Untersuchung, ausgehend von dem schon vorhin erwähnten Kollektiv, führt. Denkt man sich aus einer Urne, die unter 1000 Losen 87 mit „a" bezeichnete enthält, je 100 Ziehungen ausgeführt, so kann man die Zahl der ge-

Vergleich der tatsächlichen und der zu erwartenden Streuung 115

zogenen „a" als Merkmal eines (aus den 100 Ziehungen bestehenden) Elementes ansehen. Man kann aber dann weiter durch die Operation der „Verbindung" 20 solcher Elemente zu einem neuen Element oder richtiger zum Element eines neuen Kollektivs zusammenfassen. Das Merkmal des Elementes innerhalb des durch 20fache Verbindung entstandenen Kollektivs kann jede Größe bilden, die durch die 20 Gruppen von Ziehungen bestimmt wird, also z. B. auch die Streuung der 20 Anzahlen von „a"-Ergebnissen. Durch wiederholte Anwendung der Rechenregeln, die wir früher betrachtet haben, gelingt es, die Verteilung innerhalb des neuen Kollektivs, also die Wahrscheinlichkeit jedes möglichen Streuungswertes, zu ermitteln. So könnte man z. B. ausrechnen, wie groß die Wahrscheinlichkeit ist, gerade die Streuung 7,01 zu erhalten. Angemessener aber erscheint folgender Gedankengang.

Wenn man innerhalb eines Kollektivs mit mehrfachen Ausgangsmöglichkeiten oder Merkmalwerten jeden dieser Werte mit der Wahrscheinlichkeit seines Eintreffens multipliziert und die Produkte addiert, so erhält man eine Zahl, die man mit Recht als den „Erwartungswert" des Merkmals, manchmal auch mit einem etwas romantischen Namen als „mathematische Hoffnung" bezeichnet. Wer etwa in einem Glücksspiel 20 v. H. Wahrscheinlichkeit hat, 10 M zu gewinnen, 30 v. H. Wahrscheinlichkeit, 20 M zu erhalten, während er in 50 v. H. der Fälle auf keinen Gewinn rechnen kann, der wird als „Erwartungswert" ansehen: $0{,}20 \cdot 10 + 0{,}30 \cdot 20 = 8\ M$. Die Bedeutung des Erwartungswertes ist natürlich die, daß er den Gewinn (bzw. den Merkmalwert) darstellt, der bei unbeschränkt fortgesetzter Spielfolge im Durchschnitt auf das einzelne Spiel entfällt. Die Algebra lehrt, wie man gerade in dem von uns ins Auge gefaßten Fall eines durch wiederholte Verbindung gebildeten Kollektivs den Erwartungswert des Merkmals in einfacher Weise bestimmen kann. Bezeichnet n die Anzahl der Gruppen (in unserem Fall 20), z die Zahl der Spiele in einer Gruppe (in unserem Fall 100), endlich p die Wahrscheinlichkeit des beobachteten Ergebnisses innerhalb eines Spieles (in unserem Fall $87 : 1000 = 0{,}087$), so ist der Erwartungswert der Streuung durch die Formel gegeben

$$\frac{n-1}{n} z\, p\, (1-p).$$

Anwendungen in der Statistik und Fehlertheorie

Wie man im einzelnen diese Formel ableitet, kann hier unerörtert bleiben; es ist das eine rein formal-mathematische Angelegenheit, die mit den begrifflichen Grundlagen der Theorie nichts zu tun hat. Setzt man $n = 20$, $z = 100$, $p = 0{,}087$ in die Formel ein, so erhält man als den Erwartungswert der Streuung

$$\frac{19}{20} \cdot 100 \cdot 0{,}087 \cdot (1 - 0{,}087) = \frac{19}{20} \cdot 8{,}7 \cdot 0{,}913 = 7{,}55.$$

Diese Zahl gibt nach dem eben Gesagten an, wie groß im Durchschnitt die Streuung ist, wenn man unendlich oft je 20 Gruppen von 100 Ziehungen ausführt. Lexis stellt diesen theoretischen Wert der wirklich beobachteten Streuung gegenüber (in unserem Fall 7,01) und sieht in dem Quotienten der zweiten Zahl durch die erste den gesuchten Maßstab für die Beurteilung der Übereinstimmung zwischen Theorie und Beobachtung. In unserem Fall ist 7,01 : 7,55 = 0,928 nicht viel von 1 verschieden. Darin erblicken wir mit Lexis eine Bestätigung für die Annahme, daß das Auftreten des Buchstaben „a" im laufenden Prosatext des lateinischen Schriftstellers sich im großen ganzen „zufallsartig" verhält, den Gesetzmäßigkeiten eines Kollektivs annähernd folgt.

Nicht jede Zahlenreihe, die von einer statistischen Aufnahme geliefert wird, weist eine solche Übereinstimmung zwischen der tatsächlichen Streuung und dem Erwartungswert der Streuung auf, und der Unterschied, der sich zwischen den beiden Zahlen in vielen Fällen ergibt, ist ein bemerkenswertes Kriterium für die Natur des untersuchten Zahlenmaterials. Die Theorie liefert mannigfache Anhaltspunkte dafür, worauf eine etwaige Abweichung, eine „Divergenz in der Dispersion", wie Lexis sagt, zurückzuführen ist. Hierzu zwei kurze Andeutungen.

Geschlechtsverhältnis der Neugeborenen

Einen viel durchforschten Gegenstand statistischer Untersuchung bildet das Geschlechtsverhältnis der neugeborenen Kinder. In den 24 Monaten der Jahre 1908 und 1909 sind in Wien insgesamt 93661 Kinder lebend zur Welt gekommen, also durchschnittlich 93661 : 24 = 3903 in einem Monat. Hievon waren 48172 oder durchschnittlich 2007 männlichen Geschlechtes, so daß der Knabenanteil oder die „Knabenquote" für den ganzen Zeitraum 48172 : 93661 = 0,51433 beträgt. Bildet man für die einzelnen Monate die Quotienten: Knabenzahl durch gesamte Geburtenzahl, so schwanken die Zahlen zwischen 0,4904 im März 1909 und 0,5275 im August des gleichen Jahres. Der Reihe nach betragen die Knabenquoten:

0,5223, 0,5125, 0,5141, 0,5246, 0,5126, 0,5136, 0,5187, 0,5213, 0,5105, 0,5203, 0,5124, 0,5141; 0,5143, 0,5093, 0,4904, 0,5097, 0,5140, 0,5089, 0,5129, 0,5275, 0,5178, 0,5130, 0,5177, 0,5027.

Der Durchschnitt dieser Zahlen ist, wie man leicht ausrechnet, 0,51397, ihre Streuung, die in der vorhin angegebenen Weise zu berechnen ist, beträgt 0,0000533. Im Sinne der Lexisschen Theorie fragen wir nun nach dem Erwartungswert der Streuung, die als Merkmal innerhalb eines Kollektivs mit folgendem Element erscheint: 24malige Wiederholung einer Gruppe von 3903 Ziehungen aus einer Urne, die unter 1000 Losen rund 514 mit „M" (masculinum) bezeichnete enthält. Die Formel, die hier gilt, ist von der eben angeführten nur deshalb etwas verschieden, weil wir jetzt nicht die Ereigniszahlen (d. i. die Anzahlen der Knabengeburten) selbst, bzw. ihre Streuung, sondern die Relativzahlen (Knabenquoten) als Merkmale verwandt haben. Dies hat zur Folge, daß der Faktor z in der Formel aus dem Zähler in den Nenner rückt, so daß

$$\frac{n-1}{n} \cdot \frac{1}{z} p(1-p)$$

zu nehmen ist, mit $n = 24$, $z = 3903$, $p = 0{,}514$. Die Ausrechnung ergibt

$$\frac{23}{24} \frac{0{,}514 \cdot 0{,}486}{3903} = 0{,}0000613.$$

Diese Zahl ist, wie man sieht, im Verhältnis $613 : 533 = 1{,}15$ zu groß gegenüber dem tatsächlichen Ergebnis der Statistik. Im allgemeinen findet man bei Untersuchungen über die Knabenquote bessere Übereinstimmung und man wird daher hier nach einer Erklärung der ziemlich stark „unternormalen" Streuung suchen. Eine solche findet sich in der Tat leicht unter Zuhilfenahme weiterer wahrscheinlichkeitstheoretischer Untersuchungen. Legt man nämlich der Rechnung statt des bisher betrachteten Kollektivs, dessen Elemente je 24 Gruppen von je 3903 Ziehungen aus einer und derselben Urne waren, ein etwas komplizierteres zugrunde, bei dem für jede Gruppe von 3903 Ziehungen (bzw.

ebensoviel Geburten) mehrere Urnen mit verschiedenen Mischungsverhältnissen (Bevölkerungsteile mit verschiedenen Knabenquoten) zur Verfügung stehen, so zeigt sich — auf Grund eines bekannten algebraischen Satzes —, daß der Erwartungswert der Streuung dadurch kleiner wird. Es liegt nun nahe anzunehmen, daß die Knabenquote der Lebendgeborenen eine Eigenschaft der Rasse oder des Volksstammes ist und daß demgemäß in einem Bevölkerungskreis, der eine gewisse Rassenmischung aufweist, eine geringere Streuung erwartet werden muß als in einer völlig ungemischten Bevölkerung. Man wird es nicht unplausibel finden, daß diese Erklärung für das Beispiel der Geburtenverhältnisse in Wien angenommen wird.

Todesfallsstatistik mit übernormaler Streuung

Viel häufiger als mit solchen Fällen einer gegenüber der theoretisch berechneten zu geringen Streuung hat man es in der praktischen Statistik mit Zahlenreihen zu tun, die das Maß der „erwartungsmäßigen" Streuung beiweitem übertreffen. Sehen wir uns z. B. die Todesfallsstatistik des Deutschen Reiches in dem zehnjährigen Zeitraum von 1877 bis 1886 an, in dem kaum bemerkenswerte äußere Ereignisse die Gleichförmigkeit der Lebenshaltung störten, an. Die folgende kleine Tafel gibt in der zweiten Spalte die Zahl der in jedem Jahr eingetretenen Todesfälle, daneben in der dritten die auf 1000 Einwohner entfallende Anzahl. Es starben

im Jahre	1877	insgesamt	1 223 156,	auf je	1000	Einwohner	28,0
,,	,, 1878	,,	1 228 607,	,,	,, 1000	,,	27,8
,,	,, 1879	,,	1 214 643,	,,	,, 1000	,,	27,2
,,	,, 1880	,,	1 241 126,	,,	,, 1000	,,	27,5
,,	,, 1881	,,	1 222 928,	,,	,, 1000	,,	26,9
,,	,, 1882	,,	1 244 006,	,,	,, 1000	,,	27,2
,,	,, 1883	,,	1 256 177,	,,	,, 1000	,,	27,3
,,	,, 1884	,,	1 271 859,	,,	,, 1000	,,	27,4
,,	,, 1885	,,	1 268 452,	,,	,, 1000	,,	27,2
,,	,, 1886	,,	1 302 103,	,,	,, 1000	,,	27,6

Wer ohne alle Kenntnisse in der mathematischen Statistik diese Zahlen, namentlich die letzte Spalte der relativen Anzahlen ansieht, wird sich gewiß über ihre Gleichförmigkeit wundern. Ältere Schriftsteller wissen sich gar nicht genug vor Staunen darüber, wie außerordentlich „stabil" die menschlichen Verhältnisse in der Statistik erscheinen. Rechnet man aber nach, wie groß hier die Streuung tatsächlich ist und vergleicht sie im Sinne der Lexisschen Theorie mit ihrem Erwartungswert, so kommt man zu einem ganz anderen Ergebnis. Das arithmetische Mittel der zehn Sterblichkeitszahlen findet sich gleich 27,41 auf 1000, oder als Dezimalbruch geschrieben gleich 0,02741. Bestimmt man jetzt die Abweichungen der einzelnen Beobachtungswerte vom Mittelwert und quadriert sie, also beispielsweise fürs erste Jahr: $0{,}028 - 0{,}02741 = 0{,}00059$, $0{,}00059^2 =$ $= 0{,}000\,000\,3481$ und bildet dann den Mittelwert der so gefundenen zehn Quadratzahlen, so hat man die Streuung gleich $0{,}000\,000\,0949$. Diese Zahl scheint ja nun freilich recht klein zu sein. Aber die Formel von S. 117 für den Erwartungswert der Streuung gibt noch viel weniger, da die im Nenner stehende Zahl z jetzt so groß ist. Offenbar hat man für n den Wert 10, für p die Größe 0,02741 einzusetzen und für z die Zahl der „Versuche" innerhalb jeder der zehn Gruppen von Beobachtungen, also die Bevölkerungszahl des Deutschen Reiches, die in den Jahren 1877 bis 1886 rund 45 Millionen betrug. Die Ausrechnung ergibt

$$\frac{9}{10} \frac{0{,}02741 \cdot 0{,}97259}{45\,000\,000} = 0{,}000\,000\,000\,533,$$

d. i. eine im Verhältnis $949 : 5{,}33 = 177$ mal kleinere Zahl als die beobachtete. Die tatsächliche Streuung der Sterblichkeitszahlen übertrifft demnach ihren Erwartungswert beinahe um das Zweihundertfache! Wie ist dies zu erklären?

Solidarität der Fälle

Überlegen wir einmal, was für ein Kollektiv es ist, mit dem die Lexissche Theorie den Ablauf der Jahressterblichkeit vergleicht. Sein Element besteht aus der zehnmaligen Wiederholung einer Gruppe von 45 Millionen Ziehungen aus einer Urne, die, wie wir sagen können, unter 10000 Losen 274 „schwarze" und 9726 „weiße" Lose enthält. Wenn zu Beginn jedes Jahres jeder Einwohner Deutschlands vor eine Urne dieser Art käme und sein Lebens- oder Todeslos daraus zu ziehen hätte (selbstverständlich wird nach jedem Zug das Los zurückgelegt, damit das Mischungsverhältnis unverändert bleibt), so müßte man erwarten, daß die Sterblichkeit in zehn Jahren eine 177 mal kleinere Streuung aufweist, als sie tatsächlich beobachtet wurde. Nun ist es klar, daß dieses Bild das Spiel von Leben und Tod der Menschen nur sehr unvollkommen wiedergibt. Schon die einfachste Erfahrung lehrt, daß es viele Erscheinungen gibt, die solidarisch als Todesursachen für eine Vielheit von Menschen wirken, z. B. schlechter Witterungsverlauf in einem Winter- oder Sommermonat, ungünstige Gestaltung der Wirtschaftslage in einem Teilgebiet des Landes, eine endemische Erkrankung usf. Man wird also den wirklichen Verhältnissen viel näher kommen, wenn man annimmt, daß nicht jeder einzelne von den 45 Millionen Einwohnern, unabhängig von allen anderen, sein Los zieht, sondern eine geringere Anzahl von „Repräsentanten" je für eine ganze Gruppe an die Urne herantritt und das Schicksal befragt. Nach der Formel von S. 117 wird der Erwartungswert der Streuung in demselben Maß vergrößert, in dem die Zahl z der unabhängigen Einzelfälle innerhalb einer Gruppe vermindert wird. Wir bekämen somit volle Übereinstimmung zwischen Beobachtung und Erwartung, wenn wir annehmen wollten, daß für je 177 Bewohner des Deutschen Reiches ein gemeinsames Los gezogen wird, das über Leben oder Tod der sämtlichen 177 entscheidet.

Wesentliche Schwankungskomponente

Ob man diese Erklärung stark übernormaler Streuung durch „Solidarität" der Ereignisse in einem konkreten Fall als zutreffend gelten lassen kann, hängt noch von weiteren Untersuchungen ab. Vor allem wird man verlangen müssen, daß der einmal aus einer Beobachtungsreihe errechnete Umfang der Solidaritätsgruppe einigermaßen erhalten bleibt, wenn man andere analoge Reihen, etwa die Sterblichkeitszahlen eines zweiten Jahrzehnts ins Auge faßt. Das stimmt nun gerade bei dem hier von mir herangezogenen Beispiel der Gesamtsterblichkeit aller Einwohner nur sehr schlecht. Ich will mich nicht mit der Besprechung anderer Zahlenreihen, für die die Erklärung besser zutrifft, aufhalten, sondern lieber die Frage erörtern, in welcher Richtung man sonst noch eine theoretische Begründung für das

Auftreten wesentlich das Erwartungsmaß übersteigender Streuung suchen kann. Man verdankt den Arbeiten von L. v. Bortkiewicz wertvolle Aufklärung über diese Verhältnisse.

Wenn man die Todesfallsstatistik für eine Reihe von Jahren betrachtet, so liegt es nahe anzunehmen, daß die Sterbenswahrscheinlichkeit von Jahr zu Jahr wechselt, daß also, um im früheren Bilde zu bleiben, das Mischungsverhältnis der schwarzen und weißen Lose in der Urne jedes Jahr ein anderes ist. Nimmt man etwa an, daß im Jahre 1877 die Sterbenswahrscheinlichkeit 0,0280, im darauffolgenden 0,0278 usw. bestand, so kommt man zu dem Schluß, daß in jedem Jahr genau das geschah, was erwartet werden mußte. Allein damit gewinnt man keinerlei vernünftige Einsicht in die Dinge: allzugroße Freiheit in den Prämissen nimmt den Schlußfolgerungen jeden Wert, beraubt die Theorie jeglichen Inhalts. Erst wenn wir von einer anderen Seite her auf dieselben Schwankungen der Sterblichkeitswahrscheinlichkeit geführt würden, könnten wir in ihrer Annahme eine Erklärung des Tatbestandes sehen. Es läßt sich nun wirklich in dieser Richtung etwas erreichen, wenn man nur die wahrscheinlichkeitstheoretische Untersuchung einen Schritt weiter treibt. Betrachtet man nämlich das Kollektiv, dessen Element, wie früher, die Zusammenfassung von n Gruppen von je z Ziehungen ist, wobei aber jetzt für jede Gruppe eine neue Urne mit einem neuen Mischungsverhältnis benutzt wird, so ergibt sich rechnungsgemäß der Erwartungswert der Streuung derart, daß zu der Formel von S. 117 noch ein bestimmtes positives Zusatzglied, noch ein Summand, hinzutritt. Dieser Summand, der oft als die ,,wesentliche Schwankungskomponente" bezeichnet wird, ist — wie die Rechnung zeigt — nichts anderes als die Streuungsgröße, die man aus den n Mischungsverhältnissen der einzelnen Urnen unmittelbar bilden kann, indem man nämlich zu diesen, untereinander verschiedenen Zahlen den Mittelwert rechnet, dann die Abweichungen der Einzelwerte vom Mittelwert, deren Quadrate usf. Die Einzelheiten sind dabei gar nicht wichtig, entscheidend ist nur, daß, was zu dem früher nach der Formel von S. 117 errechneten Ausdruck hinzukommt, ein Betrag ist, der nicht von der Zahl z der Einzelbeobachtungen, also der Ziehungen innerhalb einer Gruppe (bzw. der Bevölkerungszahl), abhängt, sondern nur allein von den Ungleichheiten, von den

Schwankungen der Wahrscheinlichkeit von Gruppe zu Gruppe (von Jahr zu Jahr). Damit gewinnt man eine Handhabe, um die Richtigkeit der erweiterten Lexisschen Theorie, d. h. die Zulässigkeit des Vergleiches der untersuchten statistischen Reihe mit dem Kollektiv, das von den Ziehungen aus n verschiedenen Urnen gebildet wird, zu überprüfen. Man wird vernünftigerweise annehmen müssen, daß, wenn die Sterbenswahrscheinlichkeit im ganzen Reich von Jahr zu Jahr schwankt, etwa infolge wechselnder wirtschaftlicher oder klimatischer Verhältnisse, diese Schwankungen ungefähr in gleichem Maße in den einzelnen größeren Landesteilen zur Geltung kommen. Da nun, wie wir sagten, das Zusatzglied zu dem Erwartungswert der Streuung von der Bevölkerungszahl des Landes unabhängig ist, muß es in gleicher Größe bei der Statistik des ganzen Reiches wie der eines Teiles in Erscheinung treten. Dies liefert eine Kontrolle der Theorie. Man braucht nur den für das Gesamtreich gültigen Zahlen die für einen Teilbereich, z. B. einen Bundesstaat, ermittelten gegenüberzustellen. Es muß dann, wenn die Annahme richtig war, daß die „übernormale Dispersion" von den Veränderungen der Sterbenswahrscheinlichkeit herrührt, der Überschuß der beobachteten Streuung über die nach der Formel von S. 117 errechnete in beiden Fällen, für das ganze Reich wie für den Einzelstaat, ungefähr gleich groß sein.

Selbstmordstatistik

Ich will dies an einem Beispiel erläutern, das L. v. Bortkiewicz sorgfältig durchgearbeitet hat, an der Selbstmordstatistik Deutschlands für das Jahrzehnt 1902 bis 1911. (Bei der Untersuchung der allgemeinen Sterblichkeit kommen noch bestimmte andere Gesichtspunkte in Betracht, die durch das Schlagwort: fortschreitende Verminderung der Sterblichkeit infolge Fortschritts der Hygiene, gekennzeichnet werden.) In den genannten Jahren entfielen im Deutschen Reich auf je eine Million Einwohner durchschnittlich 213,9 Selbstmorde jährlich. Im einzelnen lagen die Zahlen zwischen 204 und 223 pro Million, also als Dezimalbrüche geschrieben, zwischen 0,000204 und 0,000223. Die Streuung, die sich aus den zehn Zahlen in der schon wiederholt beschriebenen Weise, durch Aufsuchen des

Mittels, der Einzelabweichungen und ihrer Quadrate errechnet, beträgt 30,9 Billionstel oder, wie wir zur Abkürzung, um die zehn Nullen hinter dem Komma zu sparen, schreiben wollen, $30,9 \cdot 10^{-12}$. Der Erwartungswert der Streuung findet sich dagegen nach der Formel, wenn für z die Einwohnerzahl des Reiches mit 61,6 Millionen, für n der Wert 10, für p der eben angegebene Durchschnittswert 0,0002139 eingesetzt wird, nur zu $3,12 \cdot 10^{-12}$, also fast zehnmal kleiner als der beobachtete Wert. Wir stellen nun diesem Tatbestand die Zahlen gegenüber, die für das Großherzogtum Baden ermittelt wurden, einem Teilgebiet des ganzen Reiches, in dem die Verhältnisse hinsichtlich der Selbstmorde denen im Reich sehr ähnlich waren. Es lagen hier die jährlichen Anzahlen zwischen 193 und 225 pro Million, ihr Mittelwert betrug 214,9 und die tatsächliche Streuung rechnet sich zu $126,3 \cdot 10^{-12}$, mehr als viermal so groß als für das Gesamtreich. Andererseits ergibt die Formel für den Erwartungswert der Streuung, da die Einwohnerzahl Badens mit 2,04 Millionen nur etwa ein Dreißigstel der des Reiches ausmachte, einen ungefähr dreißigmal so großen Wert, genau (wenn $n = 10$, $z = 2,04 \cdot 10^6$ und $p = 0,0002149$ eingesetzt wird) $94,8 \cdot 10^{-12}$. Hier beträgt somit die beobachtete Streuung nur etwa $4/3$ mal soviel als die erwartungsmäßige.

Bilden wir aber die beiden Differenzen zwischen tatsächlicher und berechneter Streuung, so haben wir im ersten Fall, für das ganze Reich $30,9 - 3,12$, also rund $28 \cdot 10^{-12}$, im zweiten für Baden $126,3 - 94,8$, also rund $31 \cdot 10^{-12}$. Man sieht, daß diese Zahlen schon sehr nahe beieinander liegen. Damit ist ein Anhaltspunkt dafür gewonnen, daß der große Streuungsüberschuß, den die Selbstmordstatistik des Reiches aufweist, ebenso wie der viel kleinere, der für Baden festgestellt wurde, auf eine „wesentliche Schwankungskomponente" zurückzuführen ist, d. h. auf eine von Jahr zu Jahr sich verändernde Disposition zum Selbstmord oder, wie wir auch sagen können, eine von Jahr zu Jahr wechselnde Selbstmord-Wahrscheinlichkeit. Ich will nicht verschweigen, daß die Ergebnisse nicht so günstig liegen, wenn man beliebige andere Teile des Reiches untersucht und daß überhaupt erst ein viel tieferes Eindringen in den besonderen Gegenstand der statistischen Aufnahme und in die mathematische Theorie zu voller Übersicht führt.

Was ich zeigen wollte und was ich hoffe, mit diesem und den

früheren Beispielen einigermaßen verständlich gemacht zu haben, ist nur dies: daß die auf den Kollektivbegriff aufgebaute Wahrscheinlichkeitstheorie dazu tauglich ist, Sinn und Bedeutung einer statistischen Zahlenreihe aufzuklären, daß sie gestattet, verschiedene Zahlenreihen miteinander zu vergleichen und in Beziehung zu setzen, mannigfache Hypothesen über das Zustandekommen der gezählten Ereignisse zu überprüfen und uns damit befähigt, sachliche Schlüsse über den Gegenstand, dem die statistische Aufnahme gewidmet war, zu ziehen.

Soziale und biologische Statistik, Vererbungslehre

Die Bereiche, in denen statistische Erwägungen angestellt zu werden pflegen, dehnen sich mit der Zeit mehr und mehr aus. Das älteste Anwendungsgebiet, das der Statistik in größerem Umfang erschlossen wurde, war wohl das der sozialen Erscheinungen und noch heute gibt es Vertreter der Ansicht, daß nur die Staats- und Wirtschaftswissenschaften „legitimer" Ort für die Anwendung der statistischen Methode seien. Die ursprüngliche Bedeutung des Wortes „Statistik" ist wohl auch „Staatslehre". Sicher hat dieser Teil der Statistik schon lange eine feste Stellung im Kreise der Wissenschaften gewonnen. Wenn nun gerade hier immer wieder Stimmen laut werden, die meinen, Statistik hätte nichts mit Wahrscheinlichkeitsrechnung zu tun, so darf man das nicht allzu schwer nehmen. Es ist ungefähr dasselbe, wie wenn jemand behauptet, man könne Politiker sein, ohne etwas von der Geschichte seines Landes zu verstehen, oder man könne Brücken bauen, ohne die Gesetze der Statik zu beherrschen. Die klassischen Leistungen auf dem Gebiete der Sozialstatistik sind jedenfalls in anderem Geiste entstanden. So hat Adolphe Quetelet 1869 seinem grundlegenden Werk, der „Sozialen Physik", in dem die berühmte Konzeption des „mittleren Menschen" enthalten ist und das befruchtend auf zwei Generationen von Forschern gewirkt hat, eine ausführliche Abhandlung des Astronomen Herrschel über Wahrscheinlichkeitsrechnung vorangestellt. Stofflich greift Quetelet mehrfach in das Gebiet der Biologie des Menschen, auch mittelbar in das medizinische über. Heute nimmt, wie schon erwähnt, die sogenannte Biometrie, die Lehre von der statistischen Erfassung biologischer Zusammenhänge, namentlich in England einen breiten Raum ein. Es verbinden sich mit diesen Forschungen Hoffnungen ungewöhnlicher Art auf eine Höherzüchtung, eine Veredlung der menschlichen Rasse, wie sie in der Bezeichnung ,,Eugenik" zur Andeutung kommen; die weitgespannten Ziele haben die Wissenschaftlichkeit der einschlägigen Untersuchungen nicht immer gefördert. Viel günstiger steht es in dieser Richtung mit einem nahe verwandten Forschungsgebiet, der Vererbungslehre, deren statistische Grundlagen von dem Augustinermönch Gregor Mendel um 1870 geschaffen wurden.

Mendel erkannte, daß das Auftreten gewisser biologischer Merkmale innerhalb der Individuen einer Generation und auch der Vererbungsvorgang von Generation zu Generation als Kollektiv aufgefaßt werden kann. Hinsichtlich eines jeden, wie man heute sagt, ,,mendelnden" Merkmales besitzt das einzelne Individuum zwei Anlagen. Z. B. ist die Blütenfarbe der Erbse ,,mendelnd", und zwar eine mendelnde Alternative: rot-weiß; ebenso die Körnerfarbe eine Alternative: grün-gelb. Jede Erbsenpflanze gehört demgemäß hinsichtlich der Blütenfarbe einem der drei Typen rot-rot, rot-weiß oder weiß-weiß an. Bei jedem Fortpflanzungsakt wird von jedem der beiden Elternteile die eine oder andere seiner Anlagen auf den Nachkommen übertragen, wobei jeder der beiden Übertragungsmöglichkeiten die Wahrscheinlichkeit $1/2$ zukommt.

Gehören z. B. beide Elternteile dem Mischtypus rot-weiß an, so besteht je die Wahrscheinlichkeit $1/4$ für das Auftreten der Kombinationen rot-rot, rot-weiß, weiß-rot, weiß-weiß in der Nachkommenschaft. Dabei geben die beiden mittleren Kombinationen den gleichen Typus, so daß auf diesen 0,50 Wahrscheinlichkeit entfällt. Mitunter ist der Mischtypus äußerlich nicht von dem einen der reinrassigen zu unterscheiden (dominierendes Merkmal), so daß eine theoretische Verteilung $1/4 : 3/4 = 1 : 3$ entsteht. Tatsächlich beobachtete Mendel an 8023 Erbsensamen 2001 grüne und 6022 gelbe Körner, Bateson fand unter 15806 Samen 3903 grüne und 11903 gelbe, beides in bester Übereinstimmung mit der Theorie.

Aus den einfachen Annahmen der Mendelschen Vererbungslehre, die natürlich nicht immer unmittelbar nachprüfbar sind, erwachsen in Verbindung mit den Grundgesetzen der Wahrscheinlichkeitsrechnung die weittragendsten Folgerungen, deren ausgezeichnete Übereinstimmung mit den Beobachtungsergebnissen der Pflanzen- und Tierzüchter eine der schönsten Bestätigungen für die Brauchbarkeit der auf dem Kollektivbegriff aufgebauten Wahrscheinlichkeitstheorie bildet. Die Vererbungsstatistik ist heute eine weit ausgebaute, in ihren Anwendungen überaus erfolgreiche Wissenschaft. Sie bietet der Wahrscheinlichkeitsrechnung viele hübsche, gelegentlich auch recht schwierige Aufgaben, aber keine, die von prinzipieller Bedeutung für deren Grundlegung wären.

Statistik in der Technik

Ein noch ziemlich neues und wenig bekanntes Anwendungsgebiet wahrscheinlichkeitstheoretischer Untersuchung, das ebenfalls keine grundsätzlichen Schwierigkeiten bietet, findet man in gewissen Aufgaben der industriellen Technik unserer Zeit. Zum Teil handelt es sich da um Fragen, die in den Bereich der Fehlertheorie fallen (von der gleich im folgenden ausführlich die Rede sein soll), beispielsweise wenn die Erzeugnisse einer Fabrik von Stahlkugeln (die für die Verwendung in Kugellagern mit einer Genauigkeit von $1/_{100}$ mm herzustellen sind) auf ihre Gleichmäßigkeit geprüft werden sollen. Aber auch neuartige Fragestellungen treten auf, die theoretisch und praktisch von großem Interesse sind und die ich etwa als „Probleme der Verkehrsdichte" kennzeichnen darf. Ein Elektrizitätswerk muß seine Anlagen nach statistischen Beobachtungen über die Häufigkeit und Intensität der Benutzung durch die angeschlossenen Teilnehmer bemessen. Dabei erscheint die Gesamtheit der Teilnehmer als Kollektiv, etwa mit dem Zeitpunkt und der Dauer des täglichen Stromverbrauches als Merkmal. Vielfältiger und interessanter sind in dieser Richtung die Aufgaben, die bei der Errichtung von Selbstanschlußämtern in Fernsprechnetzen zur Sprache kommen. Es wäre natürlich unmöglich oder im höchsten Maße unwirtschaftlich, die Anlage so zu erstellen, daß sämtliche Verbindungen zwischen je zwei Teilnehmern gleichzeitig bewirkt werden können. Man muß vielmehr auf Grund gewisser Wahrscheinlichkeitsannahmen, die an der Erfahrung geprüft werden, berechnen, welche Gruppen von Verbindungen gerade noch mit einer nicht zu geringen Wahrscheinlichkeit zu erwarten sind. Eine Kombination, für die ein sehr kleiner Wahrscheinlichkeitswert errechnet wird, kann natürlich auch einmal eintreten, aber sie tritt eben sehr selten ein. In ganz unmittelbarer Form erscheint hier die Wahrscheinlichkeit als ein Näherungswert für die relative Häufigkeit — man verläßt sich vollständig darauf und riskiert es, daß in diesen seltenen Augenblicken die ganze Einrichtung versagt.

Ein Beispiel medizinischer Statistik

Das Bild, das ich Ihnen hier von den Anwendungsmöglichkeiten und den Ergebnissen statistischer Forschung zu entwerfen versuche, wäre unvollständig, wollte ich nicht auch der mannigfachen fehlerhaften, ja zum Teil unsinnigen Theorien Erwähnung tun, wie sie, leider gar nicht selten, in der Literatur auftréten. Für uns sind solche Verirrungen, die man merkwürdigerweise am häufigsten in medizinischen Werken findet, besonders deshalb lehrreich, weil sie zeigen, wie jedes Verlassen der sicheren Grundlagen, auf denen wir den Wahrscheinlichkeitsbegriff aufgebaut haben, sich rächt. In der Tat kann man fast jeden Fehlschlag und seine Herkunft klar durchschauen, sobald man nur den Kollektivs ein wenig nachgeht, um deren Verteilungen es sich bei den fraglichen Wahrscheinlichkeiten handelt. Ich will hier ein Beispiel etwas genauer besprechen, hinter dem der Name eines hervorragenden Psychiaters, aber auch der eines bekannten Mathematikers steht.

Einem Patienten war beim Rezitieren eines lateinischen Verses das Wort „aliquis" entfallen. Aufgefordert, die nächstliegende Assoziation zu „aliquis" anzugeben, nennt er die Teilung a-liquis. Als nächste Assoziationen zu „liquis" bringt er: Reliquie, Flüssigkeit, dann hieran anschließend sieben weitere Hinweise, die man einem Vorstellungskomplex, der durch die Worte: Blut—Flüssigkeit angedeutet wird, einigermaßen einordnen kann, schließlich eine zehnte von unbestimmtem Charakter. Aus diesem „statistischen" Tatbestand, nämlich aus dem Auftreten der Häufigkeit $9/10$ bei den dem Komplex angehörigen Assoziationen, wird der folgende Schluß gezogen: Die Annahme der Freudschen psychoanalytischen Theorie, daß das Vergessen des Wortes „aliquis" auf eine Verdrängung durch den genannten Vorstellungskomplex zurückzuführen ist, besitzt eine Wahrscheinlichkeit, die sich von 1 nur um einen Bruch unterscheidet, der hinter dem Komma 25 Nullen besitzt (also verschwindend klein ist)! Eigentlich wird noch viel mehr gefolgert, nämlich, daß der Freudschen Theorie an sich diese immense Wahrscheinlichkeit zuzuschreiben wäre. Aber wir wollen dies als ein Versehen gelten lassen, da doch evident ist, daß selbst die volle Sicherheit des Zutreffens einer theoretischen Behauptung in einem Falle statistisch noch nicht das geringste für die Theorie besagt.

Zu dem angeführten Zahlenwert gelangt der Verfasser in folgender Weise. Er schätzt, daß unter allen „Ideen eines gebildeten Mannes" durchschnittlich jede tausendste sich mit dem vorhin angedeuteten Vorstellungskomplex in Verbindung bringen läßt. Nun löst er die Aufgabe, die in den Bereich des Bernoullischen Problems fällt: Wie groß ist die Wahrscheinlichkeit dafür, aus einer Urne, die auf tausend Kugeln eine schwarze enthält, bei zehnmaligem Ziehen neun schwarze zu erhalten? Dafür ergibt sich in der Tat etwa $1/_{10}$ zur 26. Potenz, d. h. ein Dezimalbruch mit 25 Nullen hinter dem Komma. Aber was in aller Welt hat diese, ganz richtig gelöste, Aufgabe mit der ursprünglichen Frage zu tun?

Richtigstellung

Offenbar will der Autor das Ergebnis seines statistischen Experimentes darin sehen, daß die Versuchsperson in größerer Zahl Assoziationen, die dem Komplex angehören, gebildet hat, als der durchschnittliche „gebildete Mann". Dann aber hätte er zunächst feststellen müssen, wie häufig im Durchschnitt unter den Assoziationen, die zu dem Wort „liquis" angegeben werden, solche vorkommen, die in den kritischen Komplex fallen. Es ist kaum anzunehmen, daß ein gebildeter Mensch zu dem Klang „liquis" nicht sehr bald Reliquie und liquid = flüssig assoziiert und dann eine Weile in diesem Vorstellungskreis weiterspinnt. Der Psychiater verrät sogar, daß er selbst so denkt, denn er bemerkt, daß schon die Trennung in „a" und „liquis" auf den kritischen Komplex hinweist. Jedenfalls, so können wir uns ausdrücken, ist schon die Wahl des Ausgangskollektivs eine verkehrte: Nicht darauf kommt es an, wie häufig die kritischen Vorstellungen unter allen möglichen vorkommen, sondern darauf, wie oft sie sich unter denen finden, die landläufig zu „liquis" assoziiert werden. Aber auch die Ableitung des Endkollektivs aus dem als gegeben vorausgesetzten Ausgangskollektiv ist verfehlt. Wenn wir die Ausdrucksweise des Urnenschemas beibehalten, steht es doch so: Beobachtet wurde unter $n = 10$ Ziehungen die Häufigkeit $n_1 : n = a = 0{,}9$ eines schwarzen Zuges; gesetzt, die Wahrscheinlichkeit eines schwarzen Zuges unter normalen Verhältnissen wäre 0,5, so wird z. B. gefragt: wie groß ist die Wahrscheinlichkeit dafür, daß die Urne, aus der gezogen wurde, ein Füllungsverhältnis x besitzt, das größer als 0,5 ist? Die Frage gehört nicht dem Bernoullischen, sondern dem Bayesschen Problemkreis an und wird beantwortet durch die Bayessche Regel, die etwa 0,95 ergibt. Dabei ist angenommen, daß die sogenannte a-priori-Wahrscheinlichkeit, eine Urne mit irgend einem Füllungsverhältnis x zu ergreifen, für alle x-Werte die gleiche ist. Nur wenn die Versuchszahl n wesentlich größer als 10 wäre, würde der vorhin von mir erwähnte Satz, daß das Ergebnis der Rechnung von der sogenannten a-priori-Verteilung unabhängig wird, in Geltung treten. Abgesehen von dieser Unsicherheit liegt natürlich eine weitere in der Annahme 0,5 für die Häufigkeit einer in das kritische Gebiet fallenden Assoziation zu „liquis" beim normalen, unbeeinflußten Menschen. Jedenfalls hält sich das auf diese Weise gefundene Ergebnis, das der Zulässigkeit der Freudschen Annahme für den vorliegenden Fall die Wahrscheinlichkeit 0,95 zuerkennt, in vernünftigen Grenzen gegenüber der geradezu abstrusen Behauptung eines Wertes $1 - 10^{-26}$.

Zusammenfassend ist zu sagen: Wenn überhaupt aus der angeführten Statistik ein Wahrscheinlichkeitsschluß gezogen werden sollte, so war 1. ein anderes Ausgangskollektiv zu wählen; 2. eine einigermaßen begründete Schätzung für die Wahrscheinlichkeit, die wir 0,5 gesetzt haben, zu geben; 3. die Bayessche statt der Bernoullischen Formel zu verwenden; 4. die Zahl der Versuche mit Rücksicht auf die unbekannte „a-priori-Verteilung" bedeutend größer zu machen. Im übrigen wäre es vermutlich richtiger, die Rechnung gar nicht auf die zehn Beobachtungen aufzubauen, sondern als erwiesen anzunehmen, daß das Wort „aliquis" für alle Menschen eine klangliche Verknüpfung mit dem fraglichen

Komplex besitzt. Es käme dann darauf an, zu untersuchen oder abzuschätzen, mit welcher Häufigkeit durchschnittlich ein Vergessen des Wortes „aliquis" bei der einen oder anderen Gruppe von Menschen statthat. Hält man eine derartige Feststellung nicht für ausführbar, so muß man eben auf einen statistischen Schluß verzichten, darf ihn aber nicht auf fehlerhaften Wegen zu erzwingen suchen.

Beschreibende Statistik

Vorhin habe ich die allgemeine Aufgabe der statistischen Theorie dahin gekennzeichnet, zu untersuchen, ob eine empirisch aufgefundene Zahlenreihe ein Kollektiv bildet oder in welcher Weise sie auf Kollektivs möglichst einfacher Art zurückgeführt werden kann. An einer Reihe von Beispielen konnten wir inzwischen erkennen, wie sich die Aufgabe in einzelnen Fällen durchführen läßt. Beim Marbeschen Problem, wo es sich um eine einfache Alternative, also eine Aufeinanderfolge von Nullen und Einsern handelte, war es möglich, gewisse beobachtete Häufigkeiten unmittelbar mit berechneten Wahrscheinlichkeitsgrößen zu vergleichen. In anderen Fällen führte die mehr summarische Behandlungsweise der Lexisschen Dispersionstheorie und verwandter Überlegungen zum Ziele, zur Gegenüberstellung der Beobachtungsreihe und eines theoretischen Kollektivs. Ich darf aber nicht ganz verschweigen, daß es heute noch zahlreiche statistische Feststellungen gibt, bei denen eine Lösung der Aufgabe in dem eben bezeichneten Sinne nicht restlos gelungen ist und die Aussicht auf baldige vollständige Lösung auch nicht groß ist.

In solchen Fällen, und auch als erster Schritt der Untersuchung in anderen, erweist es sich als nützlich, zunächst ohne jede Bezugnahme auf den Wahrscheinlichkeitsbegriff die vorgelegte statistische Aufnahme mathematisch zu erfassen. Diesem Zwecke dient derjenige Zweig der mathematischen Statistik, den ich gerne als „beschreibende" Statistik bezeichnen möchte. Dabei ist „Beschreibung" im engeren Wortsinn als bloße Wiedergabe des unmittelbar Vorgelegten mit gegebenen Mitteln zu verstehen, unter Verzicht auf logische Einordnung in ein systematisches Ganzes. Die Aufgabe der beschreibenden Statistik geht somit dahin, eine vorgegebene statistische Reihe durch typische

Merkmale möglichst genau zu kennzeichnen. Die einfachsten solchen Merkmale haben wir bereits kennen gelernt: es sind der Mittelwert (Durchschnittswert) der Beobachtungen und die Streuung. Natürlich reichen Mittelwert und Streuung nicht aus, wenn man beliebige statistische Aufnahmen miteinander vergleichen will. Eine große Menge anderer „Maßzahlen" sind im Laufe der Zeit in die Statistik eingeführt worden, ich nenne nur den Median- oder Zentralwert, verschiedene „mittlere" Abweichungen, Quartile, Dezile u. a., ohne daß damit wesentlich mehr erreicht worden wäre, als schon der gewöhnliche Mittelwert und die Streuung liefert. In anderer Richtung hat Karl Pearson, der Begründer einer großen Schule der Statistik in England, die Hilfsmittel der Beschreibung zu vermehren versucht, indem er gewisse typische Verteilungen in Formeln faßte, auf die nun möglichst alle vorkommenden Fälle zurückgeführt werden sollten. Das vom mathematischen Standpunkt vollkommenste und weitreichendste Verfahren ist jedoch dasjenige, das im Rahmen der sogenannten Kollektivmaßlehre durch H. Bruns eingeführt wurde. Auf einer Idee des Astronomen Bessel fußend zeigte Bruns wie man eine beliebige statistische Reihe mit jeder gewünschten Genauigkeit durch eine unbegrenzte Folge von „Maßzahlen" charakterisieren kann. Die ersten in dieser systematisch entwickelten Folge sind die schon früher genannten, Mittelwert und Streuung, dann folgen ein Maß der „Schiefe", ein Maß des „Exzesses" usf. Eine wertvolle Ergänzung dieses Gedankenganges verdankt man auch dem schwedischen Astronomen Charlier.

Auf diese Dinge näher einzugehen ist hier um so weniger Veranlassung, als es sich ja gerade um den Zweig statistischer Überlegungen handelt, der mit der Wahrscheinlichkeitsrechnung unmittelbar nichts zu tun hat. Es ist nur zur Gesamtorientierung wichtig zu wissen, daß die verschiedenen Hilfsmittel und Verfahren der beschreibenden Statistik, die Aufsuchung statistischer Maßzahlen, die Pearsonschen Verteilungstypen, die Brunsschen und Charlierschen Entwicklungen, als Vorstufe oder als Vorarbeit zur eigentlichen theoretischen Durchdringung des Stoffes aufzufassen sind.

Grundlagen der Fehlertheorie

Ich will jetzt noch ein paar Worte hinzufügen über denjenigen Zweig wahrscheinlichkeitstheoretisch-statistischer Untersuchungen, der wohl die verbreitetste und unumstrittenste Anwendung gefunden hat und der auch zu den im letzten Abschnitt zu behandelnden Problemen der theoretischen Physik überleitet, die sogenannte Fehlertheorie. Bei fast allen Arten von Beobachtungen, die sich auf die Messung oder Größenbestimmung sinnlich wahrnehmbarer Dinge beziehen, treten unvermeidlich Schwankungen auf, als deren Ursache wir sogenannte „Beobachtungsfehler" ansehen. Wenn wir mit aller uns überhaupt erreichbaren Genauigkeit die Entfernung zweier auf der Erdoberfläche fixierter Punkte mehrmals ermitteln, so geschieht es, daß wir von einem zum andernmal sich ändernde Werte erhalten. Wir stellen uns nun vor, daß jene Entfernung einen für alle Zeiten, wenigstens innerhalb der Zeitgrenzen, die für unsere Messungen in Frage kommen, unveränderlichen, ganz bestimmten „wahren" Wert besitzt und daß demgemäß unsere Meßergebnisse, höchstens bis auf eines, unrichtig sind, daß sie „Fehler" aufweisen. An Quellen, aus denen Fehler entspringen können, ist kein Mangel. Haben wir einen Meßstab benutzt und, wie sich gehört, den Einfluß der Temperatur auf die Dehnung seiner Länge berücksichtigt, so kann noch immer eine unmittelbare Wirkung der Sonnenbestrahlung, eine noch nicht genügend erkannte Materialveränderung, eine aus irgendwelchen Gründen entstandene unmerklich kleine Krümmung des Stabes im Spiele sein. Dazu kommen die Ungenauigkeiten der Ablesung im Mikroskop — man weiß, daß zwei Beobachter kaum je die gleichen Teilstriche ablesen —, die Störungen durch die Luftbewegung, durch Erschütterungen, elastische Nachgiebigkeiten usf. Ob wir nun daran festhalten wollen, daß es einen genauen „wahren" Wert gibt, das ist eine erkenntnistheoretische Frage, die wir hier nicht zu entscheiden brauchen. Der Tatbestand ist der, daß die Beobachtungszahlen selbst, wenn wir sie für eine genügend lang fortgeführte Versuchsreihe aufzeichnen, die Eigenschaften eines Kollektivs besitzen. Das ist nun freilich nicht immer unmittelbar nachzuweisen, in dem Sinn, daß man wirklich prüft, wie sich die Häufigkeit eines bestimmten Resultates verhält, einerseits bei

Vermehrung der Beobachtungen schlechthin, andererseits gegenüber dieser oder jener Stellenauswahl. Aber es geht hier so, wie fast immer in den Anwendungsgebieten mathematischer Theorien: Kann man nicht von vornherein das Zutreffen von Voraussetzungen der Theorie einsehen, so lassen sich dafür Folgerungen, die aus der Theorie gewonnen werden, an der Wirklichkeit überprüfen und bestätigen.

Der große Mathematiker Karl Friedrich Gauß war einer der ersten, der die Anwendbarkeit der Wahrscheinlichkeitslehre auf die Untersuchung der Beobachtungsfehler erkannt hat und darauf einen Lehrgang gründete, der heute unter dem Namen „Ausgleichsrechnung" vor allem in der Geodäsie und Astronomie, dann aber auch fast in jeder Naturwissenschaft, die mit Beobachtungen zu tun hat, reichliche Anwendung findet. Die tiefere Grundlage der Ausgleichsrechnung liegt in einem Satze, der schon von Laplace herrührt, wenn er auch in seiner eigentlichen Bedeutung erst viel später erkannt wurde. Der Satz ist wesentlich mathematischer Natur und ich kann ihn hier nicht in seinem vollen Umfang oder mit allen Einzelheiten, die nur den Fachmann angehen, wiedergeben. Aber was er im großen Ganzen besagt, ist doch zu wichtig, um hier übergangen zu werden, und es läßt sich, wie ich denke, auch ohne Eingehen auf den mathematischen Formalismus einigermaßen verständlich machen. Die Fehler, oder besser gesagt, die gegenseitigen Abweichungen einer Reihe von Beobachtungen derselben Größe haben, wie schon angedeutet, vielfältige Ursachen; man wird es plausibel finden, wenn ich sage, daß gerade in dieser Vielfältigkeit der in jedem einzelnen Fall wirksamen Fehlerquellen die Erklärung dafür gesucht werden muß, daß überhaupt eine allgemeine Theorie der Beobachtungsfehler möglich ist, daß eine gewisse Einheitlichkeit in dem Verhalten der resultierenden Beobachtungs-Abweichungen besteht.

Das Galtonsche Brett

Eine ausgezeichnete Veranschaulichung dessen, was durch das Zusammenwirken zahlreicher einzelner, unabhängiger Fehlerursachen herbeigeführt wird, gewinnen wir durch ein Experiment, das ich Ihnen hier vorführen kann und das unter dem Namen des Galtonschen Brettes allgemein bekannt ist. Auf einer ebenen, schwach geneigten Unterlage sind hier in 40 wagrechten Reihen Drahtstifte befestigt, alle parallel zueinander und in gleichmäßigen Abständen von 8 mm. Zwischen je zwei wagrechten Reihen solcher Stifte ist ebenfalls eine Entfernung von ungefähr der gleichen Größe eingehalten. Wichtig ist dabei, daß die Stifte in je zwei aufeinanderfolgenden Reihen um 4 mm versetzt sind, so daß alle Stifte z. B. der zehnten Reihe genau über bzw. unter der Mitte je zweier Stifte der elften bzw. der neunten Reihe liegen. Unwesentlich ist, daß die ersten Reihen nicht voll besetzt sind, sondern an den äußeren Rändern des Brettes Stifte fehlen. Nun lasse ich ganz oben, in der Mitte des Brettes eine Stahlkugel von 8 mm Durchmesser so herabrollen, daß sie gerade auf den mittelsten Stift der obersten Reihe trifft und sich nun entscheiden muß, ob sie rechts oder links von ihm weiterrollen will. In jedem Fall trifft sie sofort einen Stift der zweiten Reihe und muß sich wieder einen Weg rechts oder links wählen. Diese Entscheidung und manche folgende ist rascher getroffen, als ich von ihr sprechen kann. Schon hat die Kugel den Weg durch alle 40 Reihen zurückgelegt, wobei sie jedesmal an einen Stift anschlug und dann nach einem unmerklich kurzen Zögern rechts oder links einen Ausweg fand. Wie oft sich die Kugel in ihrem Lauf für rechts, wie oft für links entschieden hat, darüber kann man hinterher eine bestimmte Aussage machen. Denn die Ruhelage, die sie jetzt unten, um vier Stiftabstände nach rechts aus der Mitte verschoben, einnimmt, zeigt, daß die Zahl der Entscheidungen für rechts um acht größer gewesen sein muß, als die für links. Der wagrechte Abstand des Kugelmittelpunktes von der Mittellinie des Brettes nimmt nämlich bei jedem Schritt, d. h. beim jedesmaligen Durchlaufen einer Reihe um die halbe Größe der Stiftteilung zu oder ab, je nachdem die eine oder andere Wahl getroffen wurde. Da im ganzen 40 Reihen vorhanden sind, müssen also 16 Entscheidungen für links und 24 für rechts gefallen sein. Der ganze Vorgang ist ein Modell für die vierzigmalige Wiederholung einer Alternative mit den Merkmalen $+ 1/2$ („rechts") und $-1/2$ („links"), wobei als Resultat der Wiederholung oder als Merkmal des durch vierzigfache Verbindung entstandenen Kollektivs nur die Summe der Einzelmerkmale erscheint. Die Summe der 24 Summanden $+ 1/2$ und der 16 Summanden $-1/2$ ist eben die Zahl 4, die die Lage der Kugel am Ende angibt.

Die Glockenkurve

Denken wir uns nun, wir hätten irgend eine physikalische Beobachtung oder Messung vorgenommen, bei der 40 voneinander unabhängige Fehlerquellen wirksam sind, und jede einzelne von ihnen gebe Veranlassung zu einem positiven oder negativen Fehler, dessen Betrag eine halbe Einheit irgend eines Maßsystems ausmacht. Der resultierende Fehler einer Beobachtung entspricht dann genau dem, was in der Endlage unserer Stahlkugel am unteren Rande des Galtonschen Brettes zum Ausdruck kommt. So viel Stiftabstände die Kugel nach rechts oder links aus der Mitte liegt, um so viele Einheiten ist das Beobachtungsergebnis zu groß bzw. zu klein. Wollen wir nun sehen, was eintreten wird, wenn wir nicht nur eine Beobachtung machen, sondern ihrer eine ganze Anzahl, so müssen wir nur ebensoviele Kugeln hintereinander das Brett hinunter rollen lassen. Ich habe hier 400 ganz gleiche, exakt gearbeitete Stahlkugeln und Sie sehen, wie sie sich, eine nach der andern, den Weg zwischen den Stiften suchen. Es dauert nur wenige Minuten, und alle Kugeln haben ihre Zickzackbahn durchlaufen und ruhen in schönen Säulen am unteren Rand des Brettes, jede in der Abteilung, in die sie nach der letzten Entscheidung in der vierzigsten Reihe gefallen ist. Mit einem einzigen Blick ist das Gesamtergebnis der vierhundertmaligen Wiederholung des Einzelversuches (der selbst aus 40 unabhängigen Versuchen besteht), zu überschauen: Man sieht, daß der größte Teil der Kugeln in den mittelsten Fächern liegt, dort wo die Gesamtabweichung aus der Mitte nicht mehr als ein bis zwei Teilungseinheiten beträgt, und daß die Kugelzahl nach beiden Seiten hin ungefähr symmetrisch abfällt. Schon aus weiter Entfernung ist die charakteristische Gestalt der „Glockenkurve" erkennbar, die die Verteilung der Kugeln auf die verschiedenen Abstände, zugleich die Verteilung innerhalb des durch vierzigfache Verbindung entstandenen Kollektivs darstellt.

Laplace war der erste, der für den vorliegenden Fall der Verbindung einer großen Zahl von untereinander gleichen Alternativen die Verteilung richtig berechnete und so theoretisch die Gestalt der Glockenkurve fand, die man heute auch oft die Gaußsche Kurve nennt. Es ist im Grunde genommen die gleiche

Aufgabe wie die von Bernoulli behandelte, die wir vorhin in der Form kennen gelernt haben, daß nach der Anzahl der Kopfwürfe innerhalb einer großen Zahl von Würfen mit einer Münze gefragt wird. Während aber Bernoulli in dem Gesetz der großen Zahlen (wie es dann von Poisson formuliert wurde) nur eine besondere Eigenschaft der resultierenden Verteilung hervorhob, gelang es Laplace, die Verteilung vollständig zu berechnen. Sie wird mathematisch dargestellt durch die sogenannte „e hoch minus x^2-Funktion", d. h. die Ordinaten der Glockenkurven nehmen von der Mitte nach außen derart ab, daß ihre (negativ genommenen) Logarithmen sich wie die Quadrate der Entfernung von der Mitte verhalten. Dabei ist zu beachten, daß es nicht nur eine Glockenkurve gibt, sondern unendlich viele, die sich durch ihre größere oder geringere Schlankheit unterscheiden. Für den Fall des Galtonschen Brettes läßt sich auch das Maß der Schlankheit, oder wie man zu sagen pflegt, das Präzisionsmaß — das wesentlich von der Zahl der Nägelreihen abhängt — genau berechnen. Die Rechnung benützt lediglich die Regeln der Addition und der Multiplikation von Wahrscheinlichkeiten, die wir für die Mischung und Verbindung von Kollektivs als gültig erkannt haben.

Das Laplacesche Gesetz

Der allgemeine Satz, auf dem die Gaußsche Fehlertheorie beruht, ist nun der, daß die Glockenkurve, die bei den Kugeln des Galtonschen Brettes so sichtbar in Erscheinung tritt, **immer dann** die resultierende Verteilung wiedergibt, wenn das Kollektiv, um das es sich handelt, durch **Verbindung und Summenbildung aus sehr vielen Ausgangskollektivs** entstanden ist. Es ist nicht notwendig, daß die einzelnen ursprünglichen Kollektivs einfache Alternativen sind, auch nicht, daß sie alle die gleichen Merkmalwerte und die gleiche Verteilung besitzen. Wenn wir nur das Endkollektiv dadurch bilden, daß wir eine sehr große Zahl von Ausgangskollektivs „verbinden", und dann so „mischen", daß als endgültiges Merkmal die Summe der ursprünglichen Merkmale übrig bleibt, so ist die Endverteilung stets genau von der Beschaffenheit der Glockenkurve. Man sieht, wie dieser Satz in die Theorie der Beobachtungsfehler eingreift. Macht man nur die Annahme, daß bei jeder Beobachtung sehr zahlreiche Fehlerquellen zusammenwirken, so folgt daraus schon, daß die Wahrscheinlichkeit einer bestimmten Größe des Gesamtfehlers durch die Ordinate einer entsprechenden Glockenkurve wiedergegeben wird. In diesem Sinne gibt es ein bestimmtes „Fehlergesetz", dem die zufallsartigen Beobachtungsfehler folgen und das den Ausgangspunkt der Gaußschen Fehlertheorie und Ausgleichungsrechnung bildet. Natürlich sind da noch viele, auch grundsätzliche Fragen offen, die ich hier nicht näher behandeln kann, z. B. die Frage, wie das „Präzisionsmaß", das für jede Beobachtungsreihe einen bestimmten Wert haben muß, zu bestimmen ist, usf.

Die Anwendungsgebiete der Fehlertheorie

Gauß hat seine Theorie vor allem auf geodätische und astronomische Messungen angewandt und in diesen Gebieten bilden die auf sie gestützten Rechnungsverfahren, die übrigens vor Gauß schon großenteils Legendre bekannt waren, ein dem Praktiker unentbehrliches Hilfsmittel. Die Theorie bewährt sich aber weit darüber hinaus auch in vielen Fällen, wo von eigentlichen „Fehlern" einer Beobachtung nicht gesprochen werden kann, sondern nur von Schwankungen oder von gegenseitigen Abweichungen der Ergebnisse. Mißt man z. B. an einer sehr großen Zahl gleichaltriger Personen die Körperlänge, so erhält man Werte, die, wenn sie etwa auf halbe Zentimeter abgerundet werden, kaum noch Meßfehler enthalten. Die Abweichungen zwischen den Messungsergebnissen können als zufallsartige Schwankungen angesehen werden, deren Zustandekommen man einer Reihe verschiedenartiger Ursachen zuschreiben wird. Es zeigt sich nun, wenn man die relative Häufigkeit, mit der die einzelnen Längenwerte auftreten, näher untersucht, daß sie ebenfalls dem Gesetz der Glockenkurve folgen. Das ist ja weiter nicht überraschend, da wir ja gesehen haben, daß diese Form der Verteilung immer resultieren muß, wenn das betrachtete Merkmal als Summe vieler unabhängig voneinander zufallsartig variierender Einzelwerte entsteht. Das Gaußsche Gesetz und manche daraus gezogene Folgerung findet so in weiten Bereichen biologischer und anderer statistischer Untersuchungen Anwendung, ohne daß es sich da um Beobachtungsfehler im ursprünglichen Sinne handeln würde.

Andererseits darf man den Geltungsbereich der Fehlertheorie nicht, wie das oft geschehen ist, übertreiben. Nicht alle Schwankungen, die es irgendwo gibt, folgen dem Gesetz der Glockenkurve und nichts wäre verkehrter als anzunehmen, daß nur dort zufallsartige Abweichungen von einem Mittelwert vorliegen, wo die Verteilung diesem Gesetz entspricht. Die schon erwähnte englische Schule der „Biometriker", die von Karl Pearson begründet wurde, legt mit Recht großen Nachdruck darauf, daß das Gaußsche Gesetz nicht aller Weisheit letzter Schluß in der Statistik ist. Und wenn man auch manchmal in den Untersuchungen, die aus dem Pearsonschen Kreise stammen, eine tiefere wahrscheinlichkeitstheoretische Begründung vermißt, so darf man keinesfalls verkennen, wie sehr sie durch ihre freiere Auffassung vom Wesen einer statistischen Verteilung dem Fortschritt der biologischen Statistik gedient haben. Man müßte wünschen, daß umfassendere Arbeiten in dieser Richtung endlich einmal auch in Deutschland aufgenommen werden.

Mit diesen Hinweisen möchte ich meine Ausführungen über die Anwendung der Wahrscheinlichkeitstheorie in der Statistik beschließen. Auf gewisse Fragen, die mit den Grundlagen der Fehlertheorie zusammenhängen, komme ich noch in dem jetzt folgenden letzten Abschnitt zurück.

Probleme der physikalischen Statistik

Nun habe ich nur noch von einem Anwendungsbereich der Wahrscheinlichkeitsrechnung ausführlicher zu sprechen, der etwa seit einem halben Jahrhundert erschlossen ist, in unserer Zeit stetig steigende Bedeutung erlangt und gerade in grundsätzlicher Hinsicht das größte Interesse in Anspruch nehmen muß. Ich meine damit die Rolle, die der Wahrscheinlichkeitsbegriff heute in der theoretischen Physik spielt, eine Rolle, die geschaffen wurde durch den genialen Gedanken Boltzmanns, einem der wichtigsten Sätze innerhalb des physikalischen Lehrgebäudes, dem sogenannten zweiten Hauptsatz der Wärmetheorie, die Form einer Wahrscheinlichkeitsaussage zu geben. Ich brauche, wenn ich Ihnen die Verhältnisse, um die es sich hier handelt, näherbringen soll, nichts an besonderen physikalischen Kenntnissen vorauszusetzen. Es ist sogar für den ersten

Augenblick besser, gar nicht den stofflichen Inhalt des Satzes, auch wenn man ihn voll versteht, ins Auge zu fassen, sondern mehr die logischen Formen, in denen er ausgesprochen wird, zu beachten.

Der zweite Hauptsatz der Thermodynamik

Die klassische Thermodynamik, die von Robert Meyer, von Joule und vor allem von Carnot begründet wurde, hatte zu der Erkenntnis geführt, daß bei thermischen Vorgängen neben dem, was man Energie nennt, noch eine zweite Zustandsgröße, die sogenannte Entropie, in Frage kommt, und daß für sie der Satz gilt, der eben als zweiter Hauptsatz neben den ersten, den Satz von der Konstanz der Energie, tritt: Bei jedem beobachtbaren Vorgang wird die Entropie vermehrt. Seit der berühmten Abhandlung Boltzmanns vom Jahre 1866 aber heißt es: Es ist mit außerordentlich großer Wahrscheinlichkeit zu erwarten, daß der Entropiewert zunimmt; eine irgendwie erhebliche Abnahme der Entropie besitzt außerordentlich geringe Wahrscheinlichkeit. Übersetzen wir das in eine Sprache, die das Wort „Wahrscheinlichkeit" durch seine Definition ersetzt, so erhalten wir die Aussage: Wird der gleiche physikalische Vorgang unbeschränkt oft wiederholt, so wird sich mit sehr großer relativer Häufigkeit der Fall ereignen, daß die Entropie wächst, und nur äußerst selten der entgegengesetzte. Freilich bedarf hier noch mancher Punkt näherer Erklärung, vor allem, was man unter „gleichen" Vorgängen zu verstehen hat, wie die Größe der Wahrscheinlichkeit mit der Größe der erwarteten Zu- oder Abnahme der Entropie verknüpft ist usf. Kein Zweifel kann aber darüber bestehen, daß der Sinn der Aussage der ist, etwas über die Häufigkeit des einen oder anderen Versuchsausganges zu behaupten. Die Gleichsetzung von Wahrscheinlichkeit und relativer Häufigkeit bei unbeschränkter Wiederholung des Versuches wird hier wohl kaum einem Einwand begegnen. Der Physiker Smoluchowski, dem man viele wertvolle Beiträge zur physikalischen Statistik verdankt, sagt einmal in diesem Zusammenhange: „Mathematische Wahrscheinlichkeit, das ist die relative Häufigkeit des Eintrittes bestimmter auffallender Ereignisse." Dies ist, wenn auch etwas ungenau und mit einer belanglosen Einschränkung versehen, unsere Häufigkeitsdefinition der Wahrscheinlichkeit, die wir der klassischen Gleichmöglichkeitsdefinition gegenübergestellt haben.

Determinismus und Wahrscheinlichkeit

Was ist nun das Neue, was erscheint oder erschien als das Revolutionierende an dem Boltzmannschen Satz? Die Frage ist leicht zu beantworten, wenn man sich überlegt, welche Vorstellung wir uns seit Jahrhunderten von sogenannten Naturgesetzen gebildet haben. „Alle Körper fallen mit gleicher Beschleunigung zu Boden", sagt Galilei. „Jeder Lichtstrahl wird beim Eintritt in ein dichteres Medium zum Lot hin gebrochen", lautet ein Teil des Snelliusschen Brechungsgesetzes. „Zwei in gleicher Weise elektrisch geladene Kügelchen stoßen einander ab", ist eine Teilaussage des Coulombschen Anziehungsgesetzes. In allen diesen Fällen wird das Eintreten einer bestimmten Erscheinung unter genau bekannten Voraussetzungen mit vollster Sicherheit vorausgesagt. Es heißt nicht „die meisten Körper fallen" oder „die Körper fallen fast immer" zur Erde, die Aussage ist eine determinierte, die in keiner Weise (so scheint es wenigstens) mit dem Wahrscheinlichkeitsbegriff in Verbindung gebracht werden kann. „Nach ewigen, ehernen, großen Gesetzen müssen wir alle unseres Daseins Kreise vollenden", in diesen Worten drückt Goethe die Überzeugung von der eindeutigen Bestimmtheit des Naturgeschehens aus.

Das erste Beispiel einer deterministischen Erklärung eines umfassenden Tatsachengebietes gab die Newtonsche Mechanik, wie sie 1687 in den „Principia mathematica" niedergelegt wurde. Fast zweihundert Jahre lang konnte man sich eine Naturerklärung nicht in anderer Form vorstellen als in der der Newtonschen Prinzipien — in diesem Punkte stimmt auch die Auffassung Goethes mit der seines bitter bekämpften Gegners Newton überein. Die extremste Formulierung fand der Newtonsche Determinismus in dem „mathematischen Dämon" von Laplace, der imstande sein soll, allein vermöge seiner unbeschränkten Fähigkeit zur mathematischen Deduktion, den Ablauf aller Vorgänge in der Welt vorauszusagen, sobald ihm alle den augenblicklichen Zustand charakterisierenden Größen bekannt wären. Die Auffassung, daß etwas Derartiges zumindest für die ganze unbelebte Natur, vielleicht auch noch für die Pflanzen- und Tierwelt möglich sein müsse — eventuell mit dem Zusatz, daß auch die weiter zurückliegende Vergangenheit mit von Einfluß sein kann — ist allmählich zur festen Überzeugung aller Naturforscher geworden. Nur dem menschlichen Handeln blieb, im Einklang mit der religiösen Lehre vom freien Willen, nach der Meinung der Mehrzahl, eine gewisse Wahlfreiheit vorbehalten. So fährt auch Goethe in dem eben angeführten Gedichte fort: „Nur allein der Mensch vermag das Unmögliche: er unterscheidet, wählet und richtet." Von der Ausnahmestellung des Menschen sind wir, zumindest gefühlsmäßig, durchaus überzeugt und dies beeinflußt auch unsere Ansicht über die Möglichkeit „zufallsartigen" Geschehens in entscheidender Weise.

Es erscheint uns ja keineswegs verwunderlich, daß die Zahl der Todesfälle oder der Selbstmorde im Deutschen Reich sich nicht exakt für die nächsten Jahre vorausberechnen läßt, etwa in der Art, wie man den Zeitpunkt jeder Mondesfinsternis genau vorhersagen kann. Denn in jenen beiden Fragen tritt mittelbar oder unmittelbar der menschliche freie Wille ins Spiel, z. B. hinsichtlich der Lebensführung, der Wahl des Aufenthaltsortes, des Eingehens von Gefahren usf. Auch wenn wir in allen unseren Entscheidungen durch äußere Umstände mit bestimmt werden, halten wir doch diese Bestimmung nicht für eine zwingend-eindeutige. Im Gegenteil haben die älteren Autoren, wie der englische Historiker Bucle, über nichts so sehr gestaunt wie über die starke Gleichförmigkeit der statistischen Zahlen und die daraus entspringende Möglichkeit einer Voraussage in nicht allzu weiten Schranken. Auch bei den Glücksspielen, deren Ablauf doch den Vorgängen in der unbelebten Natur viel näher steht, ist das Dazwischentreten einer freien Willenshandlung erkennbar. Wir heben den Würfelbecher mit der Hand, führen eine Schüttelbewegung aus usf.; das Lotterielos wird von dem Waisenknaben oder dem preußischen Verwaltungsbeamten aus dem Glücksrad gezogen und es bleibt bis zum letzten Augenblick in jeglichem Sinne ungewiß, welches Röllchen seine Hand erfassen wird. Daß derartige Vorgänge oder Erscheinungen „zufallsartig" verlaufen, d. h. von den Gesetzen der Wahrscheinlichkeitstheorie beherrscht werden, ist eine Erkenntnis, an die wir uns schon seit langem mehr oder weniger gewöhnt haben. Aber die eigentlichen mechanischen oder physikalischen Prozesse, in die keine Menschenhand eingreift, die Vorgänge in der unbelebten Natur, die weisen wohl einen grundsätzlich anderen Charakter auf? Ein mechanischer Webstuhl vollführt seine verwickelten Bewegungen mit unfehlbarer Regelmäßigkeit und was er leistet, das Erzeugnis seiner Webkunst, ist Stück für Stück unveränderlich das gleiche? Wenn wir im Sinne der sogenannten kinetischen Gastheorie annehmen, daß das, was man ein Gas nennt, nichts anderes ist, als ein ungeheurer Haufen von im einzelnen unsichtbar kleinen, gegeneinander bewegten Atomen, so scheint es uns denknotwendig zu sein, daß diese Bewegungen gesetzmäßig, in vollkommen eindeutiger Weise vorausbestimmt, vor sich gehen. Unser intellektuelles Gewissen sträubt sich dagegen, anzunehmen, daß Zufall oder „Zufallsgesetze" derartige Vorgänge beherrschen sollen.

Zufallsmechanismen

Aber dieser Widerstand, dieses Sträuben des Intellekts, erweist sich, wie das so oft der Fall ist, bei näherer Betrachtung als ein Vorurteil, das sich in keiner Weise aufrechterhalten läßt, wenn man der Sache auf den Grund geht. Worin besteht denn der Unterschied zwischen dem „rein mechanischen" System der in einem abgeschlossenen Gefäß gegeneinander bewegten Atome oder Molekel und dem Mechanismus eines Glücksspiels? Nehmen wir als Beispiel ein bekanntes, seit Jahrhunderten erprobtes Verfahren, „reine" Zufallsergebnisse zu erzielen, die Lotterieziehung. Der wesentliche Teil des Spieles besteht in folgendem. Es werden die Nummern von 1 bis, sagen wir, 100000 auf einzelne, untereinander gleiche Zettel gedruckt, die Zettel möglichst gleichförmig zu Röllchen geschlossen, diese in einen großen Behälter geschüttet, der ständig in drehender oder andersartiger Bewegung erhalten wird; schließlich greift eine Hand in den Behälter und zieht willkürlich ein Röllchen heraus. Das, worauf in der Hauptsache geachtet werden muß, ist, daß bei der Bewegung des Behälters die Röllchen in unübersichtlicher Weise durcheinandergerüttelt werden; wie das einzelne Röllchen am Schlusse ergriffen und aus dem Behälter entfernt wird, erscheint ohne Bedeutung, wenn

nur dem Ziehenden jede Einsichtnahme in etwaige Unterschiede der Röllchen entzogen ist. Aber gerade diese Bedingung wird besonders vollständig erfüllt, wenn überhaupt kein intelligentes Wesen das Herausnehmen besorgt, sondern irgend eine mechanische Einrichtung getroffen ist, die bewirkt, daß nach genügender Durchrüttelung des Behälters ein einzelnes Röllchen, etwa durch eine trichterförmige Öffnung, herausfällt. In der Tat ist schon oft, zur Vermeidung von Unterschleif, also zur vollständigen Sicherstellung des „Zufalls", vorgeschlagen worden, den gesamten Ziehungsvorgang zu „mechanisieren".
Daß dies möglich ist, unterliegt keinem Zweifel. Eine derartige, durch einen Elektromotor getriebene Ziehungsmaschine würde dies leisten: an einer Stelle des Apparates wird ein langes Papierband eingeführt, das automatisch bedruckt, zerschnitten und gerollt, in Form von hunderttausend gleichen Röllchen in einen Behälter fällt; dieser wird hinreichend stark gerüttelt und gibt schließlich ein Röllchen durch eine vorgesehene Öffnung als den Träger des Gewinnes (bzw. des ersten Gewinnes) nach außen ab. Damit haben wir eine, bis auf den motorischen Antrieb ganz in sich geschlossene, mechanische Einrichtung vor uns, die, sofern man sie mehrmals in Tätigkeit setzt, keineswegs stets das gleiche Ergebnis zeitigt, sondern, wie wir völlig überzeugt sind, durchaus nach Zufallsgesetzen, d. h. nach Art eines Kollektivs, bald die eine, bald die andere Losnummer als die gewinnende ausweisen wird. Man kann sich auch einen noch einfacheren automatisierten Zufallsmechanismus hergestellt denken, indem man das schon erwähnte Bajazzo-Spiel (bei dem eine zwischen Nägeln, wie beim Galtonschen Brett, herabfallende Kugel aufgefangen werden soll) durch einen Motor ergänzt, der das Hinaufheben der herabgefallenen Kugel (das jetzt der Spieler durch Drehen eines Knopfes leistet) mechanisch bewirkt; der Auffangbecher müßte natürlich feststehen, damit — nach dem früher Ausgeführten — überhaupt ein Glücksspiel und kein Geschicklichkeitsspiel vorliegt.

Die zufallsartigen Schwankungen

Hat man nun einmal erkannt, daß ein automatischer Mechanismus zufallsartig schwankende Resultate ergeben kann, so liegt kein Grund mehr vor, die analoge Annahme für die Gasmolekel abzulehnen. Aber man kann in der Überlegung noch einen Schritt weiter gehen. Wir haben vorhin davon gesprochen, daß eine Maschine von der Art eines mechanischen Webstuhls nach der gängigen Auffassung vollkommen zwangläufig ein Webstück genau gleich dem andern herstellt. Ist denn diese Ansicht überhaupt richtig? Wenn wir mit etwas schärferen Mitteln als dem freien Auge zwei Erzeugnisse desselben Webstuhls betrachten, so finden wir zweifellos — auch wenn wir vorerst der Einfachheit halber von Fehlern in der Beschaffenheit der Kette und der Einschußfäden absehen — kleinere und größere Abweichungen in der Maschenweite, in den Winkeln, die die Fäden miteinander bilden usf. Ja, wir haben an einer Reihe von gewebten Stücken gleich eine mehrfache Mannigfaltigkeit von Schwankungen vor uns, indem wir einmal die Maschenunterschiede, die nebeneinander an einem Stück bestehen, ein andermal die Unterschiede betrachten können, die an den entsprechenden Stellen der verschiedenen Stücke auftreten. Und solche Abweichungen, solche Fehler gibt es bei jedem, auch bei dem exaktesten maschinellen Arbeitsvorgang. Als wir von den Anwendungen der Statistik in der Industrie sprachen, erwähnte ich, daß man sich bei der Überprüfung der für Kugellager bestimmten Stahlkugeln mit Vorteil der Gaußschen Fehlertheorie bedient. Hier wird also auf das Resultat eines der vollkommensten mechanischen Arbeitsprozesse, den die moderne Technik kennt, eine Theorie angewandt, die sich auf dem rationellen Kollektivbegriff aufbaut, obgleich jenes Resultat, nämlich die ganz automatisch hergestellte Stahlkugel, nach den Grundgesetzen der Mechanik völlig determiniert sein müßte. Gerade das, was die deterministische Auffassung der Naturvorgänge als das Allereindeutigste ansehen müßte, das Werk einer exakten Maschine, erweist sich bei näherem Zusehen als etwas zufallsartig schwankendes. Gibt es dann überhaupt noch einen Wiederholungsvorgang, der wirklich genau durch die Vorhersage der Mechanik oder der analogen physikalischen Theorie gedeckt wird? Es wäre müßig, darüber zu streiten, ob z. B. bei einem mathematischen Pendel ein Ausschlag genau gleich dem andern verläuft. Haben wir eine Anordnung gefunden, bei der sich Abweichungen nicht feststellen lassen, so ist es nur vernünftig, anzunehmen, daß genauere Meßmethoden uns doch noch welche zeigen werden und — nach allen bisherigen Erfahrungen — daß diese Abweichungen die Eigenschaften eines Kollektivs besitzen, sowie der Fehlertheorie gehorchen dürften.

Kleine Ursachen, große Wirkungen

Ein Unterschied freilich zwischen dem Verhalten der Ziehungsmaschine und den eben erwähnten „Ungenauigkeiten" in der Arbeit beliebiger Werkmaschinen tritt auffallend zutage. Man kann im letzten Falle das **wesentliche** Ergebnis des mechanischen Prozesses voraussagen (bzw. es ist die Maschine im Hinblick auf dieses Ergebnis gebaut) und nur kleine Abweichungen der Einzelresultate untereinander unterliegen den Zufallsgesetzen. Bei der automatischen Ziehungsvorrichtung aber steht es so, daß **alles, worauf es ankommt**, durch den Zufall entschieden wird. In dieser Formulierung liegt noch etwas subjektives, nur durch den Verwendungszweck, durch die Absicht, der die Maschine dienen soll, bedingtes. Von einer Maschine, die dazu bestimmt ist, Kisten zu nageln und bei der die einzelnen Nägel aus einem Behälter in der gleichen Weise, wie bei der Ziehungsmaschine in zufallsartiger Folge zur Wirkung kommen, sagen wir wohl nicht, daß sie wesentlich Zufallsergebnisse zeitigt, obwohl hier die mechanischen Verhältnisse nicht andere sind als bei der Ziehungsvorrichtung. Man kann, vom rein mechanischen Standpunkt aus, ohne Rücksicht zu nehmen auf den Zweck, der mit einer Einrichtung verfolgt wird, mag es sich also um die gleichgültige Auswahl der Kistennägel oder die bedeutungsvolle der Lotterieröllchen handeln, eine charakteristische Eigenschaft „eigentlicher" Zufallsmaschinen feststellen. Bei ihnen weist der Bewegungs- oder Arbeitsverlauf von einemmal zum andern Unterschiede auf, die nicht den Typus kleiner Abweichungen oder Ungenauigkeiten besitzen, sondern ein bestimmtes Maß nicht unterschreiten. So ist es bei zwei Lotterieziehungen das Mindeste, daß die als „erste Treffer" erscheinenden Losnummern sich um eine Einheit unterscheiden, wenn sie nicht gerade zusammenfallen. Dagegen kann der Durchmesser einer maschinell erzeugten Stahlkugel jeden noch so kleinen Fehler gegenüber dem beabsichtigten Normalmaß aufweisen, und

Fehler oberhalb einer gewissen geringen Größe kommen praktisch überhaupt nicht vor. Bedenkt man nun, daß der Bewegungsvorgang in jedem Mechanismus zu Beginn wenigstens annähernd determiniert verläuft — bei der Ziehungsmaschine z. B. bis zum Einrollen der bedruckten Zettel — und während dieser Teilperiode höchstens kleine Schwankungen aufweisen kann; so gelangt man dazu, ein ausschlaggebendes Merkmal der „Zufallsmaschinen" von folgender Art herauszuheben: Bei ihnen entwickeln sich aus anfänglich nur kleinen, vielleicht verschwindend kleinen Ungenauigkeiten im Verlauf des Prozesses große, endliche Unterschiede im mechanischen Ergebnis.

Das Schlagwort, mit dem wir, dem Physiker M. v. Smoluchowski folgend, die Verhältnisse am besten kennzeichnen können, lautet: Kleine Ursachen, große Wirkungen. Ich will nicht so weit gehen, wie Smoluchowski und teilweise vor ihm schon Poincaré es getan hat, und ein solches Mißverhältnis zwischen Wirkung und Ursache geradezu als die entscheidende Eigenschaft jeder Massenerscheinung, auf die die Wahrscheinlichkeitsrechnung anwendbar sein soll, ansehen. Aber für die „Zufallsmechanismen", d. h. für solche Einrichtungen, die menschlichen Eingriffen entzogen, automatisch verlaufende Wiederholungsvorgänge vom Typus eines Kollektivs mit endlich verschiedenen (arithmetischen) Merkmalen aufweisen, für diese trifft das Kennzeichen zweifellos zu. Die gerollten Lose fallen in der Reihenfolge, in der sie gedruckt wurden, in den Behälter und zeigen in diesem, solange er nicht bewegt wird, noch eine bestimmte Anordnung, die sich bei Wiederholung des ganzen Prozesses ungefähr reproduziert. Wird jetzt der Behälter zwangläufig in Bewegung versetzt, so bewirken die kleinen, schon vorhandenen Unterschiede der Lage, daß die „Anfangsbedingungen" des einsetzenden Bewegungsvorganges von einem Mal zum andern nicht ganz die gleichen sind. Aus den kleinen Abweichungen der Anfangslage entwickeln sich nun im langen Verlauf der Rüttelbewegung so erhebliche Unterschiede in der späteren Konfiguration, daß das erste schließlich herausfallende Los jedesmal ein ganz anderes wird. Noch viel durchsichtiger ist der Vorgang beim Galtonschen Brett oder, was für uns dasselbe ist, beim Bajazzospiel. Trifft die Kugel auf den ersten Stift auf, so entscheidet eine ganz unmerklich geringe Abweichung nach rechts oder links darüber, ob sie um eine halbe Teilung nach der einen oder der andern Seite verschoben wird. Beim zweiten Stift, der getroffen wird, wiederholt sich diese Sachlage, wobei man durchaus nicht annehmen muß, daß nur Schwankungen der ursprünglichen Anfangsbedingungen weiter wirken. Es ist vielmehr plausibel, daß fortdauernd neue Einflüsse von außen, Luftbewegungen, Erschütterungen usf. sich geltend machen, die alle das Gemeinsame haben, daß sie einzeln sehr „kleine Ursachen" darstellen, aber in ihrer Gesamtheit über ein „Entweder-Oder" entscheiden, über das Weiterrollen der Kugel rechts oder links von der Aufstoßstelle.

Kinetische Gastheorie

Es ist nicht schwer, die Überlegungen, die wir an die „Zufallsmechanismen" geknüpft haben, in der Richtung zu ergänzen, daß sie uns Einblick in das Wesen physikalisch-statistischer Vorgänge gewähren. Als das älteste Beispiel eines solchen, das in gewissem Sinn für fast alle anderen Fälle charakteristisch ist, betrachten wir das Bild, das die sogenannte kinetische Gastheorie von einem „idealen" Gase entwirft. Ich lasse es hiebei noch für den Augenblick unbeachtet, daß die Anschauungen der Physiker über den Gegenstand selbst sich schon mannigfach geändert haben, und daß man der Boltzmannschen Gastheorie fast nur noch historische Bedeutung zuerkennt. Es wird hier bekanntlich angenommen, daß die Gasmasse nicht etwa stetig den Raum erfüllt, wie es die rohe Beobachtung vermuten läßt, sondern daß der „gaserfüllte" Raum mit enormer Geschwindigkeit von sehr vielen, sehr kleinen Atomen oder Molekülen durchschwirrt wird, die in kurzen Zeitabständen aneinander stoßen und dabei aus ihrer sonst geradlinigen Bahn abgelenkt werden. Betrachtet man als Merkmal eines solchen Molekels seine augenblickliche Geschwindigkeit, oder genauer die drei Geschwindigkeitskomponenten in den Richtungen eines Koordinatenkreuzes, so erweist es sich als zweckmäßig, d. h. als mit den Beobachtungen gut übereinstimmend, die Gesamtheit der Molekel als Kollektiv anzusehen und die Regeln der Wahrscheinlichkeitsrechnung auf sie anzuwenden. Dabei ist man, wenn man Übereinstimmung mit der Erfahrung erzwingen will, nicht mehr frei in der Festsetzung der Abmessungen, der Anzahl der in einer Volumeinheit befindlichen

Moleküle sowie der Ausgangsverteilungen. Es ist für uns wichtig, zunächst einige Zahlen kennen zu lernen.

Nach den üblichen Annahmen, zu denen, wie gesagt, die Anpassung an die Erscheinungen zwingt, enthält unter durchschnittlichen Verhältnissen ein Kubikmillimeter nicht weniger als 30000 Billionen Gasmolekel; ihre Größe ist derart, daß drei Millionen nebeneinander gelegt die Länge von 1 mm ergeben; die durchschnittliche Geschwindigkeit beträgt einige hundert Meter in der Sekunde; nach einem Weg von etwa einem Zehntausendstel Millimeter wird das Molekel durch Zusammenstoß abgelenkt; ungefähr fünf Milliarden solcher Zusammenstöße sind auf eine Sekunde zu rechnen. Man sieht, daß hier die Anwendung der Ausdrücke „sehr viel", „sehr klein" usw. schon gerechtfertigt ist. Auch wird es verständlich, daß die Regeln der Wahrscheinlichkeitsrechnung sich gut bewähren, da man es mit so enormen Elementenzahlen zu tun hat, wie sonst nie.

Wie steht es aber hier mit dem Schlagwort „kleine Ursachen, große Wirkungen"? In welcher Weise tritt hier dieses entscheidende Kennzeichen des Zufallsmechanismus auf? Nun, um das einzusehen, müssen wir nur noch eine Zahlengröße aus den früheren Angaben berechnen. Der Durchmesser des Molekels beträgt, wie ich sagte, ein Dreimillionstel Millimeter, die „freie Weglänge", d. i. die durchschnittlich ohne Zusammenstoß durchlaufene Strecke etwa ein Zehntausendstel, demnach 300 mal so viel. Die geometrischen Verhältnisse sind also die gleichen, wie wenn Kugeln von 1 cm Durchmesser nach durchschnittlichen Weglängen von 3 m aneinanderprallen. Es ist dann einleuchtend, daß eine verschwindend kleine Abweichung in der Flugrichtung einer Kugel die Wirkung des Zusammenpralles entscheidend beeinflußt. Bewegt sich z. B. eine 1-cm-Kugel zentrisch auf eine ebenso große zu, die wir uns im Abstand von 3 m augenblicklich festgehalten denken wollen, so wird sie durch den elastischen Aufprall geradewegs zurückgeworfen, kehrt also an ihren Ausgangspunkt zurück. Wenn aber die Bewegungsrichtung nur um etwas weniger als neun Bogenminuten (d. i. 0,0004 des Kreisumfanges) von der geraden Verbindungslinie der Kugelmittelpunkte abweicht, so folgt aus den Stoßgesetzen, daß der Rückprall unter 45° geschieht, so daß die bewegte Kugel auf dem Rückweg in 3 m Entfernung an ihrem Ausgangspunkt vorbeiläuft. Bei

16 Bogenminuten Abweichung würde die Kugel schon im rechten Winkel gegen ihre Ankunftsrichtung abgelenkt und bei 23 Bogenminuten würde gar kein Stoß mehr erfolgen, sondern die Kugel ungestört weiter fliegen. Die eben ausgesprochenen Sätze folgen allerdings nur aus der ältesten, noch von Boltzmann vertretenen, seither aber fallen gelassenen Annahme, daß die Molekel vollkommene Kugelgestalt haben und sich beim Stoße wie rein elastische Körper verhalten. Aber sie sind doch sehr geeignet, uns einen Einblick zu gewähren in die große Empfindlichkeit des Bewegungsablaufes gegenüber kleinen Ungenauigkeiten. Bedenkt man, daß nach neueren, allerdings auch schon großenteils überholten, Vorstellungen jedes einzelne Gasmolekel eine größere oder geringere Zahl überaus rasch gegeneinander bewegter Elektronen umfaßt, so wird sich der Eindruck nur verstärken, daß das Resultat eines Zusammenstoßes in außerordentlichem Maße von kleinen und kleinsten Ursachen abhängt. Denn wenn die Elektronen den Atomkern mit Geschwindigkeiten umkreisen, die gegenüber den Fluggeschwindigkeiten des ganzen Molekels ungeheuer groß sind, so muß die geringste Variation in der Größe oder Richtung der Fluggeschwindigkeit die relative Lage der Atomteile im Augenblick des Zusammenstoßes von Grund auf verändern. Man kann hier mit noch weit mehr Recht als bei den meisten Glücksspielmechanismen von „kleinen Ursachen und großen Wirkungen" sprechen.

Der sich selbst überlassene Haufen von bewegten Gasmolekeln erscheint in dieser Weise nicht grundsätzlich verschieden von der automatischen Ziehungsmaschine oder dem Galtonschen Brett (Bajazzospiel) mit selbsttätiger Hebevorrichtung für die herabgefallenen Kugeln. Daß es eine auf dem Wahrscheinlichkeitsbegriffe aufgebaute kinetische Gastheorie gibt, die mit der Erfahrung gut übereinstimmende Resultate liefert, ist nicht um ein Haar wunderbarer als die Anwendbarkeit der Wahrscheinlichkeitsrechnung auf irgend welche Glücksspielprobleme. Im Gegenteil, die besonders gute Übereinstimmung wird plausibler zufolge der beiden schon erwähnten Umstände: der außerordentlich großen Zahl von Elementen, mit denen man es in der Gastheorie zu tun hat, und des überaus stark ausgeprägten Mißverhältnisses zwischen den die Verschiedenheiten des Stoßeffektes herbeiführenden Ursachen und ihren Wirkungen. Wir sind jedenfalls nicht berechtigt, einseitig in dem einen Fall, dem der Gastheorie, einen Widerspruch gegen das Kausalitätsgesetz oder auch nur eine besondere Belastung unseres Bedürfnisses nach kausaler Erklärung der physischen Erscheinungen zu erblicken.

Größenordnung der „Unwahrscheinlichkeit"

Vielleicht werden Sie aber den Einwand machen, daß der Annahme einer statistischen Fassung für ein bestimmtes physikalisches Grundgesetz nicht nur intellektuelle Bedenken, sondern auch rein praktische gegenüberstehen. Wie gewinnt man denn jemals die Überzeugung von der Richtigkeit einer derartigen Aussage? Ist es nicht so, daß die physikalische Beobachtung entscheidend dazu drängt zu erklären, die Entropie nehme immer zu, oder sie nehme unter den und den Umständen sicher zu? Der nicht näher Orientierte wird vermuten, daß es sozusagen eine Tatsachenfrage ist, ob man mit einem sicheren Zunehmen der Entropie zu rechnen habe oder nicht, und daß im letzteren Fall sich auf Grund der Erfahrung zumindest Bedingungen werden angeben lassen, unter denen die Zunahme zu erwarten ist. Um die hier vorliegenden Verhältnisse aufzuklären, muß ich doch ein wenig näher auf den Entropiebegriff eingehen und dabei noch einmal auf die früher schon mitgeteilten „großen Zahlen" der Gasmolekel usw. zurückkommen.

Nach den Vorstellungen der kinetischen Gastheorie befinden sich, wie schon vorhin angegeben, in einem von Luft erfüllten Würfel, der 1 cm Seitenlänge besitzt, 30 Trillionen lebhaft durcheinander schwirrende Molekel, die in jedem Augenblick den Raum von 1 ccm mehr oder weniger gleichförmig erfüllen. Die Entropie ist nun — ebenfalls im Rahmen der kinetischen Theorie betrachtet — im wesentlichen ein Maß für die Gleichförmigkeit dieser Verteilung. Auf jeden einzelnen der 1000 kleinsten Würfelchen von der Größe eines Kubikmillimeters, in die der ganze betrachtete Würfel zerfällt, kommen im Durchschnitt 30000 Millionen Molekel. Man schreibt nun nach Boltzmann der Zustandsgröße, die Entropie heißt, einen höheren Wert zu, wenn die tatsächliche Verteilung der Molekel in höherem Maße der gleichförmigen, die gerade ein Tausendstel der Gesamtzahl in jeden Kubikmillimeter verweist, entspricht, und einen geringeren, wenn eine auffällige Ungleichheit vorhanden ist, z. B. ein kleines Würfelchen mit nur der Hälfte der auf ihn durchschnittlich entfallenden Molekelzahl. Dabei ist natürlich noch auf einige Nebenumstände zu achten. So ist vorausgesetzt, daß innerhalb des ganzen Raumes, den wir ins Auge fassen, also in unserem Beispiel des Kubikzentimeters, keinerlei merkliche physikalische Ungleichmäßigkeiten bestehen, also etwa keine Druck- oder Temperaturdifferenzen zwischen einzelnen Punkten, wie sie in einem größeren Raum, wie sie in diesem Saale, natürlich mannigfaltig festgestellt werden könnten. Ferner ist zu bemerken, daß zur genauen Abgrenzunge des Entropiebegriffes bzw. zur Bestimmung der Größe der Entropie in einem konkreten Falle nicht nur die örtliche Verteilung der Molekel, sondern auch ihr Geschwindigkeitszustand heranzuziehen wäre, was aber an den grundsätzlichen Zusammenhängen nichts ändert.

Sieht man von den Geschwindigkeiten ab, so kann man sagen, alle Erfahrung weise darauf hin, daß eine solche Abnormität, wie die Verminderung der Molekelzahl in einem Kubikmillimeter auf oder unter die Hälfte (bei entsprechender, geringer Vermehrung in den übrigen 999 Würfelchen) niemals eintritt. Die statistische Theorie schließt nun allerdings die Möglichkeit dieser Erscheinung nicht vollständig aus, sondern erklärt sie nur für äußerst unwahrscheinlich. Man muß aber das Maß der Unwahrscheinlichkeit kennen, das die Theorie angibt. Es ist mir leider ganz unmöglich, die Zahl hier anzuschreiben, die den von der Theorie gelieferten Wahrscheinlichkeitsbruch zum Ausdruck bringt. Die Zahl ist nämlich so beschaffen, daß hinter dem Komma erst einmal hundert Millionen Nullen stehen, bevor die erste von Null verschiedene Ziffer kommt! Eine derart kleine Größe entzieht sich jeder Vorstellung, wir wollen daher unser Beispiel etwas milder gestalten. Fragen wir nur nach der Wahrscheinlichkeit dafür, daß die Zahl der Molekel in dem äußersten Winkel des betrachteten Kubikzentimeters, sagen wir etwa um wenigstens ein Zehntausendstel nach oben oder unten von der auf den einzelnen Kubikmillimeter entfallenden Durchschnittszahl 30 000 Millionen abweicht, daß sie also um höchstens drei Millionen zu groß oder zu klein ist. Dieser Wahrscheinlichkeitsbruch läßt sich auch noch nicht in gewöhnlicher Form anschreiben, er hat noch mehr als 60 Nullen hinter dem Komma, aber man kann sich schon ganz gut einen Begriff von dem Ausmaß dieser Wahrscheinlichkeit machen. Spielt man nämlich zehnmal hintereinander bei einer Lotterie mit, bei der jedesmal eine Million Lose ausgegeben werden, so besitzt man ungefähr die angegebene Wahrscheinlichkeit dafür, alle zehnmal den Haupttreffer zu gewinnen. Jeder normal Denkende wird finden, daß zwischen diesem Grad von „Unwahrscheinlichkeit" und der vollkommenen Unmöglichkeit kaum noch ein praktisch feststellbarer Unterschied besteht.

Kritik der Gastheorie

Ich habe hier einige einfache Rechnungen, die an die sogenannte kinetische Gastheorie anknüpfen, nur deshalb ein wenig ausgeführt, weil diese Theorie das älteste und, man kann wohl sagen, bekannteste Beispiel einer Anwendung des Wahrscheinlichkeitsbegriffes in der Physik ist. Aber das Beispiel ist aus mehrfachen Gründen nicht ganz geeignet. Einer dieser Gründe ist schon erwähnt worden: Man glaubt heute nicht mehr an die einfachen, kugelförmigen Moleküle von Clausius, Maxwell und Boltzmann, auch die im letzten Jahrzehnt entstandene Vorstellung von den Atomen als kleinen Planetensystemen, die auf Rutherford und Niels Bohr zurückgeht, ist schon verlassen und hat einer viel allgemeineren, von Ernst Mach vorausgeahnten Auffassung, wonach man den Atomen weder Ort noch Zeit im gewöhnlichen Sinn zuschreiben darf, weichen müssen. Aber für uns ist noch wesentlicher der Umstand, daß man im Bereiche der alten Gastheorie eigentlich niemals zu einer restlosen Klärung der begrifflichen Grundlagen, gerade in Hinsicht auf die statistischen Fragen gelangt ist. Boltzmann selbst stand noch mit einem Fuß in der deterministischen Mechanik und er versuchte die statistische Auffassung des zweiten Hauptsatzes zu vereinigen mit einer Beschreibung der Stoßvorgänge zwischen den Gasmolekeln, die ganz in den Gedankengängen der Newtonschen Mechanik verlief. Mit Recht wandte Ernst Mach dagegen ein, daß aus den mechanischen Gesetzen niemals ein Verhalten, wie es der zweite Hauptsatz fordert, gefolgert werden könne. Die Machsche Kritik an der Boltzmannschen Ableitung des zweiten Hauptsatzes ist so wichtig und sie ist leider so oft in ganz falschem Sinn dargestellt worden, daß ich nicht unterlassen kann, darauf etwas näher einzugehen. Mach findet, daß ein „Analagon der Entropievermehrung in einem rein elastischen System aus absolut elastischen Atomen nicht existiert"; daß ein Verhalten der Atome gemäß dem zweiten Hauptsatz aus den mechanischen Gesetzen nicht nachgewiesen sei. „Wie könnte auch ein absolut konservatives System elastischer Atome durch die geschicktesten mathematischen Betrachtungen, die ihm doch nichts anhaben können, dazu gebracht werden, sich wie ein nach einem Endzustand strebendes System zu verhalten?" Diese Einwände, über die man sich vor ein bis zwei Jahrzehnten, als die kinetische Gastheorie in hohem Ansehen bei den Physikern stand, meinte hinwegsetzen zu können, treffen genau den Kern der Sache. In der Tat ist es niemals gelungen und auch in keiner Weise möglich, aus den Gesetzen der Mechanik einen Bewegungsverlauf abzuleiten, der dem entspricht, was der zweite Hauptsatz fordert: eine Bevorzugung derjenigen Zustände, die als „ungeordnetere" gelten können, wie die gleichförmige Verteilung der Molekel über die tausend einzelnen Millimeterwürfel des früheren Beispieles.

Nur recht kurz währte unter den in unserer Zeit so rasch vergänglichen Perioden der Physik die „mechanistische", in der der Glaube an die absolute Realität der Atome vorherrschend war und man meinte, in letzter Linie mit den Gesetzen der Newtonschen Mechanik für die Erklärung der Wärmevorgänge das Auslangen finden zu können. Allmählich erkannte man dann, daß hier unlösbare Widersprüche bestanden, man begann, mehr oder weniger deutlich, die deterministische Theorie der Molekülstöße aufzugeben und versuchte die entstandene Lücke durch einen deus ex machina, durch Einführung der sogenannten Ergodenhypothese, auszufüllen. Ich gehe hier auf diese weitläufigen Fragen nicht ein, da sie nur erörtert werden müßten, wenn ich mehr Nachdruck auf die vorgebrachten Andeutungen zur klassischen Gastheorie legen wollte; die sind allerdings erst im Zusammenhang mit der Ergodenhypothese richtig zu verstehen. Ich will aber diesen Gedankengang nicht weiter verfolgen, sondern lieber zwei Beispiele zur physikalischen Statistik besprechen, die von den Schwierigkeiten der Gastheorie frei sind und in denen es sich auch nicht um so hypothetische und umstrittene Dinge wie die Gasmoleküle handelt.

Brownsche Bewegung

Vor etwa hundert Jahren entdeckte der englische Botaniker Brown in gewissen organischen Flüssigkeiten unter dem Mikroskop sichtbare kleine Körperchen, die eine merkwürdige, ruhelose Zickzackbewegung vollführten. Inzwischen hat man gefunden, daß sich diese „Brownsche Bewegung" unter den mannigfachsten Umständen beobachten läßt und eine den Gesetzen der Wahrscheinlichkeitsrechnung folgende Massenerscheinung bildet. Wir können, da es uns nur auf das Grundsätzliche ankommt, die Vorstellung dahin vereinfachen, daß wir annehmen, die Bewegung der Partikelchen erfolge ausschließlich innerhalb einer wagrechten Ebene. Wir sehen also von Auf- und Niedersteigen ab oder betrachten lediglich die Projektion der Zickzackbewegung auf die Horizontalebene.

Denken wir uns etwa den Boden des Gefäßes mit einem regelmäßigen Netz von rechtwinklig zueinander stehenden Geraden überzogen, so daß er in eine große Anzahl, sagen wir N kleine Quadrate zerfällt, so können wir ein Kollektiv folgendermaßen festlegen: Element ist die Beobachtung eines Brownschen Teilchens, Merkmal die Nummer des Quadrates, in dem es sich befindet. Man erzielt gute Ergebnisse, wenn man annimmt, daß jede der hier in Frage kommenden Wahrscheinlichkeiten den gleichen Wert, also $1 : N$ besitzt. Die Annahme läßt sich in der Weise prüfen, daß man aus dem angegebenen Ausgangskollektiv ein anderes ableitet, dessen Element die Beobachtung einer Anzahl von, sagen wir n, Partikelchen ist, mit dem Merkmal ihrer n Aufenthaltsquadrate, und dann daraus durch Mischung eine einfache Alternative herstellt z. B. mit dem Merkmal: In dem Quadrat Nr. 25 befinden sich drei Partikel oder nicht drei Partikel. Macht man eine Reihe von mikrophotographischen Aufnahmen der ganzen Emulsion, wobei das Liniennetz auf der Platte angebracht ist, so kann man zählen, mit welcher relativen Häufigkeit das eben bezeichnete Merkmal auftritt. Die Übereinstimmung mit der Rechnung erweist sich dabei als sehr befriedigend. Um die Voraussetzungen der Rechnung genau zu erfüllen, müßte man allerdings vor jeder Aufnahme die Teilchen gewaltsam durcheinander mengen, damit die einzelnen Beobachtungen „unabhängig" werden — so wie man es beim Kartenmischen oder bei der Lotterieziehung macht. Daß die Ergebnisse der Zählung auch ohne ein solches Mischen, ohne Unterbrechung des natürlichen Bewegungsablaufes, mit der rechnungsmäßigen Erwartung gut übereinstimmen, das ist eine sehr bemerkenswerte Tatsache, über die ich jetzt noch Näheres sagen muß.

Der zeitliche Ablauf

Denn das eigentliche und stärkste Interesse in einer Frage der physikalischen Statistik richtet sich nicht auf das räumliche Nebeneinander der Erscheinungen, sondern auf das Nacheinander, auf den zeitlichen Ablauf der Ereignisse. Man betrachtet bei der Brownschen Bewegung unter dem Mikroskop vorzugsweise ein quadratisches Feld des Netzes und zählt die Partikelchen, die von Sekunde zu Sekunde oder in sonst geeigneten Intervallen in ihm zu finden sind. Wie lassen sich die Regeln der Wahrscheinlichkeitsrechnung auf diese Beobachtungsreihe anwenden? Bilden etwa die aufeinanderfolgenden Partikelzahlen die Ergebnisreihe der Elemente eines Kollektivs, das sich aus dem früher genannten Ausgangskollektiv ableiten läßt? Lassen sie sich überhaupt als ein Kollektiv auffassen? Eine einfache Überlegung zeigt schon, daß das kaum der Fall sein kann. Denken wir etwa an das Auftreten einer bestimmten Teilchenzahl, z. B. 7, in einem der Quadrate. Wenn wir eine genügend lange Zeitfolge untersuchen, wird sich gewiß eine relative Häufigkeit der Beobachtungszahl 7 herausstellen, von der man annehmen kann, daß sie einem Grenzwert zustrebt. Berücksichtigen wir aber nicht nur jedesmal den augenblicklichen Zustand, sondern auch das, was im unmittelbar vorausgegangenen Zeitelement im gleichen Feld geschehen ist, so wird sich zweifellos finden, daß die Zahl 7 auf die Zahl 6 oder 8 viel öfter folgt als etwa auf die Zahl 1. Das zweite Axiom, die Regellosigkeit der Merkmalreihe, trifft also auf die zeitliche Folge der Partikelzahlen in einem bestimmten, ins Auge gefaßten Felde gar nicht zu. Dies rührt natürlich, physikalisch gesehen, daher, daß die einzelnen Teilchen innerhalb des Zeitintervalles von einer Beobachtung zur nächsten doch nur eine beschränkte Bewegung machen, so daß kleine Veränderungen der Teilchenzahlen eher zu erwarten sind als größere. Vom Standpunkt der Wahrscheinlichkeitstheorie aus müssen wir sagen, daß die Teilchenzahlen zwar kein Kollektiv bilden, aber in irgend einer Weise mit dem Begriff des Kollektivs in Zusammenhang gebracht werden können. Es ist nicht schwer, einzusehen, wie das geschehen muß; ich will es zunächst an dem einfachsten Beispiel eines Glücksspiels, an dem Kopf-und-Adlerspiel, erläutern.

Wahrscheinlichkeits-Nachwirkung

Denken wir uns die Ergebnisse einer Alternative durch die Zahlen 0 und 1 bezeichnet, so ergibt eine Beobachtungsfolge eine aus Nullen und Einsern bestehende Zahlenreihe, die alle Eigenschaften eines Kollektivs aufweist. Insbesondere kommt die Zahl 1 hinter einer 0 ebenso häufig vor wie hinter einer 1. Bilden wir aber jetzt die Summe aus je zwei aufeinanderfolgenden Ergebniszahlen, und zwar derart, daß wir das erste und zweite, dann das zweite und dritte, dann das dritte und vierte Ergebnis usf. addieren! So entsteht aus der Beobachtungsfolge 1 0 1 1 1 0 1 0 0 1 1 0 0 0 1 0 1 .. die Summenfolge 1 1 2 2 1 1 1 0 1 2 1 0 0 1 1 1 .., die natürlich aus Nullen, Einsern und Zweiern besteht. Es wird niemanden überraschen, daß diese Folge ebenso Grenzwerte der relativen Häufigkeiten aufweist, wie die ursprüngliche. Aber man erkennt doch hier andererseits, daß die Regellosigkeit nicht mehr besteht: denn unmöglich kann die Zahl 2 auf eine 0 oder die Zahl 0 auf eine 2 folgen. Eine 2 an fünfter Stelle besagt nämlich, daß das fünfte und sechste Ergebnis 1 war, eine 0 an sechster Stelle sagt, daß der sechste und siebente Versuch 0 ergab, was offenbar unvereinbar ist. Wir haben hier das Schulbeispiel einer Zahlenreihe vor uns, die aus einem Kollektiv, aus der Beobachtung einer zufallsartigen Erscheinungsreihe gewonnen wurde, die auch noch zum Teil die Eigenschaften eines Kollektivs besitzt, aber nicht mehr die charakteristische Eigenschaft der (vollen) Regellosigkeit aufweist. Die mathematische Analyse wird nun folgendermaßen dieses Vorkommnisses Herr.

Man betrachtet vorerst ein aus dem ursprünglichen Kollektiv abgeleitetes, dessen Element die Zusammenfassung von je drei ursprünglichen Elementen ist, und zwar ohne Übergreifungen, also des ersten bis dritten, des vierten bis sechsten usf. Als zweidimensionales Merkmal des Elementes wählen wir die beiden Summen der Beobachtungsergebnisse, nämlich des jeweils ersten und zweiten, sowie des zweiten und dritten innerhalb der Dreier-Gruppe. Durch Anwendung der geläufigen Regeln erhält man die Wahrscheinlichkeit dafür, daß in der betrachteten Elementenfolge die Kombination 0-1 oder 1-0 usw. auftritt; die Kombinationen 0-2 und 2-0 sind nach dem früher Gesagten unmöglich. Ein zweites Kollektiv, das zu den analogen Rechnungen führt, erhält man bei Zusammenfassung der ursprünglichen Elemente mit den Nummern 2 bis 4, 5 bis 7, 8 bis 10 usf. (an Stelle von 1 bis 3, 4 bis 6 usf.), ein drittes, wenn man die Elemente 3 bis 5, 6 bis 8 usf. jeweils vereinigt. Diese drei Kollektivs haben die gleiche Verteilung, d. h. in jedem von ihnen ist die Wahrscheinlichkeit einer bestimmten Kombination für die beiden Teilsummen, etwa 2-1, die gleiche. Dieselbe Größe liefert auch den Grenzwert, dem die relative Häufigkeit dieser Kombination in der Gesamtfolge aller Summen von je zwei Nachbarelementen des ursprünglichen Kollektivs zustrebt. Dieser wird im allgemeinen ein anderer sein als der für die Kombination 1-1 oder 0-1, und das hindert uns, im Sinne unserer früheren Definition von einer „Wahrscheinlichkeit des Auftretens der 1" schlechthin zu sprechen. M. v. Smoluchowski, der diese Erscheinung an der Brownschen Bewegung zum erstenmal eingehend untersucht hat, hat einen sehr anschaulichen Namen dafür eingeführt, der freilich — wie das oft mit solchen suggestiven Bezeichnungen der Fall ist — auch zu sehr falschen Vorstellungen Anlaß geben kann. Man spricht hier von einer „Wahrscheinlichkeits-Nachwirkung" und meint damit, daß trotz des zufallsartigen Charakters im ganzen doch eine Beeinflussung der einzelnen Beobachtung durch die vorangegangene vorliegt.

Die Verweilzeit und ihre Voraussage

Kehren wir nun zu unserem Problem, der Brownschen Bewegung zurück. Nach Analogie mit dem eben vorgebrachten Beispiel können wir die Koordinaten eines Teilchens zu irgend einem Zeitpunkt als die Summe aus den Anfangskoordinaten und den sprungartig zu denkenden Änderungen der Koordinatenwerte während der einzelnen Beobachtungsintervalle auffassen. Als neues Ausgangskollektiv, das für die Betrachtung des zeitlichen Ablaufs der Brownschen Bewegung wesentlich ist, müssen wir einführen: die Beobachtung einer Koordinatenänderung, eines Sprunges, mit dem Merkmal der Sprunggröße, genauer der Koordinatendifferenz in der einen und der anderen Richtung. Wir haben demnach als gegeben anzusehen die Wahrscheinlichkeiten dafür, daß die Koordinaten des Aufenthaltsortes eines Teilchens in je einem Zeitintervall Änderungen von beliebiger Größe erfahren. Nun bilden wir aus diesem und dem schon früher eingeführten Ausgangskollektiv ein abgeleitetes mit folgendem Element: Beobachtet wird die Gesamtheit von n Partikeln durch k Zeitpunkte hindurch. Merkmal ist zunächst die Gesamtheit der zweimal $n \times k$ Koordinaten aller Partikel, dann nach entsprechender Mischung die relative Anzahl $x : k$ der Zeitpunkte, in denen beispielsweise drei Partikel sich in einem bestimmten Felde befinden (bestimmte Koordinatenwerte aufweisen). Mit anderen Worten heißt dies: Wir können die Wahrscheinlichkeit dafür berechnen, daß sich z. B. in dem hundertsten Teil der beobachteten Zeitmomente drei Partikelchen in dem herausgehobenen, im Mikroskop, wie man sagt, „optisch isolierten" Raumteil befinden. Das Ergebnis dieser Rechnung ist ein äußerst charakteristisches und soll gleich kurz angegeben werden.

Es zeigt sich, wenn man — den Tatsachen entsprechend — die Teilchenzahl n und die Felderzahl N sehr groß annimmt, auch einen genügend ausgedehnten Zeitraum, also großes k, voraussetzt, daß unter allen möglichen (d. h. zwischen 0 und 1 liegenden) Werten für die relative „Verweilzeit" $x : k$ immer ein bestimmter erdrückend große, kaum von 1 zu unterscheidende Wahrscheinlichkeit besitzt. Ich hatte vorhin angedeutet, wie man, von dem ersten Ausgangskollektiv herkommend, eine Wahrscheinlichkeit dafür berechnen kann, daß ein beliebiges der N kleinen Quadrate, wir sprachen dort von Nr. 25, in irgend einem Augenblick gerade drei Partikel beherbergt. Diese Wahrscheinlichkeit ist natürlich ein echter Bruch, beispielsweise in dem Fall der Svedbergschen Versuchsreihe, die ich noch ausführlicher besprechen werde, $w = 0{,}116$. Nun, das Ergebnis der weiteren Rechnung, die auch das zweite Ausgangskollektiv (die Sprungwahrscheinlichkeiten) berücksichtigt, geht dahin, daß bei Betrachtung einer genügend langen Folge von Zeitpunkten annähernd der Wert $x : k = 0{,}116$ mit außerordentlich großer Wahrscheinlichkeit zu erwarten ist. Um das Resultat kurz und präzise aussprechen zu können, ist es gut, einige Bezeichnungen einzuführen. Die im voraus gefundene Wahrscheinlichkeitsgröße $w =$ $= 0{,}116$ war aus der einfachen Annahme, daß die Wahrscheinlichkeit für ein Teilchen, sich in einem bestimmten der N Felder aufzuhalten, gerade gleich $1:N$ ist, im wesentlichen durch Überlegungen, die der Kombinatorik angehören, gefunden worden. Wir wollen sie daher als die „kombinatorische Wahrscheinlichkeit" der Teilchenzahl 3 bezeichnen. Für den echten Bruch $x:k$, Quotient aus der Zahl x der Zeitmomente, in denen drei Teilchen beobachtet werden, durch die Gesamtzahl k der Beobachtungszeiten, haben wir schon den Ausdruck relative „Verweilzeit" benutzt. Gemeint ist natürlich die Zeit des „Verweilens" der Zahl 3 in dem betrachteten Feld, nicht etwa die des Verweilens bestimmt individualisierter Partikel. Wir können nun kurz das Ergebnis der Rechnung so zusammenfassen: **Es ist nahezu mit Sicherheit zu erwarten, daß die relative Verweilzeit der Zahl 3 in einem Felde ungefähr gleich ist der kombinatorischen Wahrscheinlichkeit der Teilchenzahl 3**; für stark davon abweichende Werte der Verweilzeit besteht nur ganz verschwindend geringe Wahrscheinlichkeit. Dieser Satz weist die charakteristische Form aller Aussagen, die in der physikalischen Statistik gemacht werden können, auf. Es wird niemals eine determinierte Behauptung über den zeitlichen Ablauf künftigen Geschehens aufgestellt, wie dies in den kausal aufgebauten Teilen der Naturwissenschaft, z. B. der klassischen Mechanik der Fall ist, sondern es wird ein bestimmter, zahlenmäßig beschriebener Verlauf als mit erdrückender Wahrscheinlichkeit zu erwartend hingestellt. Dabei ist die Größenordnung der entgegenstehenden Unwahrscheinlichkeit gleich der vorhin im Anschluß an die gastheoretischen Fragen dargelegten.

Zwei kurze Bemerkungen noch hiezu. In die Rechnung, deren Ergebnis wir eben besprechen, gehen die Annahmen über die Verteilung innerhalb des zweiten unserer Ausgangskollektive ein. D. h. man muß für die Rechnung wissen, welches die Wahrscheinlichkeiten größerer und kleinerer Sprünge in den Koordinaten sind. Aber das qualitative Endergebnis wird, wenn nur die Zahlen n, N, k genügend groß sind, von der zahlenmäßigen

Verteilung dieser Wahrscheinlichkeiten so **gut wie ganz unabhängig**. — Das zweite ist, daß die Nachwirkungserscheinungen in der gleichen Form als Resultat der Rechnung erscheinen. Man findet nämlich: Es ist mit außerordentlich großer Wahrscheinlichkeit zu erwarten, daß eine bestimmte Aufeinanderfolge von Teilchenzahlen, z. B. 3 auf 2 folgend, mit einer relativen (zeitlichen) Häufigkeit erscheint, die der Größe nach gleich ist einer in entsprechender Weise kombinatorisch berechneten Wahrscheinlichkeit. Man sieht, daß in dieser Weise vollkommen **das Dilemma gelöst ist, daß die zeitliche Aufeinanderfolge der Teilchenzahlen zwar kein Kollektiv bildet (keine volle Regellosigkeit aufweist), sich aber doch mit den Gedankenmitteln der Wahrscheinlichkeitsrechnung beherrschen, d. h. rationell behandeln läßt.**

Versuchsreihe von Svedberg

Eine Nachprüfung der Theorie durch Versuche ist hier nur in einem durch die Natur der Sache beschränkten Maße möglich. Man kann natürlich nicht so lange experimentieren, d. h. so viele Versuchsreihen vornehmen, daß erwartet werden kann, auch einmal ein Ergebnis von jener horrenden Unwahrscheinlichkeit zu erhalten, wie sie vorhin an dem gastheoretischen Beispiel angedeutet wurde. Vielmehr ist anzunehmen, daß etwa eine einmalige, nicht zu kurze Reihe von Zeitbeobachtungen mit dem übereinstimmen wird, was nach der Rechnung mit erdrückend großer Wahrscheinlichkeit eintreten muß. Praktisch bedeutet dies, daß die zeitliche Häufigkeit, mit der eine beliebige Teilchenzahl beobachtet wird, gleichgesetzt werden muß der kombinatorischen Wahrscheinlichkeit, die für diese Zahl berechnet wurde. Darin liegt, nebenbei bemerkt, auch die Aufklärung der früher erwähnten Tatsache, daß die Versuche ohne Durcheinanderrütteln der ganzen Emulsion schon zu befriedigenden Ergebnissen führen. Das folgende Beispiel einer von dem schwedischen Physiker Svedberg durchgeführten Untersuchung der Brownschen Bewegung gibt über die Übereinstimmung der Rechnung mit der Beobachtung Auskunft.

Svedberg beobachtete in einer bestimmten Goldlösung die Partikelchen, die sich in Intervallen von je $1/30$ Minute in einem

optisch isolierten Raumteil aufhielten. Er fand bei insgesamt
518 Zählungen

die Teilchenzahl 0   112 mal, relat. Häufigkeit 0,216
,,   ,,   1   168 ,,   ,,   ,,   0,325
,,   ,,   2   130 ,,   ,,   ,,   0,251
,,   ,,   3   69 ,,   ,,   ,,   0,133
,,   ,,   4   32 ,,   ,,   ,,   0,062
,,   ,,   5   5 ,,   ,,   ,,   0,010
,,   ,,   6   1 ,,   ,,   ,,   0,002
,,   ,,   7   1 ,,   ,,   ,,   0,002

Die mittlere Teilchenzahl, der Durchschnittswert, beträgt 1,54. Rechnet man daraus nach den Regeln der Wahrscheinlichkeitsrechnung die Wahrscheinlichkeiten w für das Auftreten von 0, von 1, 2 .... bis 7 Teilchen, so erhält man die acht Größen: 0,212, 0,328, 0,253, 0,130, 0,050, 0,016, 0,004, 0,001, die, wie man sieht, recht gut mit der letzten Spalte der eben angeführten Zahlentafel übereinstimmen. Nach der Theorie war mit sehr nahe an 1 liegender Wahrscheinlichkeit zu erwarten, daß bespielsweise die Teilchenzahl 3 mit einer nahe an 0,130 liegenden relativen Häufigkeit erscheint. Die Beobachtung ergab für die eine durchgeführte Versuchsreihe die Häufigkeit 0,133.

Von Interesse ist es nun, in dem vorliegenden Falle die „Nachwirkungserscheinung" zu untersuchen. Wie eben mitgeteilt, ist 168mal die Teilchenzahl 1 beobachtet worden. In vier Fällen blieb die anschließende Beobachtung aus, so daß wir mit nur 164 Fällen einer Eins als erster Zahl eines Paares zu rechnen haben. Unter diesen 164 Fällen erschien 40mal eine Null, 55mal eine Eins, 40mal eine Zwei, 17mal eine Drei usw. als zweite Zahl. Die relativen Häufigkeiten der Null, Eins, Zwei und Drei betrugen daher 40 : 164 = 0,246, bzw. 0,336, 0,246, 0,104, sobald man nur diejenigen Beobachtungen zählt, die auf eine vorangegangene Eins folgen. Berechnet man in analoger Weise die Häufigkeiten der Zahlen 0 bis 3, indem man nur die auf eine Drei folgenden berücksichtigt, so ergeben sich die Werte 0,087, 0,334, 0,319, 0,189. Man sieht, daß die Null hier viel seltener, die Drei viel öfter auftritt als in den Paaren, die mit einer Eins beginnen. Die „Regellosigkeit", d. h. die Unempfindlichkeit der relativen Häufigkeit gegenüber einer Stellenauswahl ist nicht vorhanden: die Reihe der fortgesetzt beobachteten Teilchenzahlen bildet kein Kollektiv. Aber es ist gleichwohl möglich, wie ich es vorhin eben ausgeführt habe, die auf den Kollektivbegriff aufgebauten Regeln der Wahrscheinlichkeitsrechnung anzuwenden. Man kann für die angegebenen Kollektivs, deren Elemente Paare von Beobachtungen sind, die Wahrscheinlichkeiten berechnen und man erhält — ich gehe auf die Art der Berechnung nicht näher ein — für das Paar 1-0 die Wahrscheinlichkeit 0,246, für das Paar 3-0 die Wahrscheinlichkeit 0,116 gegenüber den Beobachtungen, die 0,246 und 0,087 ergaben. Die Wahrscheinlichkeit der Null schlechthin war vorher zu 0,212 gefunden worden. Man muß die Übereinstimmung zwischen Rechnung und Beobachtung, namentlich im Hinblick auf die nicht sehr große Versuchsreihe, als eine gute bezeichnen.

Radioaktive Strahlung

Eine andere physikalische Erscheinung, die ähnlich der Brownschen Bewegung ein fruchtbares Feld der Anwendung wahrscheinlichkeitstheoretischer Überlegung darstellt, finden wir in der radioaktiven Strahlung. Auch hier handelt es sich nicht wie bei den Atomen und Molekülen der Gastheorie um hypothetische, im Wechsel der Zeiten und Schulen schwer umstrittene Vorstellungen, sondern um Dinge, die in verhältnismäßig einfachen experimentellen Anordnungen unmittelbar beobachtet werden können. Der „Zerfall" eines Metalls der Radiumgruppe geht in der Weise vor sich, daß der Körper sogenannte α Teilchen, Elementarbestandteile des Atoms mit positiver elektrischer Ladung, aussendet, die — auf einen aus geeigneter Substanz bestehenden Schirm auffallend — jedesmal ein Aufleuchten, eine Szintillation hervorrufen. Die Zeitabstände zwischen je zwei aufeinander folgenden Szintillationen weisen nun einen zufallsartigen Charakter auf. Man gelangt zu einer sehr einfachen Darstellung der Verhältnisse, indem man annimmt, daß für eine sehr große Zahl von Einzelteilen des Körpers, die man ruhig als „Atome" bezeichnen kann, in jedem Augenblick oder, genauer gesagt, in außerordentlich kurzen Zeitabständen, die Alternative: Zerfall oder Nicht-Zerfall besteht.

Die analoge Glückspielaufgabe wäre die: Man spielt in kurzen regelmäßigen Zeitabständen einen Würfel aus und beobachtet die Zahl der Zeitintervalle zwischen zwei aufeinanderfolgenden Sechser-Würfen. Aus der einfachen Alternative 6 oder Nicht-6 als Ausgangskollektiv leitet man zunächst eine k-fache „Verbindung" ab, deren Element die Zusammenfassung von k Würfen und deren Merkmal die Zusammenfassung der k Ergebnisse (6 oder Nicht-6) ist. Daraus entsteht durch Mischung ein Kollektiv mit denselben Elementen und dem zweidimensionalen Merkmal: $z =$ Anzahl der Würfe, die dem ersten Sechs-Wurf vorangehen, und $x =$ Anzahl der Würfe vom ersten bis zum zweiten Sechs-Ergebnis (so daß $x-1$ Nicht-6-Würfe und x Zeitintervalle dazwischenliegen). Den Fall, daß weniger als 2 Sechser fallen, können wir außer acht lassen, wenn wir k sehr groß voraussetzen. Die Wahrscheinlichkeit für das Eintreten eines bestimmten z und bestimmten x rechnet sich nach bekannten Regeln, wenn p die Wahrscheinlichkeit des Sechs-Wurfes, $q = 1-p$ die des Nicht-6-Wurfes bezeichnet, zu $q^2 p \cdot q^{x-1} p$. Mischt man noch einmal, indem man alle Fälle mit irgend einem Wert von z zusammenwirft, so erhält man die Wahrscheinlichkeit dafür, daß zwischen dem ersten und zweiten Sechs-Ergebnis gerade x Zeitelemente liegen, gleich der Summe $p^2 q^{x-1} (1 + q + q^2 + q^3 + \ldots)$. Die Summe ist eigentlich nur fortzusetzen bis zu der höchstmöglichen Zahl von z, d. i. $k-x$. Wenn wir aber k sehr groß wählen, dürfen wir für den Ausdruck in der Klammer die unendliche Reihe $1 + q + q^2 + q^3 + \ldots$ setzen, deren Wert, wie man weiß, $1 : (1-q) = 1 : p$ ist. Demnach wird die Wahrscheinlichkeit des Zeitabstandes x zwischen dem ersten und zweiten Sechs-Wurf $p q^{x-1}$, also für die Zeitabstände 1, 2, 3 .... gleich p, pq, pq^2 .... usf. Nach den früheren Erklärungen können wir daraus den Erwartungswert des Zeitabschnittes rechnen, indem wir jede dieser Wahrscheinlichkeiten mit dem zugehörigen x-Wert multiplizieren und die Produkte addieren. Man erhält so: $1 \cdot p + 2 \cdot pq + 3 \cdot pq^2 + \ldots = p(1 + 2q + 3q^2 \ldots)$, wobei die Summe in der Klammer, wie die Algebra lehrt, den Wert $1 : (1-q)^2 = 1 : p^2$ besitzt. Somit ist der Erwartungswert des Zeitabstandes zwischen dem ersten und zweiten Sechs-Wurf gleich $1 : p$, also etwa bei einem „richtigen" Würfel mit $p = 1/6$ gleich 6. Wollten wir den Abstand zwischen dem zweiten und dritten oder zwischen dem dritten und vierten Sechs-Wurf rechnen, so bekämen wir immer die gleiche Zahl 1 : p. Wir können daher sagen: Der im Mittel zu erwartende Zeitabstand zwischen irgend einem Sechs-Wurf und dem nächstfolgenden beträgt 1 : p (im Spezialfall des richtigen Würfels 6) solcher Zeitintervalle, die zwischen einem Ausspielen des Würfels und dem nächsten liegen.

Die Voraussage der Zeitabstände

Bei der Übertragung dieser Überlegungen auf die radioaktive Strahlung tritt vor allem die Schwierigkeit auf, daß man von vornherein weder die Größen p und q noch die Länge des Zeitelementes zwischen zwei aufeinanderfolgenden „Spielen" kennt. Auch muß man annehmen, daß dieses Zeitintervall so außerordentlich klein ist, daß die Genauigkeit der Zeitmessung nicht ausreicht, um so geringe Zeitunterschiede zu beobachten. Gleichwohl läßt sich die Theorie in folgender Weise durch das Experiment überprüfen. Wir rechnen uns zunächst die Wahrscheinlichkeit dafür aus, daß zwischen zwei aufeinanderfolgenden Szintillationen höchstens drei Zeitelemente (also entweder eins oder zwei oder drei) liegen. Nach der Additionsregel ist dies die Summe $p + pq + pq^2 = p(1 + q + q^2) = p \frac{1-q^3}{1-q} = 1 - q^3$.

Die Wahrscheinlichkeit des Gegenteils, also dafür, daß mehr als drei Zeitelemente von einer Szintillation zur nächsten verstreichen, ist daher q^3 oder $(1-p)^3$. Nehmen wir statt der Zahl 3 eine beliebige Zahl n, so erhalten wir in $(1-p)^n$ die Wahrscheinlichkeit dafür, daß das Intervall zwischen zwei benachbarten Szintillationen mehr als n Zeitelemente umfaßt. Nun lehrt die Analysis, daß wenn p eine sehr kleine, n eine sehr große Zahl ist, für $(1-p)^n$ genau genug gesetzt werden darf $(1 : e)^{np}$, wobei e eine bestimmte Zahl, die sogenannte Basis des natürlichen Logarithmen 2,718 (reziproker Wert $1 : e = 0{,}3679$) bedeutet. Es ist also die (np)-te Potenz von 0,3679 die Wahrscheinlichkeit dafür, daß Zeitabstände von mehr als n Zeitelementen zwischen zwei Ereignissen verstreichen. Dieser Wert läßt sich mit der Beobachtung wie folgt vergleichen.

Man dividiert, nach hinreichend langer Beobachtungszeit die (in Sekunden gemessene) Zeitdauer zwischen der ersten und

Voraussage d. Zeitabstände — Versuchsreihe Marsden u. Barratt

letzten Szintillation durch die Anzahl der Zeitintervalle und erhält damit die mittlere Länge eines Intervalles, sagen wir gleich 5 Sekunden. Wenn die Theorie richtig ist und die Beobachtungszeit groß genug war, so muß dieser Zeitraum von 5 Sekunden annähernd mit dem Erwartungswert des Zeitabstandes übereinstimmen, der, wie vorhin festgestellt, $1:p$ Zeitelemente umfaßt. Ein Zeitelement beträgt somit $5p$ Sekunden, n Zeitelemente betragen $5np$ Sekunden, und die Intervalle, die mehr als n Zeitelemente umfassen, sind jene, die mehr als $5np$ Sekunden dauern. Wählt man z. B. $np = 2$, so gehören dazu die Intervalle von mehr als 10 Sekunden Länge, zu $np = 3$ die von mehr als 15 Sekunden usf. Man braucht also nur die Anzahl der wirklich beobachteten Intervalle von mehr als 5, mehr als 10, mehr als 15.... Sekunden Dauer zu zählen, die Zahlen durch die Gesamtzahl der überhaupt beobachteten Intervalle zu dividieren und die so erhaltenen relativen Häufigkeiten mit den früher errechneten Wahrscheinlichkeiten zu vergleichen, nämlich der ersten, zweiten, dritten.... Potenz von 0,3679. Allgemein kann man sagen: Wenn a die aus den Beobachtungen ermittelte mittlere Länge des Zeitintervalls (früher 5 Sekunden) ist, so verlangt die Theorie, daß Intervalle, die das c-fache der Länge a überschreiten, mit einer relativen Häufigkeit gleich der c-ten Potenz von 0,3679 auftreten.

Versuchsreihe von Marsden und Barratt

Eine Versuchsreihe, über die E. Marsden und T. Barratt berichten, umfaßte 7563 Intervalle zwischen aufeinanderfolgenden Szintillationen und dauerte insgesamt 14595 Sekunden. Die mittlere Länge des Intervalles betrug daher $a = 1,930$. In der untenstehenden Tabelle sind zunächst die beobachteten Häufigkeiten der Intervalle von mehr als 1, von mehr als 2 ...., von mehr als 9 Sekunden Dauer angegeben und daneben die durch 7563 dividierten, also relativen, Häufigkeiten. Zum Vergleich sind hinzugefügt die berechneten Wahrscheinlichkeiten. Da $1:a = 0,518$, so hat man zuerst die 0,518te Potenz von 0,3679 zu bilden, das gibt 0,596, sodann die zweite Potenz, also das Quadrat, der ersten Zahl usf. bis zur neunten Potenz. Die so berechneten Potenzen sind in der letzten Spalte der umstehenden Tabelle eingetragen.

166 Probleme der physikalischen Statistik

Intervalle von mehr als	Anzahl	Relative Häufigkeit	Berechnete Wahrscheinlichkeit
0 Sekunden	7563	1,000	1,000
1 ,,	4457	0,590	0,596
2 ,,	2694	0,356	0,355
3 ,,	1579	0,209	0,211
4 ,,	921	0,122	0,126
5 ,,	532	0,070	0,075
6 ,,	326	0,043	0,045
7 ,,	196	0,026	0,027
8 ,,	110	0,015	0,016
9 ,,	68	0,009	0,009

Man sieht, daß eine sehr gute Übereinstimmung zwischen den beiden letzten Spalten der Tabelle, also zwischen den beobachteten und den nach der Theorie berechneten relativen Häufigkeiten besteht. Es soll nicht verschwiegen werden, daß die Untersuchung noch nach manchen Richtungen weiter geführt werden muß, wenn man die Verhältnisse in allen Einzelheiten übersehen will, und daß manche Frage auf diesem Gebiet heute noch ungeklärt ist. Aber für uns kommt nur das Grundsätzliche in Frage, nur die allgemeine Form der wahrscheinlichkeitstheoretisch abgeleiteten Aussagen über den Ablauf physikalischer Vorgänge. Hier ist zur Präzisierung des bisher Gesagten noch folgendes zu bemerken.

Unsere Theorie führt natürlich nicht zu der Folgerung, daß, wenn 7563 Szintillationsintervalle in einem Zeitraum von 14595 Sekunden beobachtet werden, genau 0,211 von ihnen (also 0,211 . 7563 = 1596) eine Länge von mehr als 3 Sekunden haben müssen. Wir wissen nur, daß die Wahrscheinlichkeit der angegebenen Intervallgröße 0,211 beträgt und wenn wir dies mit dem vorhin ausführlich dargelegten ersten Gesetz der großen Zahl in Verbindung bringen, so folgt daraus: Es ist mit sehr nahe an 1 liegender Wahrscheinlichkeit zu erwarten, daß annähernd 21,1 v. H. der 7563 Intervalle eine Länge von mehr als drei Sekunden besitzen. Oder noch genauer: Wiederholt man sehr oft die Serie von 7563 Beobachtungen, so müssen in der überwiegenden Mehrzahl der Fälle annähernd 1596 Intervalle von mehr als 3 Sekunden Länge auftreten. Diese Aussage hat genau die gleiche Form wie die, die wir in der Theorie der Brownschen Bewegung kennen gelernt haben. Dort hieß es: Wenn wir die (lange) Beobachtungsreihe für ein Feld hinreichend oft wiederholen, wird in der überwiegenden Mehrheit der Fälle die relative Häufigkeit des Auftretens einer bestimmten Teilchenzahl annähernd gleich der vorausberechneten sein. Das Wesentliche ist: Nicht, was bei **einer Versuchsreihe** geschieht, wird durch die Theorie vorausgesagt, sondern es wird eine Behauptung darüber aufgestellt, was bei **sehr vielfältiger Wiederholung des Versuches in der überwiegenden Mehrheit der Fälle geschehen wird.**

Neuere Entwicklung der Atomphysik

In zweierlei Richtung hat man in neuerer Zeit die statistische Betrachtungsweise in der Physik ausgedehnt. Die eine geht dahin, eine Erklärung der sogenannten Gasentartung, d. h. der Abweichungen im Verhalten der Gase bei sehr niederen Temperaturen gegenüber dem normalen zu suchen. Vom statistischen Standpunkte lassen sich die verschiedenen, hier zur Geltung gekommenen Theorien kurz kennzeichnen: sie bestehen darin, daß die Ausgangswahrscheinlichkeiten, die, wie wir wissen, als gegebene Größen in jeden Ansatz der Wahrscheinlichkeitsrechnung eingehen, variiert werden. Man versucht, solche Annahmen für die Ausgangswahrscheinlichkeiten zu finden, daß bei mittleren und höheren Temperaturen sich wesentlich Übereinstimmung mit der älteren Clausius-Boltzmannschen Theorie ergibt, bei Annäherung an den Nullpunkt aber die der Beobachtung entsprechende Verminderung der spezifischen Wärme herauskommt.

Üblicherweise werden die Ansätze für die Ausgangsverteilungen in die Form gekleidet, daß gewisse Bereiche der Merkmalwerte oder des Merkmalraumes als „gleichwahrscheinlich" angenommen werden. Dadurch, daß man in den verschiedenen Theorien jeweils andere Bereiche, also andere Merkmalgruppen als untereinander gleichwahrscheinlich voraussetzt, variiert man eben die Ausgangsverteilung. In der älteren Theorie nahm man als „selbstverständlich" an, daß für das einzelne Molekel jeder überhaupt mögliche Geschwindigkeitswert in folgendem Sinne gleich wahrscheinlich sei. Denkt man sich in einem rechtwinkligen

Koordinatensysteme die drei Geschwindigkeitskomponenten in den Achsrichtungen aufgetragen, so sollen in dem so gebildeten „Geschwindigkeitsraum" (der für unser Ausgangskollektiv der „Merkmalraum" ist) gleich großen Volumenteilen gleich große Wahrscheinlichkeiten entsprechen. Jeden dieser Volumteile wollen wir als einen „Platz" für ein Molekel bezeichnen. Geht man zu einem Kollektiv über, dessen Element die Betrachtung von mehreren, sagen wir von n Molekeln ist, so wird jetzt jede mögliche Komplexion, d. h. jede individuelle „Aufstellung" der n Molekel auf den m Plätzen des Geschwindigkeitsraumes gleichwahrscheinlich. Haben wir z. B. nur zwei Molekel A und B und drei verschiedene Geschwindigkeitsgebiete a, b, c, so gibt es 9 (im allgemeinen m^n) verschiedene individuelle Aufstellungen: Man kann zuerst für A auf dreifache Weise einen Platz suchen, nämlich entweder a oder b oder c, dann jedesmal für B noch einen der drei Plätze a, b oder c wählen. Jeder dieser 9 Aufstellungen kommt dann die Wahrscheinlichkeit $1/9$ zu.

Eine neuere, von dem Inder Bose begründete, von Einstein weiter ausgeführte Theorie betrachtet nun nicht die eben genannten 9 Aufstellungen als gleichwahrscheinlich, sondern geht von dem Begriff der „Aufteilung" aus. Eine Aufteilung ist dann gegeben, wenn man weiß, wie viele Molekel sich auf jedem Platz (des Geschwindigkeitsraumes) befinden, ohne daß es darauf ankommt, welche individuelle Molekel es sind. In dem Beispiel von 2 Molekeln auf 3 Plätzen gibt es nur 6 verschiedene Aufteilungen, nämlich: Es können entweder beide Molekel zusammen in a, b oder c sich befinden, oder je eines in a und in b, bzw. in b und in c, bzw. in a und in c. Nach der Bose-Einsteinschen Theorie besitzt jeder dieser Fälle die gleiche Wahrscheinlichkeit, also $1/6$. Nach der klassischen Theorie käme den drei erstgenannten Möglichkeiten je die Wahrscheinlichkeit $1/9$, den anderen drei aber je $2/9$ zu; denn diese Aufteilungen umfassen je zwei verschiedene individuelle Aufstellungen: Es kann bei der ersten von ihnen A in a und B in b oder umgekehrt A in b und B in a sein usw.

Schließlich hat in den letzten Jahren der Italiener Fermi eine statistische Gastheorie entwickelt, in der angenommen wird, daß nur solche Aufteilungen, bei denen auf jedem Platz höchstens ein Molekel sich befindet, möglich und gleichwahrscheinlich sind.

In unserem Beispiel käme also den drei Aufteilungen: je ein Molekel in a und in b, bzw. in b und in c, bzw. in a und in c je die Wahrscheinlichkeit $1/3$ zu. Die Prüfung dieser und der anderen Annahmen geschieht in der Weise, daß man nach dem Boltzmannschen Satz in der Wahrscheinlichkeit eines Zustandes des Gases ein Maß für seine Entropie sieht und nun verlangt, daß die Abhängigkeit der Entropie von der Temperatur und der Gesamtmasse (die in den Größen m und n stecken) sich den Beobachtungen gemäß ergibt. Es kann nicht unsere Aufgabe sein, diese Fragen hier weiter zu verfolgen oder gar zu den einzelnen Theorien kritisch Stellung zu nehmen. Vermutlich wird erst eine weitere experimentelle Erforschung des tatsächlichen Verhaltens eines Gases bei tiefen Temperaturen die Entscheidung ermöglichen, ob eine der bisherigen Theorien oder überhaupt eine mit derart einfacher Ausgangsverteilung die Beobachtungen richtig wiederzugeben vermag.

Für die Fragen, die uns im Hinblick auf die prinzipiellen Grundlagen der Wahrscheinlichkeitsrechnung interessieren, ist hier nur festzustellen, daß die Gastheorie mit allen ihren modernen Wendungen sich zwanglos dem allgemeinen Rahmen einfügt, den wir für alle Aufgaben der Wahrscheinlichkeitstheorie als maßgebend erkannt haben: Aus Ausgangsverteilungen, die als gegeben vorausgesetzt werden, rechnet man die Verteilungen in abgeleiteten Kollektivs; lassen sich, wie das in der Gastheorie der Fall ist, nicht unmittelbar die Ausgangswerte durch Beobachtungen prüfen, so muß man die errechneten Größen mit den Ergebnissen des Experiments vergleichen.

Auf die zweite Richtung moderner Bestrebungen in der physikalischen Statistik will ich nur ganz kurz hinweisen. Sie hängt mit der neuesten Entwicklung der theoretischen Physik zusammen. Bekanntlich ist durch de Broglie und Schrödinger eine Theorie begründet worden, wonach mit jeder Bewegung eines Massenteilchens ein bestimmter Wellenvorgang verbunden ist; die gerade Bahn eines sich selbst überlassenen Massenpunktes erscheint nur als die sichtbare Repräsentante eines komplizierteren Prozesses, so etwa wie der geradlinige Lichtstrahl vom Standpunkt der Wellenoptik aus betrachtet. Man hat nun wieder, um gewisse Unstimmigkeiten der neuen Theorie zu überwinden, die Hypothese aufgestellt, daß die Wellengleichung von de Broglie und Schrödinger erst nur „Wahrscheinlichkeiten" für die Auslösung gewisser atomarer Vorgänge bestimme. Allein bei dieser, von Born, Heisenberg und Jordan vertretenen Auffassung der Wellenmechanik ist alles noch viel zu unklar, als daß man hier eine Einordnung in eine rationell aufgebaute Wahrscheinlichkeitstheorie versuchen könnte.

Statistik und Kausalgesetz

Bei Besprechung der Brownschen Bewegung und der radioaktiven Strahlung habe ich bereits ausdrücklich das gekennzeichnet, was im Rahmen der physikalischen Naturerklärung den Unterschied zwischen einer statistischen und einer rein kausalen Theorie ausmacht. Während die kausale Theorie den Anspruch erhebt, auf Grund der Ausgangswerte der Rechnung den Ablauf einer Erscheinung **präzise vorauszagen** zu können, stellt die statistische Theorie lediglich eine Behauptung darüber auf, **was bei oft genug wiederholtem Versuch in der überwiegenden Mehrheit der Fälle geschehen wird**. Es kommt gar nicht darauf an, noch andere, schwerer übersehbare Fälle physikalischer Statistik heranzuziehen oder gar auf die neueste Entwicklung der Atomphysik, die Wellenmechanik mit ihren noch ganz ungeklärten Beziehungen zur Statistik einzugehen. Wir können uns vielmehr auf Grund der früher vorgebrachten Proben für die Anwendung des Wahrscheinlichkeitsbegriffes in der Physik der Erörterung des letzten noch zu besprechenden Punktes zuwenden, einigen kurzen Bemerkungen über das **Verhältnis der Statistik zum sogenannten Kausalgesetz**.

Es ist nun freilich hier nicht möglich und wäre auch durchaus nicht angebracht, alle Fragen und alle Vorstellungen zu erörtern, die sich gebräuchlicherweise an das Wort „Ursache", an das Wort „kausal", anknüpfen. Man käme so in ein weitläufiges, fast uferloses Meer von Betrachtungen, in dem sich zwar die Philosophen mit Vorliebe bewegen, das aber den Naturforscher nicht lockt. Was wir ins Auge fassen wollen und müssen, ist allein der in der Naturwissenschaft der Gegenwart lebendige Begriff einer „kausalen Erklärung" von Naturvorgängen. Wir können von der älteren Geschichte seiner Entstehung aus vorwissenschaftlichen Gedankengängen absehen und seinen Ursprung dorthin verlegen, wo der Beginn der heute als „klassisch" zu bezeichnenden Naturwissenschaft liegt: in das schon einmal von uns genannte grundlegende Werk von Newton, die „philosophiae naturalis principia mathematica". Hier war, in der Mechanik der festen, punktförmigen Körper, das erste Modell einer derartigen Beschreibung beobachtbarer Vorgänge gegeben, wie man sie als eine „kausale" oder schlechthin als eine „Erklärung" bezeichnet. Auf einige wenige ganz knappe Grundgesetze oder Axiome war eine außerordentliche Fülle und Mannigfaltigkeit von Erscheinungen zurückgeführt, in dem Sinne, daß alle diese Erscheinungen als logische Folgerungen aus jenen Axiomen hervorgingen. Welches war das entscheidende Hilfsmittel, das diesen Aufbau der Theorie ermöglichte?

Das Schema der „kausalen" Erklärung

Es ist kein Zufall, daß Newton zugleich einer der Entdecker der Differential- und Integralrechnung war. Untrennbar verbunden mit der Grundidee der Newtonschen Mechanik, der klassischen Physik überhaupt, ist die Anwendung der Infinitesimalrechnung zur Durchführung der Deduktionen, die von den Axiomen bis zur Beantwortung konkreter Einzelfragen führen. Das Schema der Überlegungen ist regelmäßig dieses: Die Axiome oder Grundgesetze liefern eine Differentialgleichung, d. h. eine Beziehung zwischen den verschiedenen Werten der physikalischen Variablen innerhalb eines örtlich und zeitlich eng begrenzten Gebietes. Man kann sich vorstellen, daß — etwa in der Mechanik — eine Beziehung zwischen den Geschwindigkeiten und Lagen des Körpers in zwei unmittelbar aufeinanderfolgenden Zeitpunkten gegeben ist. Unter „Integration" versteht man dann den mathematischen Vorgang, der aus dieser Beziehung eine solche zwischen den Lagen und Geschwindigkeiten in weiter auseinanderliegenden Zeiten ableitet. Das Ergebnis der Integration kann aber immer nur dahin gehen, daß man instand gesetzt wird, aus der Kenntnis des Anfangszustandes, d. i. der Lage und Geschwindigkeit zu einer Zeit, auf den Endzustand, d. i. die Lage und Geschwindigkeit zu einer späteren Zeit, zu schließen. Schon hierin liegt eine starke Einschränkung in der Befriedigung unseres Kausalitätsbedürfnisses. Wir erfahren nicht, warum die Erde sich heute mit einer Geschwindigkeit von 29,6 km/sek in einer Entfernung von etwa 23400 Erdradien von der Sonne in einer bestimmten Richtung bewegt; es sei denn, wir lassen es als Beantwortung, als kausale Erklärung gelten: weil sie vor einem Monat die und die Geschwindigkeit, sowie die und die Entfernung von der Sonne hatte. In der Tat ist es im wesentlichen nur eine Frage der Gewohnheit, wenn wir in den Ergebnissen, zu denen die Newtonsche Mechanik führt, jeweils eine kausale Begründung der Naturvorgänge sehen. Der Laie, der zum erstenmal hört, daß die gesamte exakte Mechanik nicht mehr leistet, als aus den anfänglichen Geschwindigkeiten die Geschwindigkeiten späterer Zeit vorauszusagen, wird dies viel eher eine Beschreibung denn eine Erklärung nennen wollen. Nur die Fachleute waren entrüstet, als ihnen durch Kirchhoff im Jahre 1874 die von Ernst Mach schon früher vertretene Formulierung bekannt wurde, unsere Mechanik könne lediglich eine (möglichst einfache) Beschreibung der Bewegungsvorgänge liefern.

Noch deutlicher werden die Verhältnisse, wenn wir sie ein wenig historisch betrachten. Wir sehen bei Kepler, welche Fragen im Zusammenhang mit der Bewegung der Himmelskörper aufgeworfen wurden. Man kennt aus dem Schulunterricht die durch mühsame Einzelbeobachtungen aufgefundenen „drei Keplerschen Gesetze", die durch die Newtonsche Mechanik, wie man zu sagen pflegt, eine einheitliche Erklärung erhalten haben. Aber man vergißt oder übersieht dabei, daß Kepler noch viele andere Gesetze aufgestellt hat, die sich in keinerlei Beziehung zur Newtonschen Mechanik bringen lassen. So meinte er, daß die Halbachsen der Bahnen der fünf großen Planeten sich zueinander verhalten müßten, wie die Seiten der fünf platonischen Körper (Tetraeder, Würfel, Oktaeder usf.), die einer und derselben Kugel einbeschrieben sind. Es kommt hier nicht darauf an, ob diese Behauptung numerisch richtig ist oder nicht. Entscheidend ist, daß die Newtonsche Mechanik in keiner Weise zu der Frage nach der Größe der Planetenbahnen Stellung nimmt oder nehmen kann. Es geht eben die Anfangslage des Planeten, also seine Lage zu irgend einem Zeitpunkt, als eine gegebene, bzw. als gegeben vorausgesetzte Größe in die mechanischen Gleichungen ein. Nur ein starker intellektueller Verzicht gegenüber dem, was zur Zeit Keplers Problem war, kann uns in die Lage versetzen, in der Newtonschen Mechanik eine Lösung des Planetenproblems zu sehen, und daran hat auch alle Weiterbildung der Newtonschen Ansätze, einschließlich der in unserer Zeit so berühmt gewordenen Relativitätstheorie nichts geändert.

Die Schranken der Newtonschen Mechanik

Man wird nun dagegen den Einwand machen, daß die Tragweite der Mechanik nicht nur bis zur Darstellung der heutigen Gestirnbewegungen reicht, sondern darüber hinaus auch Schlußfolgerungen über die Entstehung des Sonnen- und Planetensystems gestattet, sich also doch mit der eben erwähnten Keplerschen Fragestellung berührt. In der Tat könnten wir annehmen, daß die Welt, etwa im Sinne der Laplaceschen Theorie, ursprünglich aus einer zusammengeballten, flüssigen Masse bestand, aus der sich dann einzelne Teile als selbständige Himmelskörper loslösten. Diesen ganzen Vorgang könnten wir uns selbstverständlich den Gesetzen der Newtonschen Mechanik unterworfen denken. Aus den Anfangszuständen müßten dann auch die Endzustände folgen, also diejenigen Daten, die den Ausgangspunkt für die in unseren Zeitläuften stabil gebliebenen Himmelsbewegungen liefern. Aber hier greift eine andere Schwierigkeit ein und ich muß jetzt noch auf eine zweite, viel wesentlichere Schranke der klassischen Mechanik eingehen, die ich vorhin nur der Einfachheit halber vorläufig außeracht gelassen habe.

In den Differentialgleichungen der Mechanik und den aus ihnen abgeleiteten Integralen treten nicht nur die Koordinaten und Geschwindigkeiten des Körpers auf, sondern noch weitere Größen, die man Kräfte nennt, und die bekannt, zumindest in der Art ihrer Abhängigkeit von den erstgenannten Veränderlichen bekannt sein müssen, wenn man aus den Gleichungen Schlüsse der früher beschriebenen Art ziehen will. Wenn wir sagen, daß durch die Newtonsche Mechanik die Bewegungen der Himmelskörper erklärt oder in einfacher Weise beschrieben werden, so liegt dies daran, daß in alle Gleichungen, die zur Darstellung dieser Bewegungen aufgestellt werden, nur eine einzige Art von Kräften, man kann sagen, nur ein einziges Kraftgesetz eingeht. Sämtliche astronomische Vorgänge (mit einer einzigen kleinen Ausnahme) werden vollkommen befriedigend wiedergegeben, wenn man mit Newton annimmt, daß zwischen je zwei Körpern in der Richtung ihrer Verbindungslinie eine dem Quadrat des Abstandes umgekehrt proportionale Anziehungskraft wirkt. Es war ein ungeheurer Schritt zur Vereinfachung unserer Naturerkenntnis, als Newton nachwies, daß das Fallen eines Apfels vom Baum und die Drehung des Mondes um die Erde durch Gleichungen beschrieben werden, in die nur eine und dieselbe Annahme über das Vorhandensein einer äußeren „Kraftwirkung" eingeht. Unter diesen Umständen waren wir gerne geneigt, diese Darstellung als eine „kausale Erklärung" anzusehen, als Zurückführung der Erscheinungen auf eine einzige „Ursache", eben die genannte Gravitationskraft. Allmählich zeigte sich, daß man fast alle Feinheiten der astronomischen Bewegungen herausbekam, wenn man die Annahme der allgemeinen Gravitation in alle Konsequenzen durchführte.

Aber wenn wir von Newtonscher Mechanik sprechen, meinen wir ein umfassenderes Lehrgebäude als das der astronomischen Theorie allein. Die Bewegungen aller Körper auf der Erde werden durch die Differentialgleichungen, die Newton angegeben hat, richtig dargestellt, wenn wir nur die richtigen Kraftgrößen oder Kraftgesetze in die Gleichungen einführen. Beispielsweise bewährt sich die klassische Mechanik ohne Einschränkung, wenn wir die Bewegungsvorgänge etwa der Teile einer Dampfmaschine oder einer Lokomotive untersuchen wollen. Hier müssen wir eben nur wissen, welche Kräfte im Dampfzylinder infolge der darin stattfindenden thermischen Vorgänge entwickelt werden.

Betrachten wir nun aber den mechanischen Vorgang am Galtonschen Brett, an dem eine große Zahl von gleichmäßigen Stahlkugeln zwischen den Nägelreihen herabfällt! Es erscheint zunächst selbstverständlich, daß die Newtonschen Ansätze auch hier in Geltung bleiben. Allein was sollen wir als wirksame Kräfte ansehen und in die Gleichungen einführen? Nehmen wir an, daß nur die Schwerkraft einwirkt, so bekommen wir die Feinheiten der Bewegung, das, worauf es uns allein ankommt, nicht heraus. So oft eine Kugel auf einen der Nägel auftrifft, tritt ein Zustand ein, in dem ein außerordentlich geringer Krafteinfluß darüber entscheidet, ob die Kugel rechts oder links vom Nagel weiterrollt. Dieser Einfluß kann vielleicht von der Luftbewegung herkommen, die infolge der unvermeidlichen Druck- und Temperaturschwankungen im Zimmer besteht. Man müßte also den Verlauf der Luftbewegungen kennen, um aus der Newtonschen Mechanik auf den Ablauf der Bewegung am Galtonschen Brett schließen zu können. Das „Kausalitätsbedürfnis" wird aber noch keineswegs befriedigt, wenn wir eine Annahme über die Luftbewegung machen, aus der die beobachteten Tatsachen über die Bewegung der Kugeln sich ableiten lassen. Wir werden unbedingt weiter fragen, woher diese Luftbewegung kommt, also auch auf sie die klassische Mechanik anwenden und fragen, auf welche Kraftgesetze sich die Bewegung der Luft zurückführen läßt. Nur wenn wir in letzter Linie aus einer einfachen Annahme alles herleiten können, werden wir das Gefühl haben, für die ins Auge gefaßten Vorgänge eine kausale Erklärung gefunden zu haben.

Die Einfachheit ein Kriterium der Kausalität

Es zeigt sich demnach bei näherer Betrachtung, daß nicht das Bestehen des Schemas der klassischen Mechanik (oder der klassischen Physik überhaupt), also eines Differentialgleichungsansatzes, der bei gegebenen Anfangsbedingungen zu integrieren ist, eine kausale Erklärung der Naturvorgänge verbürgt, sondern daß noch ein gewisses Kriterium der Einfachheit der in die Gleichungen eingehenden Annahmen hinzukommt. Ein sehr lehrreiches Beispiel hierzu finden wir schon in der Theorie der Planetenbewegung. Hier hatte sich ergeben, daß eine bestimmte Einzelheit, nämlich die allmähliche Drehung der Ellipse, in der die Merkurbahn verläuft, nicht unter der einfachen Voraussetzung der Gravitation zwischen den beobachtbaren Massen erklärt werden konnte. Nun war es ja gewiß möglich, Kräfte anzunehmen, die diese Abweichung bewirkten, ohne daß die mechanischen Gleichungen verletzt würden; ja man konnte die Kräfte sogar als Gravitationskräfte ansetzen, wenn man sich vorstellte, daß etwa staubartig verteilte und daher unsichtbare Massen in der Nähe der Sonne vorhanden seien. Allein das „Kausalitätsbedürfnis" beruhigte sich bei diesen Hypothesen nicht. Als dann Einstein zeigte, daß man durch eine veränderte Art, Zeiten und Geschwindigkeiten zu messen, die Perihelbewegung des Merkur herausrechnen könne, ohne jede zusätzliche Annahme über die wirksamen Kräfte, da neigte sich die übereinstimmende Ansicht aller vernünftigen Physiker dieser Auffassung zu, obwohl sie in anderer Richtung starke intellektuelle Opfer forderte. Für unser Problem der kausalen Naturerklärung können wir hieraus nur lernen: Die Ansätze der klassischen Physik, die alle Vorgänge formal als eindeutig determiniert erscheinen lassen, befriedigen nur dann unser Kausalitätsbedürfnis, können nur dann als eine kausale Naturerklärung aufgefaßt werden, wenn es gelingt, mit genügend einfachen Annahmen in den Ansätzen auszukommen.

Diese Voraussetzung der Einfachheit ist nun eben bei denjenigen physikalischen Vorgängen, auf die wir die Wahrscheinlichkeitsrechnung anwenden, nicht erfüllt und nicht erfüllbar. Es ist eine vollkommene Illusion, zu meinen, daß etwa die Bewegung der Kugeln am Galtonschen Brett durch die Differentialgleichungen der Mechanik „kausal" erklärt werden können, weil diese der äußeren Form nach den Bewegungsablauf eindeutig bestimmen. Glaubt man etwa durch Verfeinerung der Meßmethoden Aufschlüsse gewinnen zu können, so gerät man in noch unsichereres Fahrwasser. Suchen wir nämlich die Einzelvorgänge in der Luft oder an der Oberfläche der festen Körper unter dem Mikroskop näher zu verfolgen, so finden wir nur eines: daß überall Vorgänge vom Typus der Brownschen Bewegung auftreten. Statt also auf etwas Einfacheres (im Sinne der klassischen Physik) gelangt man auf immer kompliziertere und unübersichtlichere Vorgänge — vom Standpunkt der deterministischen Auffassung aus gesprochen. Man weiß heute, daß alle unsere Präzisionsmessungen, auch etwa die simple Längenmessung, eine unübersteigliche Genauigkeitsgrenze in dem Vorhandensein der Brownschen Bewegung finden. Bedenkt man dann noch, daß von beliebig kleinen Körperchen zu sprechen überhaupt wenig physikalischen Sinn hat, da Körper, die kleiner als eine Wellenlänge des Lichtes sind, kein optisches Bild geben und sicher nicht haptisch (durch den Tastsinn) zu erfassen sind, so muß man doch zur Erkenntnis kommen, daß die gewohnten, anschaulichen, ja suggestiven Vorstellungen der klassischen Physik nicht unbegrenzt anwendungsfähig sind.

Nun erscheint hier — in der Wahrscheinlichkeitsrechnung —

eine Theorie auf dem Plan, die für ganz bestimmte Vorgänge — die von uns als Massenerscheinungen gekennzeichneten — mit Hilfe bestimmter, logisch einwandfreier Überlegungen aus einfachen Voraussetzungen (über die Ausgangswahrscheinlichkeiten) zu bestimmten Schlüssen über den Ablauf der Vorgänge gelangt. Die Aussagen dieser statistischen Theorie unterscheiden sich schon der Form nach von denen der deterministischen — nur über das, was in der Mehrzahl der Fälle bei hinreichender Wiederholung der Versuche geschieht, wird etwas behauptet — so daß sie nicht in Widerspruch, ja nicht einmal in Konkurrenz mit jenen treten können. Die empirische Brauchbarkeit der Theorie, die Übereinstimmung ihrer Schlußfolgerungen mit den Beobachtungsergebnissen, ist durch zahllose Versuche auf allen Gebieten erwiesen. Das, worum für die statistische Theorie heute noch gekämpft werden muß, ist lediglich ihre Aufnahme in den Bereich nicht nur intellektuell, sondern auch gefühlsmäßig anerkannter Naturerklärung.

Der Verzicht auf die Kausalitätsvorstellung

Wir sind seit einigen Jahrzehnten — wie ich an anderer Stelle einmal auszuführen Gelegenheit hatte — in einen Zeitraum eingetreten, der durch eine besondere Blüte der spekulativen Naturwissenschaften, durch eine ungeahnte Erweiterung und Umwandlung unseres naturwissenschaftlichen Weltbildes gekennzeichnet wird. Das erste große Ereignis dieser entwicklungsgeschichtlichen Epoche war das Entstehen der Einsteinschen Relativitätstheorie, von der in weiten Kreisen über die der Physiker hinaus, in lebhaftester Weise die Rede war. Aber alles, was uns hier an Verzicht auf althergebrachte, durch Jahrhunderte sozusagen geheiligte Vorstellungen und Denkgewohnheiten zugemutet wird, die Aufgabe oder Modifikation des üblichen Zeit- und Raumbegriffes, erscheint fast geringfügig gegenüber den grundstürzenden Neuerungen, zu denen man von den Anfängen der kinetischen Gastheorie her über Wahrscheinlichkeitstheorie und Statistik, in der Quantentheorie, in der Wellenmechanik gelangt. Es stellt sich als unabweisbar heraus, noch eine liebgewordene Position aufzugeben, die aus dem praktischen Leben, dem vorwissenschaftlichen Denken stammt und von eilfertigen Philosophen in die unantastbare Höhe ewiger Denkkategorien erhoben wurde: den naiven Kausalitätsbegriff. Ich kann, wie ich schon sagte, nicht daran denken, das weitläufige und schwierige Kausalitätsproblem hier weiter zu verfolgen. Daß es sich mit den Fragen, die den Aufbau der Wahrscheinlichkeitsrechnung umstehen, enge berührt, leuchtet ohneweiters ein. Frühere Zeiten, die den Blick mehr auf die Totalität der Naturvorgänge gerichtet hatten, sahen in der „Zufälligkeit der Welt" — wir würden jetzt sagen: in dem Vorhandensein von Kollektivs — einen Beweis für die Existenz Gottes (die man übrigens in noch älteren Zeiten gerade mit der Determiniertheit der Naturvorgänge zu begründen pflegte). Die Entwicklung ging dann in der Richtung, daß die Wissenschaft zunächst diejenigen Erscheinungen erfaßte, die eine Darstellung in der deterministischen Form der Newtonschen Physik zuließen. Erst allmählich traten in den Gesichtskreis der Physiker die von uns vorhin besprochenen Vorgänge wie die Brownsche Bewegung, das Galtonsche Brett, die Szintillationen der radioaktiven Strahlung. Man versuchte nun naturgemäß, sie den gewohnten Vorstellungsarten unter möglichst geringer Modifikation unterzuordnen, wie es eben das Wesen der Wissenschaft ist, ihre Methoden und Gedankengänge neu in Erfahrung gebrachten Tatsachen anzupassen. Mit einer gewissen, psychologisch verständlichen Hartnäckigkeit wehrt man sich heute noch dagegen, eine so tief eingewurzelte Denkgewohnheit aufzugeben, wie sie sich mit dem sogenannten Kausalgesetz verknüpft. Es wird noch einige Zeit dauern, bis der jetzt in Gang gekommene Anpassungsprozeß vollendet sein wird und die exakten Naturwissenschaften das Vorurteil ablegen, das sie heute noch hindert, in der statistischen Betrachtungsweise eine vollwertige, den anderen Zweigen der Physik ebenbürtige Theorie einer Erscheinungsreihe zu sehen. Wenn erst einmal dieser Abschluß erreicht ist, dann wird, so hoffe ich, die Auffassung der Wahrscheinlichkeitslehre, die ich Ihnen hier entwickeln durfte, voll zur Auswirkung kommen. Es wird sich dann klar herausstellen, daß sie die sichere Grundlage für eine befriedigende Beschreibung einer umfassenden Klasse von Naturvorgängen bietet oder — um auf die Worte meiner Einleitung zurückzukommen — daß man, in zahlreichen Gebieten menschlicher Betätigung und Gedankenarbeit, von statistischen Aufnahmen ausgehend, über einen wissenschaftlich geläuterten Wahrscheinlichkeitsbegriff zur Erkenntnis der Wahrheit gelangen kann.

Ich will jetzt nur noch, als kurzes Schlußwort, in Form von zehn Thesen die wichtigsten Gedanken zusammenfassen, die den Kern meiner Ausführungen bildeten und die mir, gegenüber fast allen älteren Behandlungen des Gegenstandes, als wesentlich neu erscheinen.

Zusammenfassung

1. Die Aussagen der Wahrscheinlichkeitsrechnung lassen sich nicht richtig erfassen, wenn man die Bedeutung des Wortes „Wahrscheinlichkeit" dem allgemeinen Sprachgebrauch entnimmt; sie gelten vielmehr nur für einen bestimmten, künstlich abgegrenzten, rationellen Wahrscheinlichkeitsbegriff.

2. Von Wahrscheinlichkeit kann in rationellem Sinn erst dann die Rede sein, wenn in jedem einzelnen Fall das Kollektiv genau beschrieben ist, innerhalb dessen die Wahrscheinlichkeit zu nehmen ist; Kollektiv heißt eine gewissen Forderungen genügende Massenerscheinung, ein Wiederholungsvorgang, allgemein eine Folge von Beobachtungen, die man sich unbegrenzt fortsetzbar denkt.

3. Wahrscheinlichkeit eines Merkmals (Beobachtungsergebnisses) innerhalb eines Kollektivs heißt der Grenzwert, dem die relative Häufigkeit des Auftretens dieses Merkmals in der Beobachtungsfolge bei unbegrenzter Fortsetzung der Versuche sich nähert; dieser Grenzwert bleibt ungeändert, wenn man die Beobachtungsfolge einer beliebigen Stellenauswahl unterwirft: Prinzip der Regellosigkeit oder des ausgeschlossenen Spielsystems.

4. Die Aufgabe der Wahrscheinlichkeitsrechnung im engeren Sinne besteht ausschließlich darin, aus den als gegeben vorausgesetzten Wahrscheinlichkeiten innerhalb gewisser „Ausgangskollektivs" die Wahrscheinlichkeiten innerhalb solcher Kollektivs zu rechnen, die aus den ersteren abgeleitet werden; die hier gemeinte Ableitung neuer Kollektivs läßt sich stets auf die, eventuell wiederholte, Durchführung von vier einfachen Grundoperationen zurückführen.

5. Von dem Zutreffen eines Wahrscheinlichkeitswertes in irgend einem konkreten Fall — es mag sich um die Ausgangswerte einer Rechnung oder ihre Ergebnisse handeln — kann man sich allein nur durch den statistischen Versuch, d. h. die Durchführung einer genügend langen Beobachtungsreihe, überzeugen; es gibt weder eine a-priori-Erkenntnis der Wahrscheinlichkeit noch auch die Möglichkeit, mit Hilfe einer anderen Wissenschaft, etwa der Mechanik, auf Wahrscheinlichkeitswerte zu schließen.

6. Was man in der klassischen Theorie als Definition der Wahrscheinlichkeit ansieht, ist nur der Versuch, den allgemeinen Fall auf den speziellen der Gleichverteilung (bei dem alle Merkmale innerhalb des Kollektivs gleiche Wahrscheinlichkeit besitzen) zurückzuführen; eine solche Zurückführung ist oft unmöglich, wie bei der Sterbenswahrscheinlichkeit, oft führt sie zu Widersprüchen, wie beim Bertrandschen Problem.

7. Die sogenannten Gesetze der großen Zahlen enthalten nur dann sinnvolle Aussagen über den Ablauf einer Beobachtungsfolge, wenn man von vornherein von der Häufigkeitsdefinition der Wahrscheinlichkeit ausgeht; sie legen dann bestimmte, aus der Regellosigkeit folgende Eigenschaften der Anordnung der Beobachtungsergebnisse fest; bei Verwendung der klassischen „Definition" liefern die Gesetze der großen Zahlen lediglich rein arithmetische Eigenschaften gewisser Gruppen von ganzen Zahlen.

8. Die Aufgabe, die der Wahrscheinlichkeitsrechnung innerhalb der sogenannten mathematischen Statistik zufällt, besteht darin, zu untersuchen, ob eine vorgegebene statistische Aufnahme ein Kollektiv bildet, bzw. ob und in welcher Weise sie sich auf Kollektivs von möglichst einfacher Verteilung zurückführen läßt.

9. Die Aussagen einer statistischen Theorie in der Physik unterscheiden sich grundsätzlich von denen jeder deterministischen Theorie: sie stellen immer nur eine Behauptung darüber auf, welchen Verlauf ein Versuch oder eine größere Versuchsreihe bei hinreichend häufiger Wiederholung in der überwiegenden Mehrheit der Fälle nehmen wird; diese Mehrheit kann eine so starke sein, daß praktisch der Unterschied aufgehoben wird.

10. Daß eine statistische Theorie eine „geringere" oder eine

„nur vorläufige" Art der Naturerklärung gegenüber einer deterministischen, das „Kausalitätsbedürfnis" befriedigenden darstellt, ist ein Vorurteil, das aus der geschichtlichen Entwicklung der Naturwissenschaft verstanden werden kann, das aber mit zunehmender Einsicht verschwinden muß; in keinem Fall hat sich bisher ein solcher „Fortschritt" von der statistischen zu einer kausalen Erfassung eines Tatbestandes auch nur andeutungsweise ergeben.

Anmerkungen und Zusätze

Eine ganz knappe, populäre Darstellung der Hauptgedanken des vorliegenden Buches findet man in dem ersten Teil meines Aufsatzes: Marbes „Gleichförmigkeit in der Welt" und die Wahrscheinlichkeitsrechnung, Die Naturwissenschaften (Julius Springer, Berlin), 7. Jahrg. 1919, H. 11, 12, 13, S. 168 bis 175, 186 bis 192, 205 bis 209. — Die mathematische Begründung habe ich erstmals gegeben in einer Abhandlung „Grundlagen der Wahrscheinlichkeitsrechnung", Mathematische Zeitschrift (Julius Springer, Berlin), Bd. 5, 1919, S. 52 bis 99. Sie ist kurz wiedergegeben in L. G. Du Pasquier, Le calcul des probabilités, Paris, J. Hermann 1926, Kap. VIII.

— Eine ausführliche, lehrbuchmäßige Darstellung, die gegenüber den ersten Veröffentlichungen auch einzelne sachliche Änderungen enthält, erscheint Ende 1928 als erster Band meiner „Vorlesungen über angewandte Mathematik" unter dem Titel: Wahrscheinlichkeitsrechnung und ihre Anwendung in der Statistik, Fehlertheorie und in der theoretischen Physik. — Aus dem vorliegenden Buch ist ein Teil des Abschnittes über das erste Gesetz der großen Zahlen (S. 78 bis 92) unter dem Titel „Das Gesetz der großen Zahlen und die Häufigkeitstheorie der Wahrscheinlichkeit" in Die Naturwissenschaften, 15. Jahrg. 1927, H. 24, S. 497 bis 502 in wesentlich gleichem Wortlaut abgedruckt.

Zu S. 1, Zeile 28: Georg Christoph Lichtenberg, Vermischte Schriften, erster Teil, II, 1. (Neue, von dessen Söhnen veranstaltete Originalausgabe, Göttingen 1853, S. 79.)

Das Wort und der Begriff

Zu S. 3, Zeile 3: Deutsches Wörterbuch von Jakob und Wilhelm Grimm, Bd. 13, Leipzig 1922, S. 994.

Zu S. 3, Zeile 21: R. Eisler, Wörterbuch der philosophischen Begriffe, 3. Aufl., Berlin 1910, S. 1743 (dritter Band).

Zu S. 4, Zeile 19: W. Sombart, Der proletarische Sozialismus, 10. Aufl., Jena 1924, Bd. 1, S. 4.

Zu S. 5, Zeile 6: J. Kant, Kritik der reinen Vernunft, Methodenlehre, 1. Hauptstück, 1. Abschn., 2. Aufl. 1787, S. 758. Mit der hier dargelegten Lehre von den Definitionen stimmen meine Ausführungen nicht überein.

Zu S. 6, Zeile 14: Über den Begriff der mechanischen Arbeit und über die Begriffsbildung in den exakten Wissenschaften überhaupt erhält der Leser (auch der nicht-mathematische) die gründlichste Auskunft in: E. Mach, Die Mechanik in ihrer Entwicklung, historisch-kritisch dargestellt (1883), 7. Aufl., Leipzig 1921; noch präziser in desselben Verfassers: Prinzipien der Wärmelehre, historisch-kritisch entwickelt (1896), 4. Aufl., Leipzig 1923, S. 406 bis 432 (Abschnitte: Die Sprache, Der Begriff, Der Substanzbegriff). Dem von Mach vertretenen Standpunkt folgt im wesentlichen die Auffassung des Textes.

Zu S. 7, Zeile 7: Über den Streit um das „wahre Kraftmaß" vgl. etwa Mach, Mechanik a. a. O. S. 247 und 288. Der durch Leibniz angeregte Streit dauerte 57 Jahre und wurde erst 1743 durch d'Alemberts „Traité de dynamique" beigelegt.

Definition der Wahrscheinlichkeit

Zu S. 10, Zeile 4: Goethes Aufsatz aus den Propyläen, ersten Bandes erstes Stück (Werke, Ausg. letzter Hand, 12°, Bd. 38, 1830, S. 143 bis 154), der das Wort Wahrscheinlichkeit im Sinne von Illusion gebraucht, zeigt ein viel feineres Sprachgefühl als die früher angeführten Sätze der Philosophen. Eine auf dem Theater dargestellte Szene muß nicht wahr scheinen, aber einen Schein von Wahrheit vermitteln.

Zu S. 10, Zeile 9: A. A. Markoff sagt in seinem Lehrbuch der Wahrscheinlichkeitsrechnung, deutsche Ausgabe von H. Liebmann, Leipzig und Berlin 1912, S. 199: „Wir können daher keineswegs mit dem Akademiker Bunjakowski übereinstimmen (Grundlagen der mathematischen Theorie der Wahrscheinlichkeit S. 326), daß man eine bekannte Klasse von Erzählungen abtrennen muß, an denen zu zweifeln er für ungehörig hält."

Zu S. 10, Zeile 13: Pierre Simon (später Marquis de) Laplace, 1749 bis 1827, veröffentlichte 1814 den „Essai philosophique des probabilités", der dann als „Introduction" der späteren Auflagen seines Hauptwerkes der „Théorie analytique des probabilités" (1. Aufl. 1812, 2. Aufl. 1814, 3. Aufl. 1820) diente. Der „essai", der einen unbeschränkten Determinismus vertritt, ist ein charakteristischer Ausdruck der philosophischen Anschauungen in Frankreich des 18. Jahrhunderts. Eine handliche Neuausgabe erschien in der Sammlung Les maîtres de la pensée scientifique, Paris 1921. Deutsche Übersetzungen von F. W. Tönnies, Heidelberg 1819 und N. Schwaiger, Leipzig 1886.

Zu S. 10, Zeile 22: Siméon Denis Poisson, 1781 bis 1840, veröffentlichte 1837 unter dem Titel „Recherches sur la probabilité des jugements en matière criminelle et en matière civile" ein durchaus mathematisch gehaltenes Lehrbuch der Wahrscheinlichkeits-

Anmerkungen und Zusätze 183

rechnung, das nur im fünften Kapitel auf das im Titel genannte Problem eingeht, im übrigen eines der für die Entwicklung der mathematischen Theorie wichtigsten Werke darstellt. Deutsche Ausgabe: Lehrbuch der Wahrscheinlichkeitsrechnung und deren wichtigsten Anwendungen, bearbeitet von C. H. Schnuse, Braunschweig 1841.

Zu S. 13, Zeile 14: Die (neue) Bezeichnung „Kollektiv" knüpft an den von Th. Fechner für einen ähnlichen Begriff eingeführten Ausdruck „Kollektiv-Gegenstand" an.

Zu S. 14, Zeile 23: Die mathematische Definition des Grenzwertes kann etwa so gefaßt werden. Wir sagen von einer unbegrenzten Reihe fortlaufend numerierter Zahlen, die alle zwischen 0 und 1 liegen mögen, sie strebe einem Grenzwerte zu, wenn folgendes zutrifft: Wie groß auch k ist, sollen die ersten k Dezimalstellen der Zahlen unserer Reihe von einer bestimmten Nummer ab unverändert bleiben.

Zu S. 18, Zeile 8: Deutsche Sterblichkeitstafeln aus den Erfahrungen von 23 Lebensversicherungsgesellschaften, Berlin 1883. — Kurze Angaben über diese und andere Tafeln findet man bei E. Czuber, Wahrscheinlichkeitsrechnung, 2. Bd., 3. Aufl., Leipzig und Berlin 1921, S. 140 ff.

Zu S. 22, Zeile 26 ff.: Das Lehrbuch von Poisson ist oben (zu S. 10) genannt worden, ebenso das von Laplace. Die übrigen Schriften sind: John Venn, The logic of chance, London and Cambridge 1866. Th. Fechner, Kollektivmaßlehre, herausgegeben von G. F. Lipps, Leipzig 1897. H. Bruns, Wahrscheinlichkeitsrechnung und Kollektivmaßlehre, Leipzig und Berlin 1906. G. Heln, Die Wahrscheinlichkeitslehre als Theorie der Kollektivbegriffe in Annalen der Naturphilosophie, Bd. 1, 1902, S. 364 bis 381.

Elemente der Wahrscheinlichkeitsrechnung

Zu S. 30, Zeile 9: In dem Referat von E. Czuber in der Enzyklop. d. mathem. Wissensch. Bd. I (2. Teilband), S. 736, heißt es über die Auffassung der Subjektivisten: „Nach dem ersten (sc. dem Prinzip des mangelnden Grundes) stützt sich die Konstatierung der Gleichmöglichkeit auf absolutes Nichtwissen über die Bedingungen des Daseins oder der Verwirklichung der einzelnen Fälle..."

Zu S. 36, Zeile 5: Der mathematisch unterrichtete Leser wird erkennen, daß die Wahrscheinlichkeitsdichte der Differentialquotient der Wahrscheinlichkeit nach den das Merkmal bestimmenden Variablen ist. Bezeichnen wir mit x den Zahlenwert, den etwa eine zu messende physikalische Größe annehmen kann, und mit $w(x)$ die Wahrscheinlichkeitsdichte, so bedeutet $w(x)\,dx$ die Wahrscheinlichkeit dafür, daß das Meßergebnis in das Intervall x bis $x+dx$ fällt.

Die Dichte muß dabei der Bedingung genügen, daß $\int_0^1 w(x)\,dx = 1$.

Zu S. 44, Zeile 1: Die Mischungsregel für den Fall stetiger Verteilungen lautet folgendermaßen. Es ist die Wahrscheinlichkeit dafür, daß eine zu beobachtende Größe, die die Wahrscheinlichkeitsdichte $w(x)$ besitzt, in den Bereich $x = a$ bis $x = b$ fällt, gleich $\int_a^b w(x)\,dx$.

Zu S. 49, Zeile 4: Die berühmte Abhandlung von Th. Bayes ist erst nach dem Tode des Verfassers von R. Price herausgegeben worden, unter dem Titel: An essay toward solving a problem in the doctrine of chances. London, Philos. Transactions 53 (1763), S. 376 bis 398 und 54 (1764), S. 298 bis 310. Eine deutsche Übersetzung erschien in Ostwalds Klassikern der exakten Wissenschaften, Nr. 169, Leipzig 1908.

Zu S. 55, Zeile 36: Der Begriff der „Verbindbarkeit" zweier Kollektivs ist in meinen bisherigen Veröffentlichungen in dieser Form nicht enthalten. Seine genaue Darlegung erfolgt in den „Vorlesungen", deren Erscheinen oben angekündigt ist.

Kritik der Grundlagen

Zu S. 58, Zeile 25: John Maynard Keynes, Treatise on probability, London 1921, Deutsche Übersetzung von F. M. Urban, u. d. T. Über Wahrscheinlichkeit, Leipzig 1926. Hauptsächlich das Kap. VIII (S. 73 bis 90 der deutschen Ausgabe) wendet sich gegen die Häufigkeitstheorie.

Zu S. 61, Zeile 22: Ed. v. Hartmann, Philosophie des Unbewußten, 11. Aufl., Leipzig 1904, 1. Bd., S. 36 bis 47. Derselbe, Die Grundlagen des Wahrscheinlichkeitsurteils, in Vierteljahrschr. f. wiss. Philos. u. Soziologie, Bd. 28, 1904, S. 281. — Zur Kritik des Wahrscheinlichkeitsbegriffes bei Hartmann vgl. auch die erstgenannte Stelle S. 445 bis 452.

Zu S. 62, Zeile 4: H. Poincaré, Calcul des probabilités, 1. éd. Paris 1912, S. 24. Eine Übersicht über die Literatur zur Grundlegung der Wahrscheinlichkeitsrechnung (bis etwa 1916) gibt das Buch von F. Gruber, Die philosophischen Grundlagen der Wahrscheinlichkeitsrechnung, Leipzig und Berlin 1923. — Von den sehr zahlreichen Einzelschriften sei als in mancher Hinsicht meiner Auffassung nahestehend genannt: H. E. Timerding, Die Analyse des Zufalls, Braunschweig 1915.

Zu S. 63, Zeile 6: A. Meinong, Über Möglichkeit und Wahrscheinlichkeit, Beiträge zur Gegenstands- und Erkenntnistheorie, Leipzig 1915, 760 Seiten 8°!

Zu S. 72, Zeile 22: J. M. Keynes a. a. O. (deutsche Ausgabe) S. 29ff. Als Hauptvertreter der Subjektivisten nenne ich C. Stumpf, Über den Begriff der mathematischen Wahrscheinlichkeit, Sitz.-Ber. d. Bayr. Akad. d. Wiss., philos.-hist. Kl., 1892, S. 41. Hier findet sich die folgende ausführlichere Darlegung über die Rolle des Nichtwissens: „Gleich möglich sind Fälle, in bezug auf welche wir uns in gleicher Unwissenheit befinden. Und da die Unwissenheit nur dann

Anmerkungen und Zusätze 185

ihrem Maß nach gleichgesetzt werden kann, wenn wir absolut nichts darüber wissen, welcher von den unterscheidenden Fällen eintreten wird, so können wir noch bestimmter diese Erklärung dafür einsetzen."

Zu S. 74, Zeile 6: Joh. v. Kries, Die Prinzipien der Wahrscheinlichkeitsrechnung, eine logische Untersuchung (1886), 2. Abdruck, Tübingen 1927. Die zitierte Formulierung, S. 157.

Zu S. 74, Zeile 37: Über das Bertrandsche Paradoxon berichten die meisten bekannten Lehrbücher der Wahrscheinlichkeitsrechnung, z. B. E. Czuber, Wahrscheinlichkeitsrechnung, Bd. 1, 3. Aufl. Leipzig und Berlin 1914, S. 116ff.

Die Gesetze der großen Zahlen

Zu S. 79, Zeile 9: Das Werk von Poisson ist oben angeführt worden (zu S. 10, Zeile 22). — Jac. Bernoulli, Ars conjectandi, Basel 1713; deutsche Ausgabe von R. Haussner in Ostwalds Klassiker d. exakten Wissensch. Nr. 107 und 108, Leipzig 1899. Das hier in Frage kommende Gesetz findet sich im 4. Teil, Kap. 5, S. 236 (deutsche Ausgabe, 2. Bd., S. 104). — Das Zitat aus der Poissonschen Einleitung ist aus dem Original S. 7 übersetzt.

Zu S. 81, Zeile 1: Der allgemeine Satz von P. L. Tschebyscheff ist 1867 in russischer Sprache veröffentlicht, sodann im Journ. de Liouville, sér. II, t. 12, 1867. Die Ableitung des Satzes ist durchaus elementar.

Zu S. 84, Zeile 37: Den deus ex machina führt z. B. H. Weyl ganz unverhüllt ein: Philosophie der Mathem. u. Naturwissensch. (S. A. aus Handb. d. Philos.) München und Berlin 1927, S. 151.

Zu S. 86, Zeile 35: Über die mathematischen Fragen, die an das „Gegenbeispiel" anknüpfen, vgl. G. Pólya und G. Szegö, Aufgaben und Lehrsätze a. d. Analysis, Bd. I, Berlin 1925, S. 72 und 238. Hier wird auch das einschlägige Verhalten der Logarithmentafel erklärt.

Zu S. 89, Zeile 13, 17, 22: G. Pólya, Nachr. v. d. Ges. d. Wissensch. Göttingen, math.-phys. Kl. 1921: „Alle Schriftsteller, die die Wahrscheinlichkeit als Grenzwert der Häufigkeit definieren, präsupponieren gewissermaßen ... nicht nur das Bestehen des Bernoullischen Gesetzes..." — H. Weyl a. a. O. S. 152. — E. Slutsky, Über stochastische Asymptoten und Grenzwerte, Metron 5, 1925.

Zu S. 92, Zeile 20: Die Originalarbeit von Bayes ist oben angeführt worden (zu S. 49, Zeile 4). Das „Bayessche Theorem" findet sich tatsächlich hierin nicht. Die Bezeichnung rechtfertigt sich nur dadurch, daß es sich um die Lösung eines von Bayes angeregten Problems handelt. Beides, Bezeichnung und Lösung, stammen von Laplace.

Anwendungen in der Statistik und Fehlertheorie

Zu S. 103, Zeile 25: Karl Marbe, Die Gleichförmigkeit in der Welt, Untersuchungen zur Philosophie und positiven Wissenschaft, München 1916; Mathematische Bemerkungen zu meinem Buch „Die Gleichförmigkeit in der Welt", ebda. 1916. — Vgl. dazu meinen zu Beginn dieser Anmerkungen genannten Aufsatz in den Naturwissenschaften 1919, sowie für die mathematische Erledigung des Problems meine Arbeit „Zur Theorie der Iterationen", Zeitschr. f. angew. Math. u. Mech. 1, 1921, S. 298—307. Hier wird gezeigt, daß die Wahrscheinlichkeit für das x-malige Auftreten einer langen Iteration unter n Einzelbeobachtungen sich aus der Formel

$$w = \frac{e^{-a} a^x}{x!}$$

rechnet, wobei $a = n \left(\frac{1}{2}\right)^{m+1}$ und m die Länge der Iteration bedeutet.

Zu S. 107, Zeile 1: O. Sterzinger, Zur Logik und Naturphilosophie der Wahrscheinlichkeitslehre, Leipzig 1911. Paul Kammerer, Das Gesetz der Serie, eine Lehre von den Wiederholungen im Lebens- und im Weltgeschehen, Stuttgart u. Berlin 1919.

Zu S. 109, Zeile 1: F. Eggenberger u. G. Pólya, Zeitschr. f. angew. Mathem. u. Mechanik, Bd. 3 (1923), S. 279 bis 289.

Zu S. 112, Zeile 8: W. Lexis, Zur Theorie der Massenerscheinungen in der menschlichen Gesellschaft, Freiburg i. B. 1877.

Zu S. 116, Zeile 31: Die Zahlen sind entnommen der Österreichischen Statistik, Bd. 88, 1911, Heft 3, S. 20 und 120.

Zu S. 118, Zeile 4: Der algebraische Satz ist die sog. Schwarzsche Ungleichheit. Sind $p_1, p_2 \ldots p_z$ die einzelnen Wahrscheinlichkeiten und p ihr Mittelwert, so gilt

$$p_1(1-p_1) + p_2(1-p_2) + \ldots p_z(1-p_z) \leq z \cdot p(1-p).$$

Zu S. 118, Zeile 24: Die Zahlen aus: Statistisches Jahrbuch für das Deutsche Reich, z. B. Bd. 43, 1923, S. 35.

Zu S. 121, Zeile 2: Zur Theorie der „wesentlichen Schwankungskomponente" und zu den Zahlen der Selbstmordstatistik vgl. L. v. Bortkiewicz, Homogeneität und Stabilität in der Statistik, in Skandinavisk Aktuarietidskrift 1918, Heft 1/2. Das Zusatzglied zur Formel S. 117 lautet, wenn $p_1, p_2 \ldots p_n$ die Einzelwahrscheinlichkeiten und p ihr Mittelwert ist: $\frac{(p_1-p)^2 + (p_2-p)^2 + \ldots (p_n-p)^2}{n}$

Zu S. 124, Zeile 30: Ad. Quetelet, Physique sociale ou essai sur le développement des facultés de l'homme, Brüssel-Paris-St. Petersburg 1869. Deutsche Ausgabe v. Valentine Dorn, Jena 1914.

Zu S. 125, Zeile 11: Die grundlegenden Arbeiten von Mendel (1866 u. 1870) sind von E. v. Tschermak u. d. T. Versuche über Pflanzenhybriden, in Ostwalds Klass. d. exakten Wissensch., H. 130, 4. Aufl., Leipzig 1923, neu herausgegeben worden. Zu den Zahlen-

Anmerkungen und Zusätze

beispielen vgl. E. Czuber, Statistische Forschungsmethoden, Wien 1921, S. 184.

Zu S. 126, Zeile 13 ff.: Über die wichtigsten Fragen der Statistik in der Technik vgl. etwa: G. Rückle u. F. Lubberger, Der Fernsprechverkehr als Massenerscheinung mit starken Schwankungen, Berlin 1924; R. Becker, H. Plaut u. I. Runge, Anwendungen der mathematischen Statistik auf Probleme der Massenfabrikation, Berlin 1927.

Zu S. 127, Zeile 25: Die angegebene Überlegung findet sich in dem sonst geistvollen Buche von E. Bleuler, Das autistisch-undisziplinierte Denken in der Medizin und seine Überwindung, Berlin 1921, S. 132 bis 145. Hiezu die Stellungnahme des Mathematikers Pólya, S. 145 bis 148.

Zu S. 131, Zeile 7: Über die gebräuchlichen statistischen Maßzahlen erhält man am besten Auskunft in E. Czuber, Die statistischen Forschungsmethoden, Wien 1921, insbesondere S. 57—108. Der Nicht-Mathematiker mag auch F. Zizek, Die statistischen Mittelwerte, Leipzig 1908, zur Hand nehmen.

Zu S. 131, Zeile 12: Die Pearsonschen Verteilungstypen werden dargestellt bei W. Palin Elderton, Frequency curves and correlation, London (1906).

Zu S. 131, Zeile 19 u. 27: H. Bruns, Wahrscheinlichkeitsrechnung und Kollektivmaßlehre, Leipzig u. Berlin 1906. C. V. L. Charlier, Vorlesungen über die Grundzüge der mathematischen Statistik, Lund (1920). Die rationale Methode der Beschreibung, von der im Text die Rede ist, ist die Entwicklung der Verteilungsfunktion in eine unendliche Reihe, deren Koeffizienten die charakteristischen Zahlen liefern. Die Brunssche Entwicklung geht von der Gaußschen Funktion e^{-x^2} aus, die Charliersche von der Poissonschen Funktion $\dfrac{a^x e^{-x}}{x!}$.

Die weiteren Entwicklungsglieder sind die Differential- bzw. Differenzenquotienten der ersten. Die mathematische Theorie der Brunsschen Reihe ist in meiner Arbeit im Jahresber. d. deutschen Mathem. Vereinig. 21 (1912), S. 9 bis 20, die der Charlierschen Reihe von H. Pollaczek-Geiringer in Skandinavisk Aktuarietidskrift 1928, S. 98 bis 111. Vgl. auch den Aufsatz der letztgenannten Verfasserin: Die Statistik seltener Ereignisse in Die Naturwissenschaften 16, 1928.

Zu S. 133, Zeile 8: Die grundlegenden Arbeiten von C. F. Gauss (1821 u. 1826) sind u. d. T.: Abhandlungen zur Methode der kleinsten Quadrate von C. F Gauss, in deutscher Ausgabe von A. Börsch u. P. Simon, Berlin 1887, erschienen.

Zu S. 133, Zeile 16: Der hier erwähnte Laplacesche Satz ist Gegenstand sehr zahlreicher mathematischer Untersuchungen geworden. Vgl. u. a. meine Abhandlung: Fundamentalsätze der Wahrscheinlichkeitsrechnung, Mathem. Zeitschr., Bd. 4, 1919, S. 1 bis 96.

Zu S. 138, Zeile 8: Die Arbeiten der Pearsonschen Schule findet man in der seit 1902 erscheinenden Zeitschrift: Biometrika, a journal for the study of biological problems. Das Hauptwerk von Karl Pearson ist: Grammar of science, London 1900.

Probleme der physikalischen Statistik

Zu S. 139, Zeile 14: Für die Boltzmannsche Theorie vgl. L. Boltzmann, Vorlesungen über Gastheorie, 2 Teile, 2. Abdr., Leipzig 1910.

Zu S. 139, Zeile 33: M. v. Smoluchowski, Über den Begriff des Zufalls und den Ursprung der Wahrscheinlichkeitsgesetze in der Physik. Die Naturwissenschaften, 6, 1921, S. 253 bis 263 (Planck-Heft).

Zu S. 140, Zeile 34: Der Laplacesche „Dämon" findet sich in dem schon zu S. 10, Zeile 13, angeführten Essai philosophique.

Zu S. 146, Zeile 12: Die Arbeit von v. Smoluchowski ist oben zu S. 139, Zeile 33, angeführt.

Zu S. 148, Zeile 5: Eine leicht verständliche Einführung in die ältere Atomtheorie, mit vielen Zahlenangaben, gibt das Buch von J. Perrin, Die Atome, dtsch. von A. Lottermoser, 2. Aufl., Dresden u. Leipzig 1920.

Zu S. 152, Zeile 36: Ernst Mach, Die Leitgedanken meiner naturwissenschaftlichen Erkenntnislehre und ihre Aufnahme durch die Zeitgenossen, Leipzig 1919, S. 9. Vgl. auch Wärmelehre, 4. Aufl., S. 364.

Zu S. 157, Zeile 20: Die grundlegenden Arbeiten von M. v. Smoluchowski finden sich in den Sitzungsberichten der Wiener Akademie, math.-naturw. Kl., Abt. II a, Bd. 123 (1914), S. 2381—2405, und Bd. 124 (1915), S. 339—368.

Zu S. 160, Zeile 15: Die Versuche von Svedberg sind beschrieben in: Svedberg, Existenz der Moleküle, Leipzig 1912, S. 148 ff. Vgl. auch E. Fürth, Schwankungserscheinungen in der Physik, Braunschweig 1920. Die Aufklärung der grundsätzlichen Fragen hinsichtlich des zeitlichen Ablaufes usw. habe ich gegeben in der Abhandlung: Ausschaltung der Ergodenhypothese in der physikalischen Statistik, Physikal. Zeitschr. 21, 1920, S. 225 bis 232 u. 256 bis 262.

Zu S. 162, Zeile 15: L. v. Bortkiewicz, Die radioaktive Strahlung als Gegenstand wahrscheinlichkeitstheoretischer Untersuchungen, Berlin 1913. — E. Marsden u. T. Barratt, Proceed. of the Physical Society of London, XXIII, 1911, S. 367 bis 373.

Zu S. 167 ff.: Eine knappe Darstellung der neuesten Entwicklung der Atomphysik, und zwar sowohl der neueren Gastheorien von Bose-Einstein und Fermi, wie auch der Wellenmechanik von de Broglie und Schrödinger, sowie der Auffassungen von Born, Heisenberg und Jordan findet sich bei A. Haas, Materiewellen und Quantenmechanik, Leipzig 1928 (160 S.).

Anmerkungen und Zusätze

Zu S. 170 ff.: Zur Frage der Kausalerklärung vgl. auch meinen Vortrag: Über die gegenwärtige Krise der Mechanik, Zeitschr. f. angew. Mathem. u. Mech. 1, 1921, S. 425 bis 431, oder Die Naturwissenschaften 10, 1922, S. 25 bis 29.

Zu S. 177, Zeile 19: Mein Vortrag: Naturwissenschaft und Technik der Gegenwart, Leipzig u. Berlin 1922; auch in Zeitschr. d. Vereins dtsch. Ing. 64, 1920, S. 687 bis 690 u. 717 bis 719.

Für freundliche Unterstützung beim Lesen der Korrekturen bin ich Frau Dr. H. Pollaczek-Geiringer zu Dank verpflichtet.

SCHRIFTEN ZUR WISSENSCHAFTLICHEN WELTAUFFASSUNG

Herausgegeben von

PHILIPP FRANK und MORITZ SCHLICK
o. ö. Professor an der Universität Prag   o. ö. Professor an der Universität Wien

Zunächst werden erscheinen:

Band 1: Kritik der Philosophie durch die Logik
Von Dr. Friedrich Waismann

Band 2: Abriß der Logistik, mit besonderer Berücksichtigung der Relationstheorie
Von Dr. Rudolf Carnap

Band 3: Wahrscheinlichkeit, Statistik und Wahrheit
Von Professor Dr. Richard von Mises

Band 4: Der wissenschaftliche Gehalt der Gesellschafts- und Wirtschaftslehre
Von Dr. Otto Neurath

Band 5: Die Kausalität und ihre Grenzen
Von Professor Dr. Philipp Frank

Band 6: Fragen der Ethik
Von Professor Dr. Moritz Schlick

VERLAG VON JULIUS SPRINGER IN WIEN I

Verlag von Julius Springer in Berlin W 9

Die Prinzipien der Lebensversicherungstechnik. Von Dr. **Alfred Berger**, Wien. Erster Teil: Die Versicherung der normalen Risiken. VII, 244 Seiten. 1923. RM 10,50; gebunden RM 12,— Zweiter Teil: Risikotheorie. Rückversicherung. Versicherung der nicht normalen Risiken. Invaliditätsversicherung. VII, 274 Seiten. 1925. RM 15,—; gebunden RM 16,50

Geometrie und Erfahrung. Erweiterte Fassung des Festvortrages, gehalten an der Preußischen Akademie der Wissenschaften zu Berlin am 27. Januar 1921. Von **Albert Einstein**. Mit 2 Textabbildungen. 20 Seiten. 1921. RM 1,—

Die mathematische Methode. Logisch-erkenntnistheoretische Untersuchungen im Gebiete der Mathematik, Mechanik und Physik. Von **Otto Hölder**, o. Professor an der Universität Leipzig. Mit 235 Abbildungen. X, 563 Seiten. 1924. RM 26,40

Grundzüge der theoretischen Logik. Von **D. Hilbert**, Geheimer Regierungsrat, Professor an der Universität Göttingen, und **W. Ackermann**, Göttingen. (Bildet Band XXVII der „Grundlehren der mathematischen Wissenschaften".) VIII, 120 Seiten. 1928. RM 7,60; gebunden RM 8,80

Die Naturwissenschaften

Begründet von A. Berliner und C. Thesing
Herausgegeben von **Arnold Berliner**

Unter besonderer Mitwirkung von Hans Spemann i. Freiburg i. Br.

Organ der Gesellschaft deutscher Naturforscher und Ärzte und der Kaiser Wilhelm-Gesellschaft zur Förderung der Wissenschaften

Die Zeitschrift erscheint wöchentlich
Preis vierteljährlich RM 9,— zuzüglich Porto
Preis des Einzelheftes RM 1,—

Die NATURWISSENSCHAFTEN berichten über die Fortschritte der reinen und der angewandten Naturwissenschaften durch zuständige, auf dem jeweiligen Gebiete selbstschöpferische Mitarbeiter. Die Verfasser wenden sich durch die Form ihrer Darstellung nicht in erster Linie an die eigenen Fachgenossen, sondern vor allem an die auf den Nachbargebieten Tätigen, um ihnen den Überblick über den Zusammenhang ihres eigenen Faches mit den angrenzenden Fächern zu vermitteln. Die dauernd fortschreitende Teilung der wissenschaftlichen Arbeit hat den Begriff des Grenzgebietes völlig verändert. Sie hat das Arbeitsfeld des einzelnen so eingeengt und die Grenzgebiete so vermehrt, daß für jeden die Notwendigkeit vorliegt, ihre Entwicklung zu verfolgen. Von den Fortschritten der Mathematik bespricht die Zeitschrift die der angewandten, sofern sie, auf die Naturwissenschaften angewandt, Fortschritte in der mathematischen Behandlung der Naturwissenschaften bedeuten. Die Philosophie behandelt sie, soweit sie eine Anwendung naturwissenschaftlicher Entdeckungen oder soweit sie eine Verschärfung oder eine Erweiterung naturwissenschaftlicher Grundbegriffe darstellt.

MIX
Papier aus verantwortungsvollen Quellen
Paper from responsible sources
FSC® C105338

If you have any concerns about our products,
you can contact us on
ProductSafety@springernature.com

In case Publisher is established outside the EU,
the EU authorized representative is:
**Springer Nature Customer Service Center GmbH
Europaplatz 3, 69115 Heidelberg, Germany**

Printed by Libri Plureos GmbH
in Hamburg, Germany